21世纪高职高专规划教材

计算机应用系列

计算机组装与维护

（第2版）

蒋国松 主编

吴功才 徐景红 冯倩 副主编

U0310804

清华大学出版社

北京

内 容 简 介

本书以计算机组装与维护为主线,采用项目化的编排方式,将教学内容分为5个项目,每个项目包含若干个学习任务,每个学习任务由"任务描述、任务分析、相关知识点、任务实施和总结提高"5个环节组成。项目内容包括认识与选购计算机部件、组装计算机、安装软件系统、测试计算机性能和系统维护5个方面。每个项目附有练习题,集中放在书末,供学生复习巩固之用。

根据高等职业教育"理论够用,重在实践"的教学原则,结合本课程特点,本书采取基础知识与实际操作紧密结合的方式,将重点放在对基础知识和操作技能的讲解上,突出时效性、实用性、操作性,注重对学生创新能力、实践能力和自学能力的培养。

本书内容选择得当、条理清晰、图文并茂、浅显易懂,可作为高职高专院校、高级技师学院电子信息类专业及相关专业的教材,也可作为各类计算机短期培训班的培训教材,以及计算机维护维修技术人员、DIY爱好者自学参考书。

图书在版编目(CIP)数据

计算机组装与维护/蒋国松主编. —2版. —北京:清华大学出版社,2018
(21世纪高职高专规划教材.计算机应用系列)
ISBN 978-7-302-50360-6

Ⅰ. ①计… Ⅱ. ①蒋… Ⅲ. ①电子计算机—组装—高等职业教育—教材 ②计算机维护—高等职业教育—教材 Ⅳ. ①TP30

中国版本图书馆CIP数据核字(2018)第118070号

责任编辑:孟毅新
封面设计:常雪影
责任校对:赵琳爽
责任印制:杨 艳

出版发行:清华大学出版社
   网 址:http://www.tup.com.cn,http://www.wqbook.com
   地 址:北京清华大学学研大厦A座   **邮 编:**100084
   社 总 机:010-62770175   **邮 购:**010-62786544
   投稿与读者服务:010-62776969,c-service@tup.tsinghua.edu.cn
   质量反馈:010-62772015,zhiliang@tup.tsinghua.edu.cn
   课件下载:http://www.tup.com.cn,010-62770175-4278
印 装 者:三河市少明印务有限公司
经 销:全国新华书店
开 本:185mm×260mm **印 张:**17.75   **字 数:**426千字
版 次:2015年2月第1版 2018年8月第2版 **印 次:**2018年8月第1次印刷
定 价:43.00元

产品编号:079758-01

前言(第2版)

计算机组装与维护是一门实践性很强的课程。无论是对计算机相关专业学生,还是对普通计算机用户来说,计算机部件的识别与选购、软硬件的安装、性能测试、系统维护、故障排除方法等都具有实用价值。

本书第 1 版自出版以来,深得读者厚爱,已经多次重印,受到众多高职高专院校的广泛重视和欢迎。然而,计算机软硬件的更新可以用"日新月异"来形容,转眼 3 年过去了,第 1 版中介绍的部分软硬产品已经过时或被市场淘汰,而新的产品和技术也在不断地涌现,所以,我们及时再版,更新内容,以保证教学内容始终处于较新颖的状态。由于更新内容较多,在此不一一列出。

根据高职高专教学改革的要求,本书采用项目化方式编写,以便更好地组织教学。全书共分 5 个项目 14 个任务,各个项目的主要内容如下。

项目一　认识与选购计算机部件。主要介绍当前计算机各类部件的外观特征、产品系列、性能指标以及部件选购需要考虑的各个因素,如规格参数、品牌、价格等。

项目二　组装计算机。介绍台式机的组装步骤、安装要领、注意事项、通电测试等。

项目三　安装软件系统。介绍 BIOS 设置、UEFI 设置、硬盘分区格式化、U 盘启动盘制作、Windows 10 操作系统安装、驱动程序及应用软件安装。

项目四　测试计算机性能。介绍使用多种软件来测试计算机主要部件参数、性能及整机性能的方法。

项目五　系统维护。介绍计算机维护方法,包括常规维护方法、病毒防治、系统备份与恢复、数据恢复、光盘刻录以及计算机常见故障排除方法等。

本书由杭州职业技术学院蒋国松任主编,杭州职业技术学院吴功才、徐景红及灵宝市高级技工学校冯倩任副主编。在本书编写过程中,得到了杭州职业技术学院信息工程分院院长陈云志教授的关心和指导,浙江交通职业技术学院林苏映、浙江育英职业技术学院沈高峰、杭州轻工技师学院谢薇对本书的编写提出了许多宝贵建议。在此,对所有关心和帮助本书编写的领导、同事、朋友表示衷心的感谢!

由于编者水平有限,书中难免存在不足之处,敬请专家、同行和读者批评、指正,以便我们下次修订时改进(编者邮箱:jiangguosongxdx@163.com。

编者　蒋国松

2018 年 3 月

目　　录

项目一　认识与选购计算机部件

项目二　组装计算机

项目三　安装软件系统

项目五　系统维护

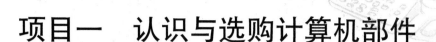

项目一　认识与选购计算机部件

在当今信息化时代,人们的学习、工作和生活都离不开计算机。计算机类专业学生必须对计算机有比较全面的了解,并掌握计算机组装、维护及简单故障的排除方法。学习计算机组装与维护,首先要认识计算机硬件。通过拆、装计算机,了解计算机硬件实体,进而学习计算机硬件知识,学会计算机软硬件维护技能。

计算机部件是构成计算机硬件系统的实体,主要包括主板、CPU、内存、显卡、硬盘、光驱、显示器、键盘、鼠标等。认识计算机部件是攒机的第一步,也是正确选购和使用计算机部件的基础。由于计算机部件制造技术发展迅速,更新换代快,所以必须紧盯计算机硬件市场的变化,不断学习、研究涌现出来的新技术、新产品。只有这样,才能把握计算机硬件市场行情,选购合适的部件,组装一台称心的计算机。

任务 1　认识计算机部件

1.1　任务描述

在计算机实训室中,观看各种不同的计算机部件,了解各个部件的结构与组成,学习各部件的性能指标、作用和使用方法。

1.2　任务分析

认识部件的目的是为了更好地使用和选购部件。通过观察部件,了解各部件的结构特点,学习各部件的性能指标、产品类别、使用方法,为选购部件和组装计算机做准备。

1.3　相关知识点

1.3.1　微型计算机类型

本书所说的计算机(俗称电脑)指的是微型计算机,也就是人们平时使用的计算机。随着科技的发展,计算机的形式变得多样化,如台式机、一体机、笔记本电脑、平板电脑、智能手机等,如图 1-1~图 1-5 所示。

图 1-1　台式机

图 1-2　一体机

图 1-3　笔记本电脑

图 1-4　平板电脑

图 1-5　智能手机

台式机最具高性价比,适合对性能要求较高的场合,如图形处理、设计、影视制作、大型游戏等。台式机使用时间很长了,部件丰富,价格便宜,花不多的钱就可以组装一台性能不错的计算机。台式机特别适合 DIY 爱好者,从研究硬件中感受无限的乐趣。台式机的缺点是款式老化,占用空间较多,移动不方便。

一体机的机箱和显示器合二为一,结构紧凑,减少了体积,方便摆放也少占空间,相比台式机更显得美观。由于一体机受到散热限制,内部难以放置高性能的部件,从而性能不如台式机。品牌一体机的价格贵、性价比低,适合追求外观美观的家庭使用以及一些对计算机性能要求不高的公共场合使用。

笔记本电脑与台式机相比,最大的优点是便于携带,适合移动办公。另外,笔记本电脑自带电池,可以在没有市电的情况下使用。现在笔记本电脑硬件性能在不断提高,与台式机的差距在减小,SSD 取代机械硬盘减轻了笔记本的重量,厚度也越做越薄,外观设计越来越考究,名字也换成了"超极本"。

平板电脑在携带方面更加出色,但应用方面限制较多,只适合上网、看电视、娱乐等方面。

智能手机虽然不称作计算机,但完全具备计算机的属性,可以归入微型计算机门类,更何况它是移动互联网终端的主力军。

1.3.2　计算机硬件构成

以台式机为例,计算机由机箱、显示器、键盘、鼠标、音箱等组成,机箱内部有主板、CPU、内存、显卡、硬盘、光驱、电源等部件。

1．主板

主板（Main Board）又称系统板（System Board）、母板（Mother Board），如图 1-6 所示。主板是计算机的核心部件，同时为其他部件提供支持和连接接口。主板安装在机箱内，是一块矩形多层印刷电路板，上面有 CPU 插座、内存插槽、显卡插槽、各种扩展槽、I/O 接口，以及各种功能芯片等。

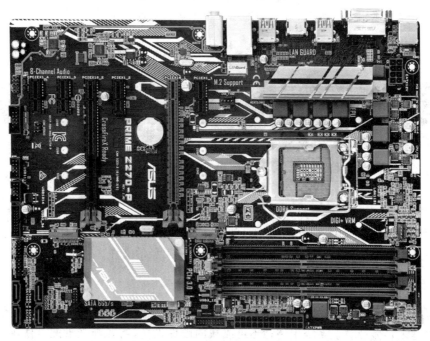

图 1-6　主板

2．CPU

CPU（Central Processing Unit，中央处理单元）的外观如图 1-7 所示。CPU 是计算机的核心部件，由控制器、运算器、寄存器等组成。CPU 档次的高低是衡量一台计算机档次高低的一个重要指标。过去，人们常把 CPU 的型号作为计算机名称的代名词，如 386 计算机、486 计算机、Pentium（奔腾）计算机等。

图 1-7　CPU

3．内存

内存又叫作主存(Main Memory)，由于其外观为条状，常称作内存条，如图 1-8 所示。

4．显卡

显卡是显示卡或显示适配器的简称，如图 1-9 所示。显卡是 CPU 与显示器之间的接口电路，主要作用是处理 CPU 传送过来的图像数据，然后以一定格式送到显示器，最后在显示器上将图像显示出来。因此，显卡的好坏直接影响着画面显示质量。

图 1-8　内存条　　　　　　　　　　图 1-9　显卡

5．硬盘

硬盘是计算机系统中重要的存储器，如图 1-10 所示。硬盘因其盘片是金属，质地硬而得名。硬盘作为外存，用来存储操作系统文件和各种类型的文件。

6．光驱

光驱的全称为光盘驱动器，如图 1-11 所示。光驱是一种利用激光技术存储信息的装置。光驱是多媒体计算机系统中一种不可或缺的硬件设备，需要与光盘配合使用。光盘是一种外部存储器，具有存储容量大、存储时间长的优点。

图 1-10　硬盘　　　　　　　　　　图 1-11　光驱

7．机箱

机箱是安装计算机主要部件的场所，对各个部件起保护作用，还能隔离电磁辐射，如图 1-12 所示。

图 1-12　机箱

8. 电源

电源的作用是将交流电转化为不同电压的直流电,为计算机各个部件供电,如图 1-13 所示。

9. 显示器

显示器是计算机系统中重要的输出设备。用户输入的信息、计算机处理的信息都要通过它显示出来,如图 1-14 所示。

图 1-13　电源　　　　　　　　　　图 1-14　显示器

10. 键盘和鼠标

键盘(Keyboard)和鼠标(Mouse)是计算机系统中主要的输入设备。键盘是用户与计算机进行交互的主要媒介。鼠标是窗口式操作系统下使用的输入设备,如图 1-15 所示。

图 1-15　键盘和鼠标

1.4 任务实施

1.4.1 认识主板

　　主板是安装在机箱内的一块矩形印刷电路板,一般采用4层板或6层板。低档主板为节省成本多为4层板:主信号层、接地层、电源层、次信号层。6层板则增加了辅助电源层和中信号层,因此,抗电磁干扰能力更强,也更加稳定。

　　计算机通过主板将CPU、内存、显卡等部件连接在一起,是整个硬件系统的枢纽。主板对系统的稳定性、兼容性和整机性能的影响非常大,所以了解主板的结构、主要性能及选购方法,对于组装与维护计算机系统至关重要。

　　在主板表面,可以看到错落有致的电路布线,上面分布着精心设计的各个部件:CPU插座、插槽、接口、芯片等,还有密密麻麻的电阻、电容、电感等元件,如图1-16所示。

　　下面逐一介绍主板上的各个部件。

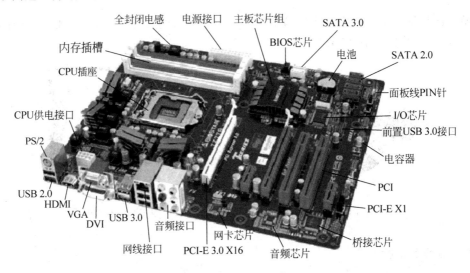

图 1-16　主板的组成

1. CPU 插座

　　CPU插座是主板上安装CPU的地方。台式机主板通常只有一个CPU插座。目前CPU插座有两种:Intel LGA(Land Grid Array)和AMD Socket AMx,对应的CPU封装分别为触点式和引脚式。从外观上看,Intel的CPU插座采用金属结构,AMD则为塑料结构,如图1-17所示。CPU接口形式众多,只有当CPU的类型与主板的CPU插座类型相一致时,才能安装。

2. 主板芯片组

　　主板芯片组(Chipset)是主板的核心组成部分,起着协调和控制数据在CPU、内存和各个部件之间传输的作用。主板所采用的芯片组型号往往决定了主板的主要性能,如主板所支持的CPU类型与最高工作频率、内存类型与最大容量、扩展槽的种类和数量等。所以常

图 1-17　CPU 插座

常把采用××芯片组的主板称为××主板（如采用 Intel X99 芯片组的主板称为 X99 主板）。目前常见芯片组的生产厂商只有两家：Intel 和 AMD 公司。人们常将采用 Intel 芯片组的主板，称为 Intel 平台；采用 AMD 芯片组的主板，称为 AMD 平台。值得注意的是，Intel 的芯片组只支持 Intel 的 CPU；AMD 的芯片组只支持 AMD 的 CPU。

老的主板芯片组由两颗芯片组成，根据芯片在主板上所处的位置不同，通常称为北桥芯片和南桥芯片，如图 1-18 所示。北桥芯片位置与 CPU 插座、内存插槽较近，南桥芯片离 CPU 插座较远，与 I/O 接口、扩展槽较近。北桥芯片提供对 CPU 的类型和主频、内存的类型和最大容量、显卡插槽、ECC 纠错等支持，其管理的是计算机中的高速设备部分。南桥芯片则提供对 KBC（键盘控制器）、RTC（实时时钟控制器）、USB（通用串行总线）、SATA 数据传输方式和 ACPI（高级能源管理）等的支持，其管理的是计算机中的低速设备部分。在双芯片组形式中，北桥芯片起着主导性作用，故称为主桥（Host Bridge）。

图 1-18　主板芯片组

近年来，随着 CPU 制造工艺的提高，把原本属于北桥芯片的功能部分也集成到 CPU 芯片内，主板上只剩下一个芯片，称为单芯片组，放在原南桥芯片的位置。

3. 内存插槽

内存插槽是安装内存条的地方，外观为条形结构，一般在 CPU 插座附近，非常容易识别，如图 1-19 所示。一般主板上有两个以上内存插槽，如果只安装一条内存条，可以将其插在任意一个内存插槽上；如果安装两条内存条构成双通道内存系统，则要插在相同颜色的插槽上。目前内存插槽都是 DIMM 类型，但内存条类型有 DDR4、DDR3、DDR2、DDR 等。它们长度一样，但工作电压不同，防呆缺口位置不同，不能混插。

图 1-19 内存插槽

4．PCI Express 插槽

PCI Express（PCI-E）是当前的计算机总线和接口标准，由 Intel 公司提出。PCI Express 标准有 PCI-E 1.0、PCI-E 2.0 和最新的 PCI-E 3.0 版本。PCI Express 有多种规格，包括 PCI-E X1、PCI-E X2、PCI-E X4、PCI-E X8 及 PCI-E X16，其中 PCI-E X2 用于内部接口而非插槽模式。较短的 PCI Express 卡可以插入较长的 PCI Express 插槽中使用，支持热插拔。PCI Express 采用串行传输，每台设备都有自己的专用连接，不需要向整个总线请求带宽。PCI Express 的双单工连接能提供更高的传输速率和质量。PCI-E 3.0 标准将信号频率提升到 8GT/s，并保持了对 PCI-E 2.0/1.0 的向下兼容，新增 128b/130b 解码机制，可以确保几乎 100％ 的传输速率。PCI Express 总线技术最终目标是实现总线标准的统一。

PCI-E X16 插槽主要用来插独立显卡，也可以插 PCI-E 存储卡。目前大部分主板上都集成了显卡，所以无须插独立显卡就能输出图像信号。如果主板上没有集成显卡，就得插块显卡才行。PCI-E X1 用来插各类扩展卡，以取代 PCI 插槽。PCI-E X16 和 PCI-E X1 插槽如图 1-20 所示。PCI Express 插槽的数据传输速率见表 1-1。

图 1-20 扩展槽

表 1-1 PCI Express 插槽的数据传输速率

规　　格	信号频率/(GT/s)	最大数据传输速率	
		单向	双向
PCI-E 1.0 X1	2.5	250MB/s	500MB/s
PCI-E 1.0 X2	2.5	500MB/s	1GB/s
PCI-E 1.0 X4	2.5	1GB/s	2GB/s
PCI-E 1.0 X8	2.5	2GB/s	4GB/s
PCI-E 1.0 X16	2.5	4GB/s	8GB/s
PCI-E 2.0 X1	5	500MB/s	1GB/s

续表

规 格	信号频率/(GT/s)	最大数据传输速率	
		单向	双向
PCI-E 2.0 X2	5	1GB/s	2GB/s
PCI-E 2.0 X4	5	2GB/s	4GB/s
PCI-E 2.0 X8	5	4GB/s	8GB/s
PCI-E 2.0 X16	5	8GB/s	16GB/s
PCI-E 3.0 X1	8	1GB/s	2GB/s
PCI-E 3.0 X2	8	2GB/s	4GB/s
PCI-E 3.0 X4	8	4GB/s	8GB/s
PCI-E 3.0 X8	8	8GB/s	16GB/s
PCI-E 3.0 X16	8	16GB/s	32GB/s

5．PCI 插槽

扩展槽是主板上用于固定扩展卡并将其连接到系统总线的插槽,是一种添加或增强计算机特性及功能的方法。其他设备通过相应的插卡将其连接到系统总线上,实现与计算机的连接。例如,不满意板载显卡的性能,可以添加独立显卡来增强显示性能;不满意板载声卡的音质,可以添加独立声卡来增强音效;没有集成网卡的主板,插上一块独立网卡就可以连接网络;插上一块电视卡就可以收看电视节目等。

PCI 插槽是基于 PCI 总线的扩展插槽,其颜色一般为乳白色,如图 1-20 所示。由于 PCI 插槽推出已有 30 多年,曾经是名副其实的"万用"插槽,目前已被 PCI-E X1 插槽取代,只有在老一点的主板有 PCI 插槽,最新主板上难觅其踪影。

6．SATA 接口

SATA 接口用来连接硬盘、固态硬盘、光驱,如图 1-21 所示。SATA 即 Serial ATA,全称是 Serial Advanced Technology Attachment(串行高级技术附件),是一种基于行业标准的串行硬件驱动器接口标准。与并行 ATA 传输方式相比,SATA 接口传输速率更快。SATA 1.0 的传输速率为 1.5Gb/s,SATA 2.0 为 3Gb/s,SATA 3.0 为 6Gb/s。SATA 接口非常小巧,排线也很细,支持热插拔。

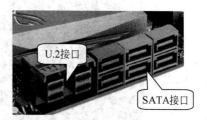

图 1-21 主板上 6 个 SATA 接口和 2 个 U.2 接口

除了 SATA 接口外,主板上连接固态硬盘的接口还有 mSATA 接口、SATA Express 接口、M.2 接口、U.2 接口等。

mSATA 接口是 SATA 国际组织(Serial ATA International Organization)开发的 mini-SATA(mSATA)接口控制器的产品标准。mSATA 提供与 SATA 接口一样的速率和可靠性,但尺寸比 SATA 小,曾经广泛用于笔记本固态硬盘和台式机主板上,如图 1-22 所示,目前已经被 M.2 接口取代。

SATA Express(SATA-E)接口是 SATA 国际组织制定的新的 SATA 标准,传输速率

图 1-22　mSATA 接口与对应的固态硬盘

提升到 8～16Gb/s,目前主流为 10Gb/s。为了保持向下兼容性,SATA Express 在接口尺寸方面没有变化,能够兼容原有的 SATA 设备,每个 SATA Express 接口可以接 1 个 SATA Express 硬盘,或者 2 个 SATA 硬盘。目前,Intel 在 200 系列和 100 系列芯片组中已经原生支持 SATA Express 接口。SATA Express 接口如图 1-23 所示。

图 1-23　SATA Express 接口

　　M.2 接口原名为 NGFF 接口,是为超极本(Ultrabook)量身定做的新一代接口标准,以取代 mSATA 接口,为 SSD 突破 SATA 3.0 传输速率限制创造了重要条件。初期 M.2 接口使用 PCI-E 2.0 X2 通道,理论带宽为 10Gb/s,在 Intel 9 系列、100 系列芯片组之后,M.2 接口全面转向 PCI-E 3.0 X4 通道,理论带宽高达 32Gb/s。M.2 接口固态硬盘宽度仅 22mm,具有传输快、重量轻、占用空间小的优点。

　　Intel 在 9 系列芯片组 Z97、H97 及 100 系列 Z170、H170、Q170、200 系列芯片组中原生支持 M.2 接口。M.2 接口如图 1-24 所示。

图 1-24　M.2 接口与对应的固态硬盘

　　U.2 接口原名为 SFF-8639,是由固态硬盘形态工作组(SSD Form Factor Work Group)推出的接口标准。U.2 支持 NVMe 标准协议,支持 SATA Express 标准,兼容 SAS、SATA 标准。U.2 接口是 SSD 新型高速接口,高速低延迟低功耗,通过 PCI-E 3.0 X4 通道,理论传输速率高达 32Gb/s,很有可能取代时下主流的 SATA 3.0 接口。U.2 主板端接口如图 1-21 所示。

　　I/O 接口位于主板的侧面,用来连接显示器、键鼠、网线、音箱及 USB 接口的设备等。不同主板的 I/O 接口有所不同,图 1-25 是映泰 Hi-Fi Z77X 主板的 I/O 接口。

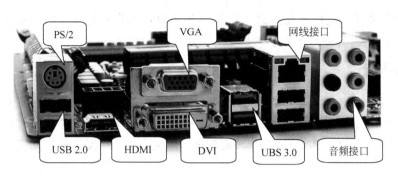

图 1-25　I/O 接口

7．PS/2 接口

PS/2 接口最早在 IBM PS/2 计算机上使用，因而得名。PS/2 接口是一个圆形 6 针插孔，用来连接键盘、鼠标，紫色接键盘、绿色接鼠标，其他颜色或半紫半绿则键鼠均可接。主板上最多有 2 个 PS/2 接口，有的只有 1 个，甚至没有。

8．USB 接口

USB（Universal Serial Bus，通用串行总线）接口是计算机系统与外部设备连接的一种串口总线标准，也是一种输入/输出接口的技术标准，被广泛应用于计算机及移动设备等信息通信产品中，并扩展至摄影器材、数字电视、游戏机等其他相关领域。USB 接口只有 4 根导线，2 根电源线，2 根信号线，信号是串行传输的，故称为串行口。一块主板上有多个 USB 接口，可以同时连接多台设备，理论上最多可达 127 台，支持热插拔。

目前主板上 USB 接口有 3 种版本：USB 2.0、USB 3.0 和最新的 USB 3.1。USB 2.0 接口颜色一般为黑色，传输速率为 480Mb/s；USB 3.0 为蓝色，传输速率为 5Gb/s；USB 3.1 为红色或蓝绿色，传输速率为 10Gb/s；而采用超高性能的 Intel USB 3.1 主控芯片，通过 PCI-E 3.0 X4 通道，则提供高达 32Gb/s 的传输速率。

USB 接口类型分为 Type-A 和 Type-B，USB 3.1 新增了 Type-C，如图 1-26 所示。Type-A 为长方形接口，应用广泛；Type-B 为方口，常用于外设，如打印机、扫描仪等；Micro-B（微型 Type-B）应用于智能手机和平板电脑等设备；Type-C 为圆角矩形，不再区分正反面，主要面向更轻薄、更纤细的设备，许多智能手机采用 Type-C 接口。

图 1-26　USB Type-A、Type-B 和 Type-C 接口

USB 3.1 最高供电标准提高到 20V/5A,最大供电功率可达 100W。除了 Type-C 外,USB 3.1 向下兼容 USB 3.0/2.0。

9. HDMI 接口

显示输出接口类型有 HDMI、VGA、DVI、DisplayPort 等。HDMI(High Definition Multimedia Interface,高清晰度多媒体接口)是一种数字化视频/音频接口,是影像传输的专用型数字化接口,可以同时传送音频和影像信号,最高数据传输速率为 10.2Gb/s,广泛应用于视频设备和计算机中。

10. VGA 接口

VGA(Video Graphics Array,视频图形阵列)接口也叫 D-Sub 接口,上面有 15 个针孔,分成 3 排,每排 5 个。VGA 接口只输出视频模拟信号,而计算机内部以数字方式生成的图像信息,需要显卡中的数字/模拟转换器将数字信息转变为 R、G、B 三原色信号和行、场同步信号,通过电缆传输到显示设备中。对于模拟显示设备,如 CRT 显示器,信号被直接送到相应的处理电路,驱动控制显像管生成图像。而对于 LCD 数字显示设备,显示设备中需配置相应的 A/D(模拟/数字)转换器,将模拟信号重新转变为数字信号。在经过 D/A 和 A/D 两次转换后,不可避免地造成了一些图像细节的损失。在液晶显示器普遍使用的今天,VGA 接口处于淘汰的边缘。

11. DVI 接口

DVI(Digital Visual Interface,数字视频接口),目前有两种,一种是 DVI-D 接口,只能输出视频数字信号,接口上只有 3 排 8 列共 24 个引脚,其中右上角的一个引脚为空;另一种则是 DVI-I 接口,同时兼容模拟和数字信号,目前应用主要以 DVI-D 为主。DVI 传输的是数字信号,数字图像信息无须经过任何转换,就会直接被传送到显示设备上,因此减少了"数字→模拟→数字"烦琐的转换过程,节省了时间,因此它的速度更快,能有效消除拖影现象,而且使用 DVI 进行数据传输,信号没有衰减、色彩更纯净、更逼真。

DisplayPort(DP)接口也是主板中常见显示输出接口,有全尺寸和迷你两种结构,如图 1-27 所示。DisplayPort 接口是一种高清数字显示接口标准,既可以连接计算机和显示器,也可以连接计算机和家庭影院。DisplayPort 1.1 最大支持 10.8Gb/s 的传输带宽。和 HDMI 一样,DisplayPort 接口也允许音频与视频信号共用一条线缆传输,支持多种高质量数字音频。但比 HDMI 更先进的是,DisplayPort 在一条线缆上可实现更多的功能。DisplayPort 接口在多屏拼接方面有其独特的优势。随着 4K 显示器的出现,DisplayPort 接口的优势也开始再次展现,轻松输出 60Hz 刷新率的 4K 画面。

图 1-27　DisplayPort 接口

12．网线接口

网线接口用于连接计算机网络，常用的是 RJ-45 接口，8 个触点适配 T568A 或者 T568B 型的双绞线，一般使用的网线都是 T568B 型的直通线。网线接口上方有两盏指示灯，用来反映网线中是否有信号通过。

13．音频接口

音频接口由 3 个或 6 个圆孔组成，并以不同的颜色区分。3 个为双声道立体声，6 个为环绕立体道。音频接口输出的是模拟信号，可以直接连接耳机、音箱等设备实现音频播放。

右上蓝色插孔为音频线路输入；右中绿色插孔为前置左右声道；右下红色插孔为麦克风输入；左上橙色插孔为中置声道和低音声道；左中黑色插孔为后置环绕左右声道；左下灰色插孔为 7.1 声道的侧置环绕左右声道，5.1 声道则改为音频光纤输出接口。

14．电源接口

电源接口有主板供电接口、CPU 供电接口。主板供电接口是一个双排 24 孔或 20 孔的长方形插孔；CPU 供电接口为 4 孔或 8 孔，插孔外边有卡扣，如图 1-28 所示。电源插孔采用防呆设计，只能在一个方向上插入，故不必担心插错。

15．面板线 PIN 针

面板线 PIN 针用于连接电源开关、重启按钮、电源指示灯、硬盘指示灯、蜂鸣器 PIN 针等，边上有字符标注，如图 1-29 所示。面板线 PIN 针的功能见表 1-2。

图 1-28　电源接口　　　　　　　　　　　图 1-29　面板线 PIN 针

表 1-2　面板线 PIN 针的功能

PIN 针标注	含义及用途
HDD LED	硬盘指示灯 PIN 针，该指示灯为红色，灯亮时表示硬盘正在读/写
POWER LED	电源指示灯 PIN 针，该指示灯为绿色，灯亮时表示电源接通
RESET	重启按钮 PIN 针，用于重启计算机
POWER SWITH	电源开关 PIN 针，用于开关计算机
SPEAKER	蜂鸣器 PIN 针，当计算机异常时会发出报警声

16．前置 USB 3.0 接口

前置 USB 3.0 接口为长方形插口，一般为蓝色，19 针，边上标注"F_USB30"，能为机箱

面板提供 2 个 USB 3.0 接口,如图 1-30 所示。另外,主板上还提供前置 USB 接口和音频接口,最新主板还提供前置 USB 3.1 接口,如图 1-31 所示。前置 USB 接口由 9 针构成,能提供 2 个 USB 2.0 接口;音频接口也由 9 针构成,但缺针位置与前置 USB 接口不同,边上标注"AAFP"或"F_AUDIO";前置 USB 3.1 接口边上标注"USB 3.1"。

图 1-30　前置 USB 3.0 接口

图 1-31　前置 USB 接口、音频接口和前置 USB 3.1 接口

17. 电池与 CMOS 跳线

电池用于关机后为主板上某些部件供电,如 CMOS 和时钟。CMOS 中存储的数据失电后会丢失,时钟失电后会停止工作从而引起时钟不准。目前主板均采用纽扣电池,电压为 3V,使用寿命为 5 年左右。若发现计算机的时钟不准确时,就得换电池了。电池附近有一根 CMOS 跳线,如图 1-32 所示。跳线有 3PIN,平时将跳线帽套在 1-2PIN 上,若将跳线帽套在 2-3PIN 上,可以清除储存在 CMOS 里的数据。

18. BIOS 芯片

目前主板上 BIOS 芯片是一种闪存芯片(Flash ROM),有 8 个引脚,如图 1-33 所示。它具有只读特性,即正常情况下,只能读出数据,不能写入数据,关机后里面的数据也不会丢失。BIOS 芯片里面写入了 BIOS(Basic Input/Output System,基本输入/输出系统)、自诊断程序、CMOS 设置程序、系统自举程序等。开启计算机时,首先运行的就是 BIOS 芯片里面的程序,开机后系统自检和初始化,然后将操作系统装入内存并运行。

19. I/O 芯片

计算机 I/O 接口用来提供外部设备的连接,比如 PS/2 接口。目前 I/O 芯片除了管理 I/O 接口外,还负责对硬件进行监控,比如,对硬件健康状况、风扇转速、CPU 核心电压与温度等进行检测,这样就可以在 BIOS 信息里或通过其他软件看到计算机硬件方面的工作状态和工作情况。目前主板上常见的 I/O 芯片如图 1-34 所示。

图 1-32 电池与 CMOS 跳线

图 1-33 BIOS 芯片

20．桥接芯片

桥接是指将一种接口标准转换为另一种接口标准。比如，Intel 公司自 6 系列芯片组开始，不再对 PCI 插槽提供支持，而主板厂商为了照顾 PCI 接口的板卡能在新主板上继续使用，保留了 PCI 插槽，这样就必须使用第三方提供的桥接芯片，将 PCI-E X1 转化为 PCI。图 1-35 就是将 PCI-E X1 转化为 PCI 的桥接芯片。

图 1-34 I/O 芯片

图 1-35 桥接芯片

21．网卡芯片

网卡芯片提供连接网络服务。目前主板上均有网卡芯片，与之对应，在主板的背板上也有相应的网卡接口（RJ-45）。用得最多的网卡芯片是 Realtek 公司的产品，RTL 8111C 是千兆网卡芯片，如图 1-36 所示。

22．音频芯片

音频芯片也称声卡芯片，用来处理声音信号。图 1-37 所示音频芯片为 Realtek 公司的产品 ALC 888。它是高性能 7.1＋2 声道高清晰音频编解码器，支持 7.1 声音播放，加上两路独立的立体声输出，集成双立体声 ADC，支持立体声话筒和声学回声消除及噪声抑制技术。

图 1-36　网卡芯片

图 1-37　音频芯片

1.4.2　认识 CPU

CPU 是计算机硬件系统的核心部件,在很大程度上决定了计算机的性能。目前大众消费市场上只有 Intel 和 AMD 公司生产的 CPU。Intel 公司的 CPU 采用 LGA 封装,底面用触点取代引脚;AMD 公司的 CPU 仍然采用 PGA 封装,底面可以见到引脚,如图 1-38 所示。

图 1-38　AMD CPU 的背面与底面

1. CPU 的结构与原理

CPU 是一块超大规模的集成电路部件(在一块纯净的单晶硅上采用光刻的方法制造出许多元件),目前 CPU 集成的晶体管数量已经超过 10 亿个,内部结构极其复杂,按功能分为运算器、寄存器、控制器及缓存(Cache Memory)等。运算器由算术逻辑单元(ALU)、累加寄存器、数据缓冲寄存器和状态条件寄存器组成,它是数据加工处理部件,完成计算机的各种算术运算和逻辑运算。控制器由程序计数器、指令寄存器、指令译码器、时序产生器和操作控制器组成,它是计算机指挥系统,完成计算机的指挥工作。缓存是 CPU 内部的高速存储器,用来存储即将要执行的指令与数据,其作用是提高 CPU 的使用效率。目前 CPU 缓存由一级缓存、二级缓存和三级缓存组成。

随着 CPU 制造工艺的提高,CPU 内部还集成内存控制器、图形核心等。图 1-39 所示为 Intel 酷睿 i 系列第四代智能处理器核心架构图。

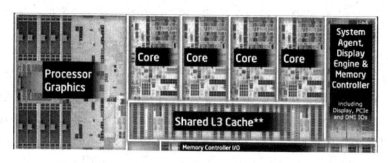

图 1-39　Intel 酷睿 i 系列第四代智能处理器核心架构图

CPU 的工作过程就是一步一步执行指令的过程。即计算机运行一个程序,先把程序读入内存,然后执行程序。CPU 的工作过程可分为 4 个阶段:取指令、分析指令、执行指令和回写。

(1) 取指令。从内存中取出当前指令,并生成下一条指令在内存中的地址。

(2) 分析指令。指令取出后,控制器还必须具有两种分析的功能。①对指令进行译码或测试,并产生相应的操作控制信号,以便启动规定的动作,比如,一次内存读/写操作、一个算术逻辑运算操作或一个输入/输出操作;②分析参与这次操作的各操作数所在的地址,即操作数的有效地址。

(3) 执行指令。指挥并控制 CPU、内存和输入/输出设备之间数据流动的方向,连接各种能够进行所需运算的 CPU 部件,完成指令规定的操作。

(4) 回写。以一定格式将执行阶段的结果简单的回写。运算结果正常就写进 CPU 内部的寄存器,以供随后指令快速存取。在执行指令并回写结果之后,程序计数器的值会递增。

2. CPU 的主要性能指标

(1) 主频。主频反映 CPU 的运算速率,是 CPU 内核(整数和浮点运算器)电路的实际运行频率,单位是 Hz。主频越高,CPU 在一个时钟周期里所能完成的指令条数也就越多,CPU 的运算速率也就越快。CPU 主频与 CPU 的外频和倍频有关,计算公式如下。

$$主频 = 外频 × 倍频$$

CPU 外频也就是常说的 CPU 总线频率,是主板为 CPU 提供的基准时钟频率。倍频是指 CPU 外频与主频相差的倍数。例如,一块外频为 100MHz、倍频为 38 的 CPU,其主频如下。

$$100MHz × 38 = 3.8GHz$$

(2) 核心数。核心数是指 CPU 内包含的核心个数。CPU 主频的提高造成 CPU 功耗大大增加,所以一味地追求高主频是不现实的,通过增加核心个数,同样能提高 CPU 的性能。一般来讲,核心个数多,性能强。Intel 公司 Haswell-E CPU 最多核心数达到 8 个,AMD Ryzen 7 系列 CPU 核心数也为 8 个。

(3) CPU 的字长。字长是指 CPU 一次执行指令的数据位宽。CPU 在核心数和主频一定的前提下,每次执行的数据位数越多,单位时间内处理的数据越多,计算机运行就越快。CPU 的字长经历了最初的 4 位、8 位,到 16 位、32 位,目前 CPU 的字长都是 64 位。32 位

CPU 的最大寻址空间为 2^{32} B,使得很多需要大容量内存的大规模的数据处理程序会显得捉襟见肘,成为运行效率的瓶颈。64 位 CPU 理论上可以管理 2^{64} B 的内存,彻底解决了 32 位计算系统所遇到的瓶颈现象。

(4)缓存。缓存大小对 CPU 性能影响很大。CPU 工作时,往往需要重复读取同样的数据块,而缓存容量的增大,可以大幅度提高 CPU 内部读取数据的命中率,从而不必到速度相对较慢的内存或者硬盘上寻找,因而提高系统性能。如果 CPU 只有二级缓存,则第二级缓存大小是重要指标;如果有三级缓存,则第三级缓存大小是重要指标。CPU 各级缓存容量大小大致范围为 L1——16KB~128KB,L2——256KB~8MB,L3——2KB~15MB。

(5)制造工艺。制造工艺反映 CPU 制造技术的精细程度,用多少纳米来表示。制造工艺的趋势是向高密集度的方向发展。密集度越高,意味着在同样大小面积的芯片中,可以拥有功能越复杂的电路。制造工艺的提高使晶体管能耗越来越低,CPU 也就越来越省电,这样可以极大地提高 CPU 的集成度和工作频率。目前 Intel CPU 的制造工艺达到 14nm,未来向 10nm、7nm 方向发展;AMD Zen CPU 的制造工艺也达到了 14nm。

(6)指令集。指令集是指 CPU 用来计算和控制计算机系统的一套指令,每一种新型 CPU 在设计时就规定了一系列与其他硬件电路相配合的指令系统。而指令集的先进与否,关系到 CPU 的性能发挥,它也是 CPU 性能体现的一个重要标志。指令集可分为扩展指令集和精简指令集两部分,如 Intel 公司的 MMX、SSE(1,2,3,3S,4.1,4.2)、EM64T、VT-x、AES、AVX 和 AMD 公司的 x86-64、AMD-V、AES 等都是 CPU 的扩展指令集。

3．CPU 编号

CPU 编号是由刻制或印刷在 CPU 背面的若干字母、数字构成的,用来标识 CPU 的型号、主要参数、生产日期、产地等信息,通过对 CPU 编号的解读,可以全面了解 CPU 的参数,还可根据 CPU 编号查询 CPU 的真实身份。图 1-40 所示为 Intel(左)和 AMD 公司(右)的 CPU 编号,下面以这两款 CPU 为例来说明。

Intel 公司 CPU 编号包含以下信息。

图 1-40　CPU 的编号

(1)INTEL®CORE™ i5-3450,表示 Intel 公司注册商标,酷睿 i 系列产品,型号为 i5-3450。

(2)SR0PF 3.10GHz,SR0PF 是 CPU 的 S-Spec 编码,这是 Intel 公司为了方便用户查询其 CPU 产品所制定的一个规格代码,在 Intel 的网站上可以查询该 CPU 的详细参数,网址为 http://ark.intel.com/。3.10GHz 是 CPU 主频。

（3）MALAY 是产地，表示产地在马来西亚，此外还有 COSTA RICA（哥斯达黎加）等其他地区。

（4）L202B797，表示产品的序列号，这是一个全球唯一的序列号，每个 CPU 的序列号都不相同，区域代理商在进货时会登记这个编号，从这个编号也可以了解处理器到底是经过什么渠道进入零售或品牌机市场的。

AMD 公司 CPU 编号包含以下信息。

（1）AMD Phenom™，表示这款 CPU 是 AMD 公司生产的，属于羿龙系列。

（2）HD9500WCJ4BGD，是 CPU 的主要规格定义，又叫 OPN 码，是 AMD CPU 最重要的编码。通过它，便可掌握这款 CPU 的型号、核心数、主频、缓存、功耗等重要信息。具体解释如图 1-41 所示。

第一个字母表示产品系列，A 代表 Athlon（速龙）或 APU 系列，H 代表 Phenom（羿龙），F 代表 FX 系列。第二个字母 D 表示适用于台式机，9500 四个数字则是 CPU 的型号。接下来第 7、8 两位代表功耗与接口。第 9 位代表 CPU 的封装，J 是 940 针 Socket AM2＋封装，K 是 938 针 Socket AM3 封装，W 是 938 针 Socket AM3＋封装。第 10 位数字是核心数。第 11 位字母表示 L3 缓存大小：B——2MB，D——6MB，F——4MB，K——8MB。最后两位表示步进。

用 OPN 码可以在 AMD 的网站上查询 CPU 的详细参数，网址为 http://products.amd.com/en-us/。

（3）CAAZB AA 0748GPKB 为核心周期定义，其中"0748"表明生产日期为 2007 年第 48 周。

（4）1933199L70107 是产品序列号，如果是盒装产品，需要核对与包装盒上的校验编码是否一致，不一致就有假盒装的嫌疑。CPU 最下边标出了产地信息。

1.4.3　认识内存

内存是内存储器的简称，又称主存储器（主存），是计算机核心部件之一，对计算机的整体性能影响很大。内存与 CPU 直接连通，存放当前正在使用的程序和数据，一旦关闭电源或断电，其中的程序和数据就会丢失。内存的最小存储单元是位（b），8 位是一个字节（B）。内存容量以 MB 或 GB 为单位。与内存相对应的是外存，如硬盘、光盘、固态硬盘、U 盘等。外存能长期保存信息，并且不依赖于供电来保存信息，但读/写速率与内存相比要慢得多。

1. 内存的结构

内存外观为长条状，故称内存条，在一块多层电路板上焊接多块内存芯片（颗粒）组成，如图 1-42 所示。

（1）PCB 板。PCB 板一般为绿色，是一块 6 层或 8 层的电路板，内部有金属布线，8 层设计要比 6 层的电气性能好，性能更稳定，做工讲究的采用 10 层设计。

（2）内存颗粒。内存颗粒是内存条存储数据的地方，一般由 8 颗组成，双面为 16 颗。中间预留的一个内存芯片位置，是 ECC 校验模块的位置。内存颗粒的质量直接关系到内存条的性能，所以名牌内存均采用大厂生产的内存颗粒。常见内存颗粒品牌有 Micron 镁光、

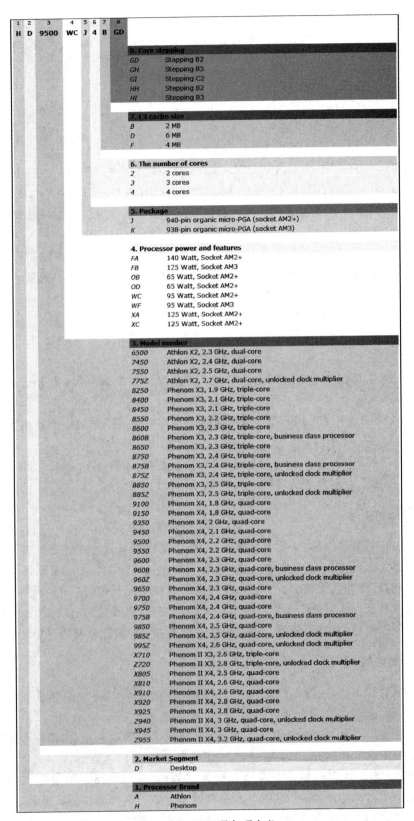

图 1-41 OPN 码各项含义

图 1-42 内存的结构

三星、Hynix 海力士、Qimonda 奇梦达、ELPIDA 尔必达、Gloway 光威、Elixir 南亚、Anucell 华亿等,如图 1-43 所示。

图 1-43 内存颗粒品牌

（3）金手指。通过它与主板上的内存插槽触点相连接,数据通过"金手指"传输。金手指表面镀金,以增加导电性能。

（4）内存缺口。属于防呆设计,不同类型内存条缺口位置不同,对应的内存插槽上突起的位置也不同,以防止插错。DDR、DDR2、DDR3、DDR4 内存只有一个缺口,以前 SDRAM 内存有两个缺口。

（5）内存卡扣。内存插到主板上的内存插槽后,插槽两端的两个夹子便扣入该缺口,固定内存条。

（6）SPD 芯片。它是一个 8 脚的小芯片,实际上是一个 EEPROM。内存的容量、组成结构、性能参数和厂家信息就储存在这个芯片里,如图 1-44 所示。

（7）品牌标签。用于标识内存的品牌、品牌 Logo 及内存的参数,如图 1-45 所示。

图 1-44 SPD 芯片

图 1-45 品牌标签

(8) 防伪标签。提供了用户验证产品真假的方法,一般通过拨打服务电话或发短信进行验证。

2．内存的分类

内存与其他计算机部件一样,一直在发展。近 20 多年来,内存经历了 SDRAM、DDR SDRAM、DDR2 SDRAM、DDR3 SDRAM 和最新的 DDR4 SDRAM。内存的发展不仅在读/写速率上越来越快,而且内存的容量也越来越大,目前单条内存已达到 16GB。

(1) SDRAM(Synchronous Dynamic Random Access Memory,同步动态随机存取存储器)。与系统总线速度同步,也就是与系统时钟同步,这样就避免了不必要的等待周期,减少数据存储时间。SDRAM 在时钟脉冲的上升沿传输数据,一个时钟周期内只传输一次数据。SDRAM 内存的外观特征是金手指上有两个缺口,金手指触片为 168 个,如图 1-46 所示。其工作电压为 3.3V。

图 1-46　SDRAM 内存条

(2) DDR SDRAM(Double Data Rate SDRAM),简称 DDR,是在 SDRAM 内存基础上发展而来的。DDR 内存在一个时钟周期内传输两次数据,它能够在时钟的上升沿和下降沿各传输一次数据,因此称为双倍速率同步动态随机存取存储器。DDR 内存可以在与 SDRAM 相同的总线频率下,达到更高的数据传输速率。从外观上看,DDR 内存金手指上只有 1 个缺口,金手指触片为 184 个,如图 1-47 所示。其工作电压降为 2.5V。

图 1-47　DDR 内存条

(3) DDR2 SDRAM,简称 DDR2,为第二代 DDR 内存,也在时钟的上升沿和下降沿传输数据,采用 4 位数据预取机制。换句话说,DDR2 内存每个时钟能够以 4 倍外部总线的速率读/写数据,并且能够以内部控制总线 4 倍的速率运行。此外,由于 DDR2 标准规定 DDR2 内存采用 FBGA 封装形式,提供了更为良好的电气性能与散热性。从外观上看,DDR2 内存金手指上也只有 1 个缺口,金手指触片为 240 个,如图 1-48 所示。其工作电压降为 1.8V。

图 1-48　DDR2 内存条

（4）DDR3 SDRAM，简称 DDR3，为第三代 DDR 内存，也在时钟的上升沿和下降沿传输数据，采用 8 位数据读预取机制，因此读/写速率是 DDR2 内存的 2 倍。DDR3 内存在达到高带宽的同时，其功耗反而降低，其核心工作电压从 DDR2 的 1.8V 降至 1.5V，DDR3 比 DDR2 节省 30% 的功耗。DDR3 内存金手指上也只有 1 个缺口，金手指触片为 240 个，如图 1-49 所示。

图 1-49　DDR3 内存条

（5）DDR4 SDRAM，简称 DDR4，拥有两个独立的 Bank 分组，每个 Bank 分组采用 8 位预取，相当于每次操作 16 位数据，变相地将内存预取值提高到了 16 位，从而改进内存的整体效率和带宽。DDR4 金手指由直线改为弯曲，即中间长，两边短，金手指触片增加到 288 个，如图 1-50 所示。其工作电压降为 1.2V。DDR4 于 2014 年面市，是目前最新的内存类型，Intel X99 主板首先支持 DDR4。

图 1-50　DDR4 内存条

3．内存的封装

实际看到的内存颗粒并不是真正的内存芯片的大小和面貌，而是内存芯片经过封装后的产品。内存芯片必须与外界隔离，以防止空气中的杂质对芯片电路的腐蚀而造成电气性能下降。内存封装方式主要有 TSOP、BGA、CSP 等。

（1）TSOP。TSOP(Thin Small Outline Package,薄型小尺寸封装)内存是在芯片的周围做出引脚,采用 SMT 技术(表面安装技术)直接附着在 PCB 板的表面,如图 1-51 所示。TSOP 封装的寄生参数(电流大幅度变化时,引起输出电压扰动)减小,适合高频应用,操作比较方便,可靠性也比较高。TSOP 封装方式具有成品率高、价格便宜等优点,因此得到了极为广泛的应用。TSOP 封装方式中,内存芯片是通过芯片引脚焊接在 PCB 板上的,焊点和 PCB 板的接触面积较小,因此芯片向 PCB 板传热就相对困难;当内存频率超过 150MHz 时,会产生较大的信号干扰和电磁干扰。

（2）BGA。如图 1-52 所示,BGA(Ball Grid Array Package,球栅阵列封装)的 I/O 端子以圆形或柱状焊点按阵列形式分布在封装下面。BGA 技术的优点是 I/O 引脚数虽然增加了,但引脚间距并没有减小反而增加了,从而提高了组装成品率。采用 BGA 封装的内存,在体积不变的情况下容量提高了 2～3 倍。与 TSOP 相比,BGA 具有更小的体积,更好的散热性能和电性能。

（3）CSP。CSP(Chip Scale Package,芯片级封装)是最新一代的内存芯片封装技术,其技术性能又有了新的提升。如图 1-53 所示,CSP 封装可以让芯片面积与封装面积之比超过 1：1.14,已经相当接近 1：1 的理想情况。与 BGA 封装相比,同等空间下 CSP 封装可以将存储容量提高 3 倍。CSP 封装内存不但体积小,同时也更薄,其金属基板到散热体的最有效散热路径仅有 0.2mm,大大提高了内存芯片在长时间运行下的可靠性。其线路阻抗显著减小,芯片速度也随之得到大幅度提高。

图 1-51　TSOP 封装　　　　图 1-52　BGA 封装　　　　图 1-53　CSP 封装

4．内存的主要性能指标

内存的主要性能指标包括内存容量、工作频率、内存带宽、CL 延迟、工作电压等。

（1）内存容量。内存容量的单位是 GB。DDR4 内存单条容量为 4GB、8GB、16GB。理论上讲,内存越大越好,但大容量内存能否发挥作用还得看操作系统,如 32 位 Windows 操作系统最大支持内存不超过 4GB,所以配置 4GB 以上内存实际上根本不起作用。另外,同样容量的内存,双通道内存性能优于单通道内存,如单条 16GB 内存性能不如两条 8GB 双通道内存。

（2）工作频率。工作频率是指内存的数据传输频率,单位是 MHz。频率越高,传输越快。DDR4 内存工作频率有 2133MHz、2400MHz、2666MHz、2800MHz 等。需要注意的是,内存工作实际频率由主板决定。

（3）内存带宽。内存带宽是指内存的数据传输速率，也就是内存 1s 内传输的数据量。它是衡量内存性能的重要标准。内存带宽与内存频率密切相关，可用下式计算：

$$内存带宽 = 工作频率 \times 内存数据总线位数 \div 8$$

（4）CL 延迟。CL 延迟是指内存纵向地址脉冲的反应时间。内存和 CPU 在数据传输前双方必须进行必要的通信，而这种就会造成传输的一定延迟时间。CL 延迟时间一定程度上反映出了该内存在接到读取数据的指令后，到正式开始读取数据所需的等待时间。例如，CL＝3 表示内存在 CPU 接到读取指令后，到正式开始读取数据需等待 3 个时钟周期。

（5）工作电压。工作电压是内存正常工作所需要的电压值，不同类型的内存电压是不同的。SDRAM 为 3.3V、DDR 为 2.5V、DDR2 为 1.8V、DDR3 为 1.5V、DDR3L 为 1.35V、DDR4 为 1.2V。电压越低功耗越小。

5．内存的标签

内存条上都有一张标签，列出了内存品牌、内存类型、技术参数等信息。不同的厂家标签写法各不相同，下面以图 1-45 金士顿内存标签为例说明各项含义。

金士顿内存标签中有一串字符序列：KVR1333D3N9/8G，其含义如下。

（1）KVR 表示 Kingston Value RAM 内存，指符合一般业界标准的内存；KHR 表示 Kingston HyperX RAM 内存，指专为玩家设计的高效能 DDR3 内存，能提供更高的频率，同时加装铝制散热片增强散热。

（2）1333 表示内存的工作频率为 1333MHz。

（3）D3 表示内存类型为 DDR3。若为 D2 则表示内存类型为 DDR2。

（4）N 表示该内存没有 ECC 校验功能。若为 E 则表示该内存有 ECC 校验功能。

（5）9 表示内存的 CL 延迟时间为 9 个时钟周期。

（6）8G 表示内存的容量为 8GB。

1.4.4　认识硬盘

硬盘中存放着操作系统、应用程序、用户重要数据，一旦损坏，将给用户带来巨大损失，所以用户一定要选一块高质量的硬盘，使用时一定要保护好硬盘。

1．硬盘的结构

硬盘外观如图 1-54 所示。在硬盘的正面贴有标签，标签上有产品型号、产地、出厂日期、产品序列号等信息，而背面可以见到电路板。电路板由主轴调速电路、磁头驱动与伺服定位电路、读/写电路、控制与接口电路等组成。目前电路板采用反面安装，即有元器件的一面朝里边，这样可起到保护电路板上元件的作用。在硬盘的一端有电源接口、数据接口和跳线。电源接口与机箱电源相连接，获取直流供电；数据接口是硬盘与主板控制芯片之间进行数据传输交换的通道，用一根数据线将其与主板硬盘接口相连；跳线用来设置硬盘的工作模式。

打开硬盘金属盒，可以见到里面的盘片、主轴、主轴电动机、磁头、磁头臂、音圈电动机、永磁铁等部件，如图 1-55 所示。盘片由金属制成，故称硬盘。一个硬盘有一张或多张盘片，盘片之间是平行的，所有盘片都固定在同一个主轴上，由主轴电动机带动高速旋转。盘片表

图 1-54 硬盘外观

面涂有一层磁性材料,数据就储存在这个磁层里。每张盘片上面有一个磁头,用来读/写磁层里的数据。音圈电动机可以来回转动,带动磁头臂转动,使磁头沿硬盘径向移动。拆下硬盘控制电路板,可以看到电路板正面上的硬盘主控芯片、电动机控制芯片和缓存芯片。硬盘控制芯片主要负责数据的交换与处理,是硬盘的核心部件之一;硬盘缓存的作用是与硬盘内部进行数据交换,是实现硬盘数据"预处理"操作的芯片,以提高硬盘的数据传输速率;电动机控制芯片对主轴电动机进行控制,使硬盘片保持一定的转速。

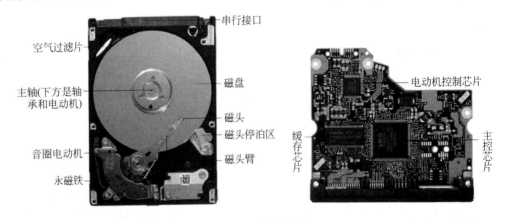

图 1-55 硬盘内部

现在的硬盘都是按"温彻斯特"技术制造,有以下特点。

(1)磁头、盘片及运动机构密封。没有专门设备不允许打开硬盘盒,否则硬盘极易报废。

(2)固定并高速旋转的硬盘片表面平整光滑。

(3)磁头沿盘片径向移动。

(4)磁头对盘片接触式启停,工作时呈飞行状态不与盘片接触,故硬盘工作时不允许剧烈震动。

2．硬盘的工作原理

硬盘存储数据的原理是利用磁性材料的剩磁现象,即磁性材料磁化后会继续保持磁性的现象。硬盘片表面涂上一层很薄的磁性材料,利用磁层的磁化极性来记录数据。磁头在读取数据时,将不同位置的磁层的不同极性转换成不同的电脉冲信号,再利用数据转换器将这些原始信号变成计算机可以使用的数据。写操作正好相反。

为了便于管理硬盘,将硬盘划分为磁道、扇区、柱面,如图1-56所示。

（1）磁道（Track）。硬盘在格式化时被划分成许多同心圆,这些同心圆轨迹叫作磁道。磁道从外向内由0开始顺序编号。每一个盘面有数百万个磁道。

（2）扇区（Sector）。这些同心圆被划分成一段段的圆弧,称为扇区。这些圆弧长度不一样,但存储的数据一样。一个扇区有两个部分:存储数据地址的标识符和存储数据的数据段。每个扇区数据段能存储512B或4KB的数据。

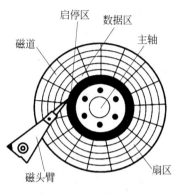

图1-56　磁道与扇区

（3）柱面（Cylinder）。多个磁面上相同磁道构成一个圆柱,称作柱面。每个圆柱上的磁头由上而下从0开始编号。数据的读/写按柱面进行,即磁头读/写数据时首先在同一柱面内从0磁头开始进行操作,依次向下在同一柱面的不同盘面即磁头上进行操作,只在同一柱面所有的磁头全部读/写完毕磁头才转移到下一柱面,因为选取磁头只须通过电路切换即可,而选取柱面则必须通过机械切换改变磁头位置。

操作系统将文件存储到硬盘上时,按柱面、磁头、扇区的方式进行,即最先是第一柱面的第一磁头下（也就是第一盘面的第一磁道）的所有扇区,然后是同一柱面的下一磁头,这个柱面存储满后推进到下一个柱面,直到把文件全部写入硬盘。

操作系统也以相同的顺序读取数据。读取数据时通过告诉硬盘控制器要读出扇区所在的柱面号、磁头号和扇区号（物理地址的3个组成部分）。硬盘控制器则直接使磁头部件步进到相应的柱面,选通相应的磁头,等待要求的磁道移动到磁头下,硬盘控制器读出每个扇区的头标,把这些头标中的地址信息与期待检出的磁头和柱面号做比较（即寻道）。然后,寻找要求的扇区号,待硬盘控制器找到该扇区头标时,读出扇区数据。

目前,硬盘容量已达到TB级,垂直记录技术功不可没。应用了垂直记录技术的硬盘在结构上没什么明显的变化,仍然是由盘片（超平滑表面、薄磁涂层、保护涂层、表面润滑剂）、传导写入元件（软磁极、写入线圈）和磁阻读出元件（检测磁变换的GMR传感器或硬盘最新型传感器）组成。但从微观上看,垂直记录的磁头的构造有了改进,使得磁记录单元的排列方式有了变化,从原来的"首尾相接"的水平排列,变为了"肩并肩"的垂直排列,这样大大增加了记录密度,如图1-57所示。同时硬盘相应地增加了软磁底层。这样做的优点如下。

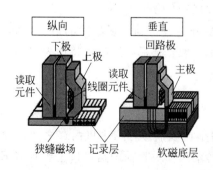

图1-57　垂直记录原理

（1）硬盘材料可以增厚,让小型磁粒更能抵御超顺磁现象的不利影响。

（2）软磁底层让磁头可以提供更强的磁场,让其能够以更高的稳定性将数据写入介质。

（3）相邻的垂直比特可以相互稳定。

3．硬盘的性能指标

下面介绍硬盘的主要性能指标。

（1）主轴转速。它是硬盘的重要指标,决定硬盘内部数据传输率的决定因素之一,转速越快,数据传输越快。目前,7200r/min 的硬盘具有性价比高的优势,是国内市场上的主流产品,而 SAS 硬盘的主轴转速已经达到 10000r/min 甚至 15000r/min 了,但由于价格原因让普通用户难以接受,主要面向企业用户。

（2）单碟容量。硬盘是由多个存储盘片组合而成的,单碟容量就是一个存储盘片（两面）所能存储的最大数据量。硬盘厂商在增加硬盘容量时,可以通过两种手段：一是增加存储盘片的数量,但受到硬盘整体体积和生产成本的限制,盘片数量都受到限制,一般都在 5 片以内；二是增加单碟容量。只有提高每张盘片的容量才能从根本上解决这个问题。采用垂直记录技术,单碟容量达到 1TB,3TB 的硬盘只用 3 张盘片。

单碟容量还影响硬盘的数据传输率。数据传输率与记录密度是成正比的,单碟容量越高,硬盘的数据传输也就越快。

（3）缓存容量。缓存是硬盘与外部总线交换数据的场所。硬盘读数据的过程如下：将要读取的数据存入缓存,等缓存中填充满数据或者要读取的数据全部读完后再从缓存传向硬盘外的数据总线,它起到了内部和外部数据传输的平衡作用。缓存容量越大越好,目前常见的硬盘缓存有 16MB、32MB、64MB 和 128MB。

（4）硬盘的数据传输速率。它表示在磁头定位后,硬盘读/写数据的速率。硬盘的数据传输速率有两个指标：外部传输速率（External Transfer Rate,ETR）和内部传输速率（Internal Transfer Rate,ITR）。

① 外部传输速率也称为突发传输速率或接口传输速率,即计算机系统总线与硬盘缓冲区之间的数据传输速率。外部传输速率与硬盘接口类型和硬盘缓冲区容量大小有关。如 SATA 3.0 接口的硬盘,其外部数据传输速率理论值是 6Gb/s。

② 内部传输速率也称为持续传输速率,它反映硬盘缓冲区未用时的性能,指磁头至硬盘缓存间的数据传输速率。内部传输速率主要依赖硬盘的转速。

（5）平均寻道时间。平均寻道时间是指从硬盘接到相应指令开始到磁头移到指定磁道为止所用的平均时间,单位为 ms（毫秒）,一般平均寻道时间在 10ms 以下。

（6）连续无故障时间。连续无故障时间是指硬盘从开始运行到出现故障的最长时间,单位是小时。一般硬盘至少在 3 万小时以上。这项指标一般在产品常见技术特性表中并不提供,需要时可到硬盘公司网站中查询。

4．硬盘的接口

硬盘接口是硬盘与主机系统之间的连接部件,作用是在硬盘缓存与主机内存之间传输数据。不同的硬盘接口决定着硬盘与主机之间的数据传输速率。目前硬盘接口主要有 IDE 接口、SATA 接口、SAS 接口、USB 接口等几种。

(1) IDE 接口。IDE 即 Integrated Drive Electronics,它的本意是指把控制器与盘体集成在一起的硬盘驱动器。IDE 接口也叫 ATA(Advanced Technology Attachment)接口,40PIN,需要用一根 80 芯扁平电缆线连接,如图 1-58 所示。传输标准主要有 ATA 100、ATA 133,接口速率分别为 100MB/s、133MB/s。由于 IDE 接口采用并行传输,速率较慢,不支持热插拔,目前已被 SATA 接口淘汰。

图 1-58　硬盘 IDE 接口与数据线

(2) SATA 接口。SATA(Serial ATA)接口的硬盘又叫串口硬盘,是目前硬盘的主流。它一改以往 IDE 接口并行传输数据的方式,而采用连续串行方式传输数据。串行 ATA 总线使用嵌入式时钟信号,具备了更强的纠错能力,与以往并口相比其最大的区别在于能对传输指令(不仅仅是数据)进行检查,如果发现错误会自动矫正,从而提高了数据传输的可靠性。

SATA 接口标准起点高、发展潜力大,SATA 1.0 定义的数据传输率可达 1.5Gb/s,比最快的并行 ATA(即 ATA 133)所能达到 133MB/s 的最高数据传输率还高,而 SATA 2.0 的数据传输率达到 3Gb/s,SATA 3.0 的数据传输率达到 6Gb/s。串行接口还具有结构简单、支持热插拔的优点,其数据线比 IDE 的细得多,如图 1-59 所示。

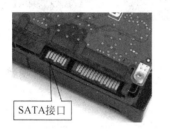

图 1-59　硬盘 SATA 接口与数据线

(3) SAS 接口。SAS(Serial Attached SCSI)接口是服务器硬盘接口,也采用串行技术方式传输数据。此接口的设计是为了改善存储系统的性能、可用性和扩充性,并且向下兼容 SATA 接口,即 SATA 硬盘可以直接使用在 SAS 的环境中,但是 SAS 却不能直接使用在 SATA 的环境中。这从两者的接口中可以印证,如图 1-60 所示,SAS 接口数据线区与电源线区相连,而 SATA 接口是分开的。SAS 接口起步速率就达到 3Gb/s,SAS 2.0 达到 6Gb/s。

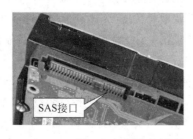

图 1-60　硬盘 SAS 接口与数据线

（4）USB接口。目前移动硬盘大多采用USB接口，如图1-61所示。

图1-61　移动硬盘USB接口与数据线

5. 硬盘的分类

按硬盘尺寸分类，目前硬盘内部盘片尺寸有3.5in、2.5in和1.8in，如图1-62所示。后两种常用作移动硬盘，也用在笔记本及部分袖珍精密仪器中，台式机中常用3.5in盘片的硬盘。

图1-62　3.5in、2.5in和1.8in的硬盘

按硬盘接口分类，可将硬盘分为IDE接口硬盘、SATA接口硬盘、SAS接口硬盘和USB接口硬盘等。

6. 硬盘的型号

硬盘主要参数会在硬盘标签上直接标明，但一些小的参数如盘片数、接口类型并不直接标出，而是隐藏在型号里，所以就得了解其型号规则。目前市场上硬盘品牌主要有希捷（Seagate）、西部数据（Western Digital）、东芝（Toshiba）和三星（SAMSUNG）等几家公司，各家的型号各不相同。

希捷硬盘主打主流桌面市场，以酷鱼系列为主，此系列产品拥有平稳的整体性能，市场认知度较高。希捷硬盘的型号比较简单，其识别方法为"ST+硬盘尺寸+容量+主标识+副标识+接口类型"，如图1-63所示。此硬盘型号为ST3320620AS，各项含义在图1-63中已注明。除型号外，标签上直观地标出硬盘容量、产地、生产日期代码以及酷鱼7200r/min第10代等信息。

近年来，希捷硬盘型号作了简化，如图1-64所示，这款硬盘型号为ST3000DM001。ST代表希捷，3000为容量，单位GB，DM表示适用类型，见表1-3，001是模具代号。

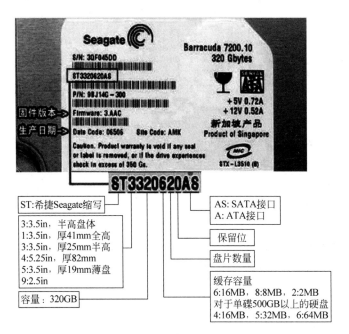

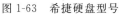

图 1-63　希捷硬盘型号

图 1-64　希捷硬盘标签

表 1-3　希捷硬盘常用类型

代　号	类　型	代　号	类　型
DM	台式机机械硬盘	DX	混合硬盘
NM	企业级硬盘	VX	监控级硬盘
VM	高清硬盘	VN	网络存储硬盘
LM	笔记本硬盘	AS	存档硬盘

西部数据硬盘的标签如图 1-65 所示,标签颜色分为黑、蓝、绿、红、紫、金六色,相应地称为黑盘、蓝盘、绿盘、红盘、紫盘、金盘。西部数据硬盘标签上直观地标出容量、缓存、接口、产地等信息。

图 1-65 中型号为 WD20EADS-00R6B0,格式为 WD
$<XX><ABCD>$-$<EEFFGH>$。其中前半段为主型号,后半段为附加型号。

WD:West Digital 的英文缩写。

XX:代表硬盘的容量大小,单位要看后面的第一个字母。

A:表示容量单位和尺寸,含义如下。

A——0.1GB,3.5in 硬盘。

B——0.1GB,2.5in 硬盘。

C——0.1GB,1.0in 硬盘。

E——0.1TB,3.5in 硬盘。

图 1-65　西部数据硬盘标签

F——1GB,3.5in TB级硬盘。

J——0.1GB,2.5in 硬盘。

K——0.1GB,2.5in 硬盘,厚度为12.5mm。

T——0.1TB,2.5in 硬盘,厚度为12.5mm。

B：表示产品类型,含义如下。

A——桌面/WD Caviar(鱼子酱)。

B——企业/WD RE4；WD RE3；WD RE2(3碟)。

C——桌面/WD Protege。

D——企业/WD Raptor(猛禽)。

E——移动/WD Scorpio。

H——发烧/WD Raptor X。

J——移动/WD Scorpio FFS(带自由落体感应)。

K——企业/WD S25。

L——企业/WD VelociRaptor(迅猛龙)。

M——品牌/WD Branded。

P——移动/WD Scorpio。

U——影音/WD AV。

V——影音/WD AV。

Y——企业/WD RE4；WD RE3；WD RE2(4碟)。

Z——桌面/WD Caviar(GPT分区)。

C：表示转速和缓存,含义如下。

A——5400r/min,2MB缓存。

B——7200r/min,2MB缓存。

C——5400r/min,16MB缓存。

D——5400r/min,32MB缓存。

E——7200r/min,64MB缓存(<2TB)。

F——10000r/min,16MB缓存。

G——10000r/min,8MB缓存。

H——10000r/min,32MB缓存。

J——7200r/min,8MB缓存。

K——7200r/min,16MB缓存。

L——7200r/min,32MB缓存。

P——IntelliPower,EM(最大缓存由产品决定)。

R——5400r/min,64MB缓存。

S——7200r/min,64MB缓存(2TB)。

V——5400r/min,8MB缓存(移动产品)。

Y——7200r/min,EM(最大缓存由产品决定)。

D：表示接口类型,含义如下。

A——ATA 66,40PIN IDE接口。

B——ATA 100,40PIN IDE 接口。

C——ATA,33PIN 接口(零插入力)。

D——SATA 1.5Gb/s,22PIN SATA 接口。

E——ATA 133,40PIN IDE 接口。

F——SAS-3,29PIN 接口。

G——SAS-6,29PIN 接口。

S——SATA 3Gb/s,22PIN SATA 2.0 接口。

T——SATA 3Gb/s,22PIN SATA 2.0 接口(移动产品)。

U——原生 USB 2.0 接口。

V——原生 USB 3.0 接口。

X——SATA 6Gb/s,22PIN SATA 3.0 接口。

EE:表示销售渠道编号,含义如下。

00——普通(零售)。

其他数值——特定厂商代码。

FF:表示产品内部编号。

G:表示产品性质,含义如下。

X——测试产品。

A——首批高质量产品。

B,C——实际销售产品。

H:表示产品修订号。

根据以上含义,型号为 WD20EADS-00R6B0 的硬盘,表示这是一块西部数据公司出品的面向零售市场的桌面鱼子酱系列硬盘,容量为 2TB、缓存为 8MB、转速为 5400r/min、SATA 2.0 接口的 3.5in 硬盘。

7.固态硬盘

固态硬盘(Solid State Drive,SSD),由固态电子存储芯片阵列构成,具有读/写速率快、重量轻、应用范围广等优点,正在迅速普及。

1)固态硬盘结构

固态硬盘内部结构十分简单,只有一块 PCB 板,在 PCB 板上有主控芯片、缓存芯片(DRAM 芯片)和用于存储数据的闪存芯片,如图 1-66 所示。

主控芯片是固态硬盘的心脏,实际是一个处理器,主要分为压缩性算法和非压缩性算法两种。非压缩性算法的主控性能优秀且价格昂贵,该算法主控占据中高端市场,同时对入门级市场也有相当强的控制力。压缩性算法的主控体现在价格优势,兼顾主流的性能。

闪存芯片是固态硬盘的存储介质,决定了固态硬盘的使用寿命。闪存按照结构分为 MLC 多层单元、

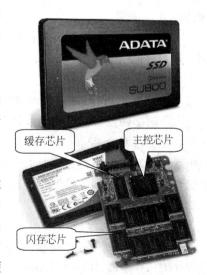

图 1-66 固态硬盘及其组成

TLC 三层单元和 SLC 单层单元 3 种。层数越少,寿命越长,性能越好,价格就贵。目前主流的家用固态硬盘主要采用 MLC 闪存。

缓存芯片用来辅助主控芯片进行数据处理,提高读/写速率。有一些廉价固态硬盘为了节省成本,省去了这块缓存芯片,会降低固态硬盘的性能。

2)固态硬盘的优缺点

与机械硬盘比较,固态硬盘具有以下优点。

(1)固态硬盘不存在硬盘及磁头,主控芯片事先掌握数据的存储位置,能够直接通过电信号来存取数据,因此,数据读取速率快。开机时,由于没有电动机加速旋转的过程,启动快。

(2)与机械硬盘相比,固态硬盘的构成部件较少,因此可实现轻量化、小型化。

(3)固态硬盘抗震。由于采用了闪存芯片,内部不存在任何机械部件,固态硬盘即使在高速移动甚至伴随翻转倾斜的情况下也不会影响到正常使用。固态硬盘不存在磁头和硬盘,不会像机械硬盘那样出现磁头与硬盘相接触而发生碰撞的现象。因此,出现冲击及震动而导致数据损坏的可能性很小。

(4)固态硬盘耗电量小。采用固态硬盘的笔记本与同型号的搭配机械硬盘笔记本相比,电池航程会延长。

(5)固态硬盘工作时绝对安静,无任何噪声。闪存芯片发热量小、散热快,无需电动机和风扇等机械部件。

(6)工作温度范围大。典型的硬盘驱动器只能在 5~55℃ 范围内工作。而大多数固态硬盘可在 −10~70℃ 范围内工作,一些工业级的固态硬盘还可在 −40~85℃ 甚至更大的温度范围内工作。

总地来说,固态硬盘的优点就是稳定、轻薄、存取速率快、功耗低、发热量低,非常适合笔记本等移动设备。

与机械硬盘比较,固态硬盘有以下缺点。

(1)固态硬盘容量小。考虑到成本因素,固态硬盘容量一般不大。台式机里用作系统盘的固态硬盘,容量只有几百 GB。不过,目前大容量的固态硬盘也已面市,但价格极高,普通用户难以承受。

(2)价格贵。按单位 GB 价格来算,固态硬盘价格是机械硬盘价格的数倍,甚至几十倍。不过,随着储存芯片价格的不断滑落,两者的价差会越来越小。

(3)数据受损后难以恢复。一旦闪存芯片发生损坏,再想找回数据几乎是不可能的。而传统的机械硬盘,可以通过数据恢复技术也许能挽救一部分数据。

(4)固态硬盘容易受到某些外界因素(如断电、磁场、静电等)的不良影响。

(5)写入寿命有限(基于闪存)。一般闪存写入寿命为 1 万~10 万次,特制的可达 100 万~500 万次,然而整台计算机寿命期内文件系统的某些部分(如文件分配表)的写入次数仍将超过这一极限。特制的文件系统或者固件可以分担写入的位置,使固态硬盘的整体寿命达到 20 年以上。

3)固态硬盘的接口

固态硬盘除了与机械硬盘相同的接口(IDE、SATA、SAS、USB)外,还有 mSATA 接口、M.2(NGFF)接口、SATA Express 接口、U.2 接口、PCI-E 接口、USB Type-C 接口等,如图 1-67~图 1-72 所示。mSATA 接口是缩小尺寸的 SATA 接口,mSATA 接口固态硬盘宽

度 30mm，可以直接插在主板 mSATA 接口上。M.2
接口比 mSATA 接口还要小，宽度仅 22mm，长度有
42mm、60mm、80mm 3 种规格，可以直接插在主板
M.2 接口上，理论传输速率高达 32Gb/s。SATA
Express 接口外观与 SAS 一样，不同的是，SATA
Express 接口两面都有引脚，理论传输速率为 10Gb/s。
U.2 接口外观与 SAS 相近，不同之处是，在数据线与电
源线中间也有引脚，理论传输速率高达 32Gb/s。PCI-

图 1-67 固态硬盘 mSATA 接口

E 接口固态硬盘也称作存储卡，直接插在主板 PCI-E 插槽中，读/写速率快，通常用在服务器
上。USB Type-C 接口属于 USB 3.1 规范，支持双面插入。

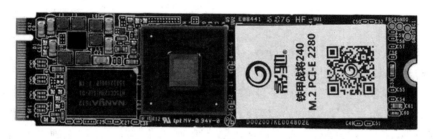

图 1-68 固态硬盘 M.2 接口

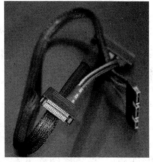

图 1-69 固态硬盘 SATA Express 接口及其连接线

图 1-70 固态硬盘 U.2 接口及其连接线

图 1-71 固态硬盘 PCI-E 接口   图 1-72 固态硬盘 USB Type-C 接口

8. 混合硬盘

混合硬盘(Solid State Hybrid Drive,SSHD)是机械硬盘与固态硬盘的结合体,在传统机械硬盘的基础上添加了固态硬盘的成分,如图 1-73 所示,在电路板上增加两颗芯片,SSD主控芯片和闪存芯片。闪存芯片是能够快速读/写的 NAND 闪存,容量通常为 8GB～16GB。闪存芯片相当于硬盘的高速缓存,将更多的常用文件保存到闪存内,减少硬盘寻道时间,提高了效率。混合硬盘拥有机械硬盘的大容量、低价格,以及固态硬盘的高速率等优势,是一种低成本下改善机械硬盘的有效方法。

1.4.5 认识光驱

光驱是光盘驱动器的简称,是计算机常见的配置设备,用来读/写光盘上的信息。光盘是记录信息的载体,具有容量大、成本低、保存时间长的优点。电子读物、高清电影、音乐、各类软件等常以光盘形式出版发行。

1. 光驱的结构与原理

图 1-74 所示是常见的内置式台式机光驱,大小为 5.25in,所用光盘直径为 12cm,也可使用 8cm 的光盘。光驱正面有光盘仓盒门、停止/弹出按钮、指示灯、应急弹出孔以及耳机插孔、音量旋钮等,背面为数据接口和电源接口,内部有光盘仓盒、主轴电动机、激光头等部件。

图 1-73 混合硬盘电路板   图 1-74 光驱

激光头是光驱的心脏,也是最精密的部分。它主要负责数据的读取工作,因此在清理光驱内部灰尘时要格外小心。激光头主要包括激光发生器(又称激光二极管)、半反射棱镜、物镜、透镜以及光电二极管几部分。当激光头读取盘片上的数据时,从激光发生器发出的激光透过半反射棱镜,汇聚在物镜上,物镜将激光聚焦成为极其细小的光点并打到光盘上,再从光盘上反射回去,透过物镜,再照射到半反射棱镜上。由于棱镜是半反射结构,因此不会让光束完全穿透它并回到激光发生器上,而是经过反射,穿过透镜,到达了光电二极管上面。由于光盘表面是以凹、平的点来记录数据,所以反射回来的光线就会射向不同的方向,即反射光线的强弱不同。激光二极管接收到强反射光作为 1,弱反射光就为 0,这样就把记录在光盘上的 0、1 排列的数据读了出来。

在激光头读取数据的过程中,寻迹和聚焦直接影响到光驱的纠错能力与稳定性。寻迹就是保持激光头能够始终精确地对准记录数据的轨道。当激光束正好与轨道重合时,寻迹误差信号就为 0;否则寻迹信号就可能为正数或者负数,激光头会根据寻迹信号对姿态进行适当的调整。如果光驱的寻迹性能很差,在读盘的时候就会出现读取数据出错的现象,最典型的就是在读音轨时出现的跳音现象。所谓聚焦,就是指激光头能够精确地将光束打到盘片上并收到最强的信号。当激光束从盘片上反射回来时会同时打到 4 个光电二极管上。它们将信号叠加并最终形成聚焦信号。只有当聚焦准确时,这个信号才为 0;否则它就会发出信号,矫正激光头的位置。聚焦和寻道是激光头工作时最重要的两项性能,读盘好的光驱在这两方面都有优秀的表现。

2. 光驱的技术规范

根据光驱的技术规范可以将光驱分为 3 类:CD 光驱、DVD 光驱和 BD 光驱(Blue-ray Disc,蓝光光驱)。每一类又分为只读、刻录和可擦写 3 种,见表 1-4。

表 1-4　光驱的种类

读/写方式	CD 光驱	DVD 光驱	BD 光驱
只读	CD-ROM 光驱	DVD-ROM 光驱	BD-ROM 光驱
刻录	CD 刻录机	DVD 刻录机	BD 刻录机
可擦写	CD 可擦写刻录机	DVD 可擦写刻录机	BD 可擦写刻录机

只读光驱只能读取光盘上信息,而不能写入;刻录机可以将信息刻录到空白光盘上,刻录后就无法更改或删除;可擦写光驱可以对同一张光盘(特殊的光盘)进行多次的刻录。

CD 光驱目前已基本淘汰。DVD 刻录机有两种规格:DVD-R 和 DVD+R。DVD 可擦写刻录机有 3 种规格:DVD-RW、DVD+RW 和 DVD-RAM。

3. 光驱的性能指标

(1)数据传输速率。数据传输速率是光驱最基本的性能指标,反映光驱在读取盘片或写入盘片的数据传输快慢,一般以倍速表示。CD 光驱基速 $1X=150KB/s$,$48X=48\times150KB/s=7.2MB/s$;DVD 光驱基速 $1X=1350KB/s$,$8X=8\times1350KB/s=10.8MB/s$;BD 光驱基速 $1X=4.5MB/s$,$4X=4\times4.5MB/s=18MB/s$。

(2)缓存容量。缓存大小对读盘影响不大,但刻录就非常重要。缓存过小,数据的准备跟不上刻录的速率,会造成缓存失载错误,导致刻录失败。目前刻录机缓存一般为 2MB、4MB 等几种。

(3) 接口类型。光驱普遍采用 SATA 接口,老式的采用 IDE 接口。外置式光驱大多采用 USB 接口。

(4) 支持盘片标准。光驱种类多,光盘种类也多。一种光驱往往能读/写多种类型的光盘。

(5) 容错性。反映光驱的读盘能力,容错性强的光驱,能够读取有瑕疵的光盘;反之,则不能读出。

1.4.6 认识显卡

显卡是计算机硬件系统常用部件之一。显卡的作用是将 CPU 送来的图像数据进行处理,以数字或模拟信号的形式送到显示器,经过显示器的进一步处理,在显示屏上形成图像。显卡一般是一块独立的板卡,通过扩展槽插接在主板上,也有将显卡直接集成在主板上或 CPU 里面,称为集成显卡或核芯显卡。在对图像处理要求比较高的计算机中,如 CAD 平面设计、3D 制图、大型游戏等方面,一般需要配置一块独立显卡。

1. 显卡的组成

图 1-75 所示是一块独立显卡。图 1-75(a)拆除了外壳和散热器。显卡大多采用 4 层的 PCB 板,也有采用 6 层或 8 层的,6 层、8 层的 PCB 板增加了辅助信号层。显卡的下边是总线接口,与主板的 PCI-E X16 显卡插槽相连。显卡后端为输出接口,与显示器相连。输出接口有多种形式,目前常见的有 DVI、HDMI、DP 数字接口及 VGA 模拟接口。显卡上主要元器件有显示芯片、显存、显卡 BIOS 芯片等。

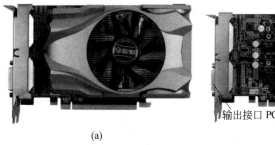
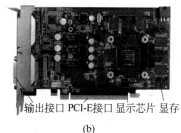

输出接口 PCI-E接口 显示芯片 显存

(a) (b)

图 1-75 显卡

显示芯片(GPU)是显卡的核心,其主要任务是处理系统输入的图像信息并将其进行构建、渲染等工作,它的性能几乎决定了显卡的性能。不同的显示芯片,无论从内部结构还是其性能,都存在着差异,其价格差别也很大。目前显示芯片只有两个品牌:nVIDIA 和 AMD,如图 1-76 所示。采用 nVIDIA 显示芯片制作的显卡称为 N 卡;采用 AMD 显示芯片制作的显卡称为 A 卡。

显示内存(显存)的功能是暂时储存显示芯片要处理的数据和处理完毕的数据。图形核心的性能越强,需要的显存也就越多。它的存储容量大小直接影响到显示卡可以显示的颜色数量和可以支持的最高分辨率。一般来说,显存越大显卡的性能就越好。显存针对显卡

图 1-76 nVIDIA 和 AMD 显示芯片

进行特殊设计,与主板上的内存颗粒有所不同,目前常用的显存是 HBM(堆叠显存)、HBM2、GDDR5X、GDDR5、GDDR3。显存生产主要厂家有三星、海士力、尔必达等,如图 1-77 所示。

显卡 BIOS 芯片类似于主板上的 BIOS 芯片,储存了显示芯片与驱动程序之间的控制程序以及显卡的型号、规格、生产厂家及出厂时间等信息,是显卡的基本输入/输出系统。计算机正常启动后首先出现在显示器上的就是显卡 BIOS 的信息提示,开机后显卡 BIOS 中的数据被映射到内存里并控制整个显卡的工作。目前显卡 BIOS 芯片为 8 个引脚的一个小集成块,如图 1-78 所示,常见型号有 Pm25LD010、Pm25LD020、MCP25020T 等。

图 1-77 显存　　　　　　　　　图 1-78 显卡 BIOS 芯片

2. 显卡的工作原理

显卡是负责计算机图像最终输出的重要部件。它从 CPU 接收显示数据和控制命令,然后将处理过的图像信号发送给显示器。显卡本身是一个智能的嵌入式系统,其核心是图形处理芯片(GPU),负责完成大量的图像运算和内部控制工作,显示所需的相关数据存放在显存中。

显卡处理图像数据的过程如下。

(1) CPU 到显卡。CPU 将有关图像的指令和数据通过总线传输给显卡。由于图像数据处理量大,因而对显卡的接口数据传输速率要求高,最新的 PCI-E 3.0 X16 接口达到了 32GB/s。

(2) 显卡内部图像处理。GPU 按照 CPU 的要求,完成图像处理过程,并将最终图像数据保存在显存中。

（3）图像输出。对于具有数字输出接口的显卡，则直接将数据传递给数字显示器。对于 VGA 接口的显卡，显卡芯片中的数模转换器（RAMDAC）从显存中读取图像数据，转换成模拟信号传送给显示器。RAMDAC 的转换速度越快，频带越宽，高分辨率时图像显示就会越快，图像质量越好越稳定。

3．显卡的主要性能指标

（1）核心频率。显卡的核心频率是指显示芯片的工作频率，其工作频率在一定程度上可以反映出显示芯片的性能，但显卡的性能是由核心频率、显存、流处理器数等多方面因素决定的，因此在显示芯片不同的情况下，核心频率高并不代表此显卡性能强劲。但在同样级别的芯片中，核心频率高的则性能要强一些，提高核心频率也是显卡超频的方法之一。

（2）流处理器数。在 DirectX 10 显卡推出以前，并没有"流处理器"这个说法。GPU 内部由"管线"构成，分为像素管线和顶点管线，它们的数目是固定的。简单地说，顶点管线主要负责 3D 建模，像素管线负责 3D 渲染。由于它们的数量是固定的，这就出现了一个问题，当某个游戏场景需要大量的 3D 建模而不需要太多的像素处理时，就会造成顶点管线资源紧张而像素管线大量闲置；当然也有截然相反的另一种情况。在这样的情况下，人们在 DirectX 10 时代提出了"统一渲染架构"，显卡取消了传统的"像素管线"和"顶点管线"，统一改为流处理器单元，它既可以进行顶点运算也可以进行像素运算，这样在不同的场景中，显卡就可以动态地分配进行顶点运算和像素运算的流处理器数量，达到资源的充分利用。现在，流处理器的数量已经成为决定显卡性能高低的一个很重要的指标。

（3）显存容量。即显存的大小。直接影响到显卡可以显示的颜色数量和可以支持的最高分辨率。显卡的分辨率越高，屏幕上显示的像素点就越多，所需的显存也就越多。一般来说，显存越大显卡的性能就越好。目前高档显卡显存已达到 12GB。

（4）显存位宽。它是显存在一个时钟周期内所能传送数据的位数，是显存的重要指标之一，人们常说的 128 位显卡、256 位显卡和 512 位显卡就是指其相应的显存位宽。因为"显存带宽＝显存频率×显存位宽÷8"，所以在显存频率相当的情况下，显存位宽将决定显存带宽的大小，位数越大单位时间内传输的数据量就越大。因此中高端显卡使用的显存位宽较大，常用有 768 位、512 位、384 位、256 位、192 位。堆叠显存（HBM）位宽高达 4096 位，用在发烧级 A 卡上；而入门级显卡大多采用 128 位或 64 位显存。

（5）显存频率。反映显存传输数据的快慢程度，以 MHz 为单位。显存频率与显存的类型有关，GDDR3 显存频率在 1000MHz 以上，GDDR5 显存频率为 4000MHz 或以上。HBM 由于高位宽，频率降为 1000MHz；HBM2 显存频率为 2000MHz。

（6）分辨率。反映显卡在显示器上所能描绘的像素点的数量。用"横向像素点×纵向像素点"来表示，比如 1280×800 像素。

（7）色深。也称位深，是指显卡在当前的分辨率下所能够显示的颜色数量。一般以多少色或多少位（b）色来表示，例如，某显卡在 1280×800 像素的分辨率下的色深是 32 位。

（8）刷新频率。它是指影像在显示器上的更新速率，也就是图像每秒在屏幕出现的帧数。刷新频率越高，屏幕上的图像闪烁感就越小，图像就越稳定，视觉效果就越好，眼睛也不会感觉疲劳。

4．显卡的分类

集成显卡是把显卡芯片集成到主板北桥芯片中，显存共享系统的内存。集成显卡的优点是功耗低、发热量小，可以为用户省下购买显卡的资金。缺点是性能相对较弱，且固化在主板上，本身无法更换，要换只能和主板一起更换。

核芯显卡是将图形核心(GPU)和处理核心(CPU)整合到同一块基板上，构成一个完整的处理器。GPU与CPU紧密结合大大缩减了处理核心、图形核心、内存及内存控制器间的数据周转时间，提升了处理效能并大幅降低芯片组整体功耗，有助于缩小核心组件的尺寸，为笔记本、一体机等产品的设计提供了更大选择空间。低功耗是核芯显卡的最主要优势，由于新的精简架构及整合设计，核芯显卡对整体能耗的控制更加优异，高效的处理性能大幅缩短了运算时间，进一步缩减了系统平台的能耗。高性能也是它的一大优势，核芯显卡拥有诸多新技术，可支持 DirectX 10、SM 4.0、OpenGL 2.0 以及全高清 Full HD MPEG 2/H.264/VC-1 格式解码等技术，性能动态调节技术可大幅提升核芯显卡的处理能力，能完全满足普通用户的需求。核芯显卡的缺点是配置核芯显卡的 CPU 通常价格较高，且难以胜任大型 3D 游戏等。

独立显卡是将显示芯片、显存及其相关电路单独做在一块电路板上，自成一体，作为一块独立的板卡存在，它需占用主板的扩展插槽(PCI-E 或 AGP)。独立显卡的优点是单独安装显存，在技术上也较集成显卡先进得多，具有比集成显卡更好的显示效果和性能，且容易进行显卡的硬件升级。缺点是系统功耗加大，发热量也较大，需额外花费购买显卡的资金，同时占用更多的空间。

1.4.7　认识显示器

显示器是计算机必不可少的输出设备，是计算机与用户沟通的窗口。显卡处理后的数值、文字、图表、图像等信息，只有通过显示器才能为我们的眼睛所接收。显卡对显示数据处理的精细程度，要靠显示器来实现。显示器作为显示系统的最后一个环节，其性能的高低，直接决定显示质量。我们必须对显示器要有一定的了解，才能选购一台符合自己需要的显示器。

1．显示器的分类

根据显示原理，显示器分为 CRT 显示器和液晶显示器(Liquid Crystal Display，LCD)，如图 1-79 所示。CRT 显示器主要部件是阴极射线管(Cathode Ray Tube)，主要由 5 个部分组成：电子枪、偏转线圈、荫罩、荧光粉层及玻璃外壳。其原理是利用电子束轰击荧光粉使荧光粉发光显示图像，其优点是色彩还原度高、色度均匀、可调节的多分辨率模式、响应时间极短等，故在特殊行业还需要 CRT 显示器。但由于其体积大、笨重、存在辐射等缺点，基本上被淘汰。液晶显示器以其体积小、厚度薄、重量轻、耗能省、无电磁辐射、画面无闪烁、无几何失真、抗干扰强等诸多优点被业界和用户一致看好。随着关键技术的突破和成本的大幅削减，使它的价格也变得平易近人，目前显示器领域基本上是液晶显示器的天下。

按照屏幕大小，可把液晶显示器分为 27in 及以上、26in、24in、23.6in、23in、22in、21.5in、20in、19in 及以下。屏幕尺寸是屏幕对角线的长度，通常屏幕越大价格越高。

按照液晶显示器屏幕比例，可以把显示器分为普屏、宽屏和超宽屏，如图 1-80 所示。

图 1-79　CRT 显示器和液晶显示器

图 1-80　普屏、宽屏和超宽屏对比

普屏(4∶3或5∶4,图1-80(a)和(c))是早期显示器屏幕形式,现在流行宽屏(16∶9或16∶10,图1-80(b)和(d))。宽屏适合高清播放,超宽屏是最新款式。由于21∶9符合好莱坞大片宽屏幕标准的播放格式,在全屏幕播放时能够接近100%显示电影内容,能够带来真正的影院级画面效果和视听享受,也许有望超越全高清而成为显示器的新标准。

2. 液晶显示器的工作原理

液晶既具有液体的流动性,又具有晶体的特性。大多数液晶属于有机复合物,由长棒状的分子构成。将液晶倒入一个精良加工的开槽平面,液晶分子就会顺着槽的方向排列。当液晶被置于两个槽状表面中间,且槽的方向相互垂直时,液晶分子的排列为上表面液晶分子沿着上表面开槽方向排列,下表面液晶分子沿着下表面开槽方向排列,介于上下表面中间的液晶分子排列发生扭转,如图1-81所示。当一束偏振光经过这样的液晶时,由于偏振光的偏振方向顺着液晶分子的排列方向,偏振方向因此随着液晶分子的旋转而旋转,如图1-82所示。但当液晶加上电压时,液晶分子便会顺着电场方向排列,不再发生扭转现象,经过的光线也不会发生扭转。

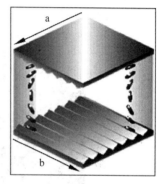

图1-81 液晶沿开槽方向排列

自然光不是偏振光,通过偏光片后被过滤成偏振光。如图1-83所示,当自然光通过a方向的偏光片时,光线被过滤成与a方向平行的偏振光,当第二块偏光片偏振方向与前一块相同时(见图1-83(a)),偏振光通过第二块偏光片;当偏振方向与前一块垂直时(见图1-83(b)),光线被完全阻止,无法通过第二块偏光片。

图1-82 偏振光经过液晶发生扭转

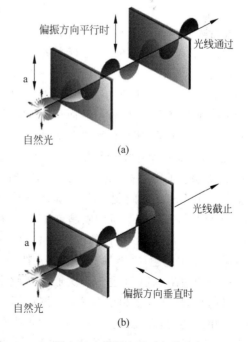

图1-83 偏振光通过与截止

图 1-84 所示是液晶显示器的结构示意图。它由多层构成，最前面是一块偏光片，下面是一块彩色滤光片，接下来是用两块玻璃基板围成的液晶盒。液晶被分割成许多小格，每个小格都有一个薄膜场效应晶体管(TFT)控制每个液晶小格的状态，一个液晶小格即为一个像素点。液晶盒下面也是一块偏光片，不过其偏振方向与前面一块刚好垂直。由于液晶本身不会发光，所以需要一个背光系统。背光系统由光源(LED 或 CCFL)、导光板、反光板、散射光板等组成，目的就是为液晶提供亮度均匀的平面光。

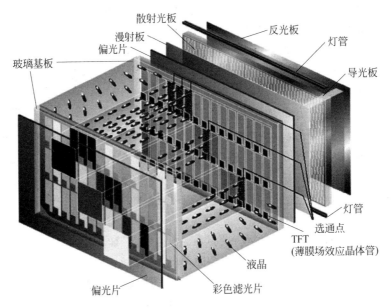

图 1-84　液晶显示器结构示意图

背光源发出的光线穿过第一层偏振过滤层后进入包含成千上万液晶液滴的液晶层，当 TFT 不加电压时，液晶处在 90°扭转状态。根据上面分析得知，背光能透过前面一块偏光片，形成亮点。当 TFT 加上电压时，液晶不再发生扭转，背光就不能透过前面一块偏光片，形成暗点。显然，液晶起到光阀门的作用。这样，图像信号控制 TFT 的加电与不加电，就能实现屏幕上的亮点还是暗点，从而还原出图像。

对于彩色显示器，每个像素点分成红、绿、蓝 3 个小格，每一个单元格前面都分别有红、绿、蓝过滤器。每一个小格分别用一个 TFT 控制，从而实现彩色显示。

LCD 克服了 CRT 体积庞大、耗电和闪烁的缺点，但也同时带来了造价过高、视角不广以及彩色显示不理想等问题。CRT 显示可选择一系列分辨率，而且能按屏幕要求加以调整；但 LCD 只含有固定数量的液晶单元，只能在全屏幕使用一种最佳分辨率显示。

CRT 有 3 个电子枪，射出的电子束必须精确聚集，否则就得不到清晰的图像显示；但 LCD 不存在聚焦问题，因为每个液晶单元都是单独开关的。所以同样一幅图在 LCD 屏幕上显示就显得清晰。LCD 也不必关心刷新频率和闪烁，液晶单元要么开，要么关，所以在 40～60Hz 这样的低刷新频率下显示的图像不会比 75Hz 下显示的图像更闪烁。不过，LCD 屏的液晶单元会很容易出现瑕疵。对 1024 像素×768 像素的屏幕来说，每个像素都由 3 个单元构成，分别负责红色、绿色和蓝色的显示，所以总共约需 240 万个单元(1024×768×3＝2359296)，很难保证所有这些单元都完好无损。若某一个 TFT 已经短路或者断路，则对应的屏幕上就会出现始终是"黑点"或"亮点",称为液晶屏的坏点。按照国家标准,不超过3个坏点的液晶屏算合格品。

3. 液晶显示器的主要性能指标

(1) 尺寸。指液晶显示器屏幕对角线的长度,单位为 in(英寸)。液晶显示器采用的标称尺寸就是它实际屏幕的尺寸。

(2) 点距。指显示屏上相邻两个像素点之间的距离,一般为 0.2～0.3mm,点距越小,图像越精细。

(3) 分辨率。指显示器所能显示像素的多少,用"横向像素点数×纵向像素点数"来表示。由于屏幕上的点、线和面都是由像素组成的,显示器可显示的像素越多,画面就越精细,相同屏幕区域内能显示的信息也越多。LCD 的分辨率在出厂时已经确定,设置的分辨率与显示器分辨率相同时画面质量最佳。

(4) 亮度与对比度。亮度是指画面的明亮程度,一般为 250cd/m²。对比度是指画面上某一点最亮时(白色)与最暗时(黑色)的亮度比值,高的对比度能表现出丰富的色阶,目前主流的液晶显示器(静态)对比度一般为 1000∶1～1500∶1,在原有基础上加进了一个自动调整显示亮度的功能,这样就将原有对比度提高了几百倍甚至几千倍。但本质上真正的对比度没有改变,所以画面细节并不会显示得更清晰,但高的动态对比度在很多游戏中会有比较好的表现。

(5) 响应时间。指液晶显示器各像素点对输入信号反应的速率,此值越小越好。如果响应时间过长,在显示动态图像时有尾影拖曳的感觉。响应时间分为黑白响应时间和灰度响应时间两种。黑白响应时间是指像素点由全黑变为全白或由全白变为全黑所需要的时间,一般为几毫秒至几十毫秒。但是,屏幕内容只是最黑与最白之间的切换不多,大部分是五颜六色的多彩画面、深浅不同的层次变化,这些都是在作灰度之间的转换。所以,灰度响应时间更能体现液晶显示器的实际响应时间。不同明暗的灰度切换,实现起来比黑白切换更难,时间更长。厂商通过特殊的技术,使灰度响应时间大大缩短,比黑白响应时间还短,目前一般为几毫秒。

(6) 视角。视角的全称是可视角度,它是指用户从不同的方向清晰地观察屏幕上所有内容的角度。数值越大越好,目前已超过 170°。

(7) 最大显示色彩数。它是衡量显示器的色彩表现能力的一个参数,最大显示色彩数越多,所显示的画面色彩就越丰富,层次感也越好。一个像素色彩是由红、绿、蓝(R、G、B) 3 种基本色来控制,每个基色(R、G、B)达到 8 位,有 256 种色阶,那么一个像素就有 256×256×256=16777216 种色彩,即通常所说的 16.7M 色。

1.4.8　认识机箱和电源

机箱是计算机的外部形象。它为主板、扩展卡、硬盘、光驱及电源等硬件提供存放空间,并起保护作用。因此,机箱要有一定的整体刚度和抗冲击、抗变形能力,还要屏蔽外界电磁场对主机的干扰以及主机对外界和人体的电磁辐射。电源为机箱内部件提供合适的供电电压,其供电质量影响计算机工作的稳定性。

1．机箱

机箱包括外壳、支架、开关、指示灯、接口等，如图 1-85 所示。机箱外壳是用双层冷镀锌钢板制成，钢板的厚度与材质均直接影响到机箱质量的好坏，尤其是影响机箱的抗冲击力和防电磁波辐射的能力。一款品质优良的机箱，它的外壳的钢板厚度可达 0.8～1mm。外壳钢板的材质要具有韧性好、不变形和高导电性的特点。机箱面板大多采用硬塑制成（ABS工程塑料，硬度较高），比较结实稳定，长期使用不会褪色和开裂。若采用普通塑料制作，时间一长，机箱面板就会发黄，也易断裂。机箱支架所用的材料也是一些硬度较高的优质钢板，折成角钢形状或条形安于机箱内部。机箱的面板上还提供有一些常见的按钮、指示灯和设备接口，如电源按钮、复位按钮（Reset）、电源指示灯、硬盘指示灯、USB 接口和音频接口等。

图 1-85　机箱及其内部结构

按摆放方式分，机箱主要有立式和卧式两种，目前常见的是立式机箱。按结构方式分，机箱主要有两种类型：ATX 机箱和 Micro ATX 机箱。ATX 机箱空间大，可以安装 ATX和 Micro ATX 主板。Micro ATX 机箱比 ATX 机箱要小一些，以节省存放空间，一般只能安装 Micro ATX 主板。

2．电源的接口与作用

电源将 220V 交流电转换成不同电压的直流电，为计算机各部件提供直流电压。电源及其接口如图 1-86 所示，各部分介绍如下。

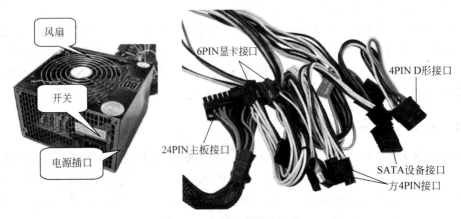

图 1-86　电源及其输出插头

（1）电源插口：通过电源线将 220V 交流电与电源相连。

（2）开关：接通或断开交流电源。

（3）风扇：散发电源工作时产生的热量。

（4）主板供电接口：用于电源与主板的连接。ATX 12V 电源的主板供电接口为 20PIN（ATX 12V 1.0）或 24PIN（ATX 12V 2.0），20PIN 和 24PIN 接口只要功率符合要求，可以相互兼容。

（5）D 形接口：用来连接 IDE 硬盘、IDE 光驱设备。

（6）SATA 接口：用来连接串口硬盘、串口光驱。

（7）方 4PIN 接口：为 CPU 供电；6PIN 接口为显卡供电；8PIN 接口为 CPU 或显卡供电。各种接口外观如图 1-87 所示。

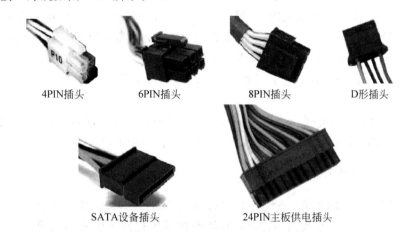

4PIN插头　　　6PIN插头　　　8PIN插头　　　D形插头

SATA设备插头　　　24PIN主板供电插头

图 1-87　各种电源插头

（8）电源线用颜色区分电压，黄色为 12V，红色为 5V，橙色为 3.3V，黑色为地线。24PIN 主板供电插头引脚定义见表 1-5。

表 1-5　24PIN 主板供电插头引脚定义

引脚编号	导线颜色	定　义	引脚编号	导线颜色	定　义
1	橙色	+3.3V	13	橙色	+3.3V
2	橙色	+3.3V	14	蓝色	-12V
3	黑色	地线	15	黑色	地线
4	红色	+5V	16	绿色	PS-ON
5	黑色	地线	17	黑色	地线
6	红色	+5V	18	黑色	地线
7	黑色	地线	19	黑色	地线
8	灰色	PW-OK	20	白色	-5V
9	紫色	+5VSB	21	红色	+5V
10	黄色	+12V	22	红色	+5V
11	黄色	+12V	23	红色	+5V
12	橙色	+3.3V	24	黑色	地线

ATX电源各线说明如下。

① ＋3.3V,为主板、内存、SATA设备等供电。

② ＋5V,为主板、USB设备供电,以及硬盘、光盘驱动器的控制电路供电。

③ ＋12V/1,专门为CPU供电。

④ ＋12V/2,为驱动硬盘驱动器电动机、冷却风扇供电,或通过主板的总线插槽来驱动其他板卡。

⑤ －12V,主要用于某些串口电路,其放大电路需要用到＋12V和－12V,通常输出小于1A。

⑥ －5V(白),在较早的PC中用于软驱控制器及某些ISA总线板卡电路,目前系统中已经不再使用－5V电压,有的电源不再提供－5V输出。

⑦ ＋5V Stand-By,在系统关闭后,保留一个＋5V的待机电压,用于电源及系统的唤醒服务。由于＋5V Stand-By是一个单独的电源电路,只要有输入电压,＋5V SB就存在,这样就使计算机能实现远程Modem唤醒或网络唤醒功能。

⑧ 绿线,为开机信号线,低电平有效。即绿线与电源中任一地线相连,开关电源就开始工作。

⑨ 灰线,称为电源信号线。当电源开启后,需要经过短暂的时间,各输出线才能达到正常电压,这时电源通过灰线发一个信号给CPU,CPU就开始工作。

3. 开关电源的工作原理

开关电源的工作原理如图1-88所示。当接通电源后,220V交流电压经滤波、桥式整流滤波电路后,输出＋300V直流高压。此电压同时加到推挽开关电路和辅助电源上,因推挽开关电路的开关功率管没有激励脉冲而处于待机状态。辅助电源一经得到工作电压便开始工作,送出脉宽调制电路、PS-ON控制电路、保护电路的工作电压以及主板的＋5V SB待机电压,但此时没有得到PS-ON主机的控制信号,PS-ON控制电路输出高电平锁住PWM脉宽调制电路使其不起振,此时电源处于待机状态。按下机箱面板上的开机按钮时,PS-ON控制电路得到控制信号,解除对脉宽调制电路的锁定,PWM电路开始工作,输出受控的脉宽可变的交流脉冲推动推挽开关电路中的推挽功率管,并时刻根据输出电压的脉动来调整脉冲宽度,以保证输出电压的稳定。推挽开关电路中,推挽功率管依次开关,产生的脉动交变电压被开关变压器感应到副级,经输出电路整流滤波,形成主机所需各路电压。保护电路则监视各路输出电压,当发生过压、欠压故障时及时启动,使PWM电路停止工作,以保证电路及主机的安全。

4. ATX电源标准

计算机电源最早是AT电源,应用在286到早期Pentium计算机上。AT电源的功率一般为150～250W,输出线为2个6PIN插头和几个4PIN插头。

ATX(AT eXtend)标准是1995年Intel公司制定的主板及电源结构标准。ATX电源在外形尺寸上与AT电源一样,但它在AT电源的基础上增加了＋3.3V、＋5V SB和PS-ON这3个输出。＋3.3V输出主要是为CPU供电,而＋5V SB、PS-ON输出则体现了ATX电源的特点。ATX电源不采用传统的市电开关来控制电源是否工作,而是采用＋5V

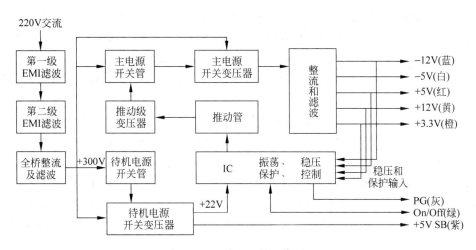

图 1-88　开关电源的工作原理

SB、PS-ON 的组合来实现电源的开启和关闭,PS-ON 小于 1V 时开启电源,大于 4.5V 时关闭电源。另外,给主板供电的输出线插头改成了 20PIN,并增加了防反插的功能。ATX 标准经历了 ATX 1.1,ATX 2.0、ATX 2.01、ATX 2.02、ATX 2.03。

2000 年 2 月,为适应 P4 处理器对电源的要求,Intel 公司制定了 ATX 12V 标准。随后电源版本不断改进,经历了 ATX 12V 1.0、ATX 12V 1.1、ATX 12V 1.2、ATX 12V 1.3、ATX 12V 2.0、ATX 12V 2.2、ATX 12V 2.3、ATX 12V 2.31 及目前的 ATX 12V 2.32。

ATX 12V 1.0 与 ATX 2.03 的主要差别是改用+12V 电压为 CPU 供电,而不再使用之前的+5V 电压。这样加强了+12V 输出电压,将获得比+5V 电压大许多的高负载性,以此来解决 P4 处理器的高功耗问题。其中最显眼的变化是首次为 CPU 增加了 4PIN 电源接口单独向 P4 处理器供电。此外,ATX 12V 1.0 规范还对涌浪电流峰值、滤波电容的容量、保护电路等做出了相应规定,确保了电源的稳定性。

ATX 12V 1.1 增加了对+3.3V 端输出电流的要求,以适应更大功耗的显卡和内存。ATX 12V 1.2 标准,去掉了对-5V 端的要求,因为-5V 端主要是针对 ISA 设备供电的,而 Intel 从 810 芯片组开始就彻底淘汰了 ISA 插槽。所以,只要是符合 ATX 12V 1.2 标准的电源,-5V 端输出电流最高也只有 0.5A。

2003 年 4 月,Intel 发布了 ATX 12V 1.3 标准。要求+12V 端的电流输出不低于 18A,+3.3V 端的电流输出不低于 10A,为保证输出线路的安全,避免损耗,特意制定了单路+12V 输出不得大于 240VA 的限制。首次对电源的转换效率提出了要求,要求电源的满载转换效率必须达到 68% 以上,这就要求电源厂商必须通过加装 PFC 电路来实现。同时规范还要求对当时新出现的 SATA 硬盘提供了专门的供电接口。

2005 年,随着 PCI-Express 的出现,带动了显卡对供电的需求,因此 Intel 推出了电源 ATX 12V 2.0 标准。这一次,Intel 公司选择增加第二路+12V 输出的方式,来解决大功耗设备的电源供应问题。电源采用双路+12V 输出,其中一路+12V 仍然为 CPU 提供专门的供电输出,通过 4PIN 接口专门为 CPU 供电;而另一路+12V 输出则为主板和 PCI-E 显卡供电,以满足高性能 PCI-E 显卡和 DDR2 内存的需求。由于采用了双路+12V 输出,连接主板的主电源接口也从原来的 20PIN 增加到 24PIN。虽然接口连接在了一起,但两路

+12V 电源在布线上是完全分开,独立输出的。这样的电源可以将主电源 24PIN 分成 20PIN 和 4PIN 两个部分,兼容使用 20PIN 主电源接口的旧主板。除此之外,ATX 12V 2.0 标准则将转换效率提高到了 80%,进一步达到环保节能的要求。

在 ATX 12V 2.0 标准大力发展期间,Intel 公司总共制定了 4 种电源规格,分别为 ATX 12V 2.0 标准 250W、ATX 12V 2.0 标准 300W、ATX 12V 2.0 标准 350W 和 ATX 12V 2.0 标准 400W,这 4 个级别的标准规定+12VDC 输出都要达到 22A。在制定了 ATX 12V 2.0 规范后,Intel 公司又在其基础上进行了 ATX 12V 2.01、ATX 12V 2.03 等多个版本的小修改,主要提高了+5V SB 的电流输出要求。

2006 年 5 月起,随着双核处理器的快速普及,Intel 公司再次更新了 ATX 12V 电源标准,新的 ATX 12V 2.2 标准全面对双核处理器进行了优化。与 2005 年发布的 ATX 12V 2.0 标准相比,ATX 12V 2.2 标准在最大输出功率、各路电流特性以及转换效率上又有了新的要求。

为了适应双核平台在 CPU 主频、显卡性能,内存、硬盘容量等方面的飞速提升,Intel 公司在 ATX 12V 2.2 标准中加入了 450W 输出规范,并给出了负载交叉图进行参考。这样对于使用双核 SLI 平台的用户,即使采用高档次的显卡进行双卡互联,450W 额定功率电源也足以应付。

在电流输出特性上,新的 2.2 标准并没有提高+12V 的电流持续能力,相反有所降低,但大幅提高了+12V 电流的瞬间输出能力。之所以新标准中会有如此变化,是因为 Intel 公司考虑到随着制造工艺的不断提高,未来主流双核乃至多核处理器在整体功耗上未必持增长的趋势,但这些处理器在启动瞬间却需要较高的电流供应。所以为了系统稳定运行,需要增加+12V 输出的电流峰值。此外,2.2 标准提升了 3.3V 与 5V 的输出电流,以适应占有率不断提升的 SATA 硬盘、光驱设备的供电需求。

2007 年 4 月,Intel 公司发布了 ATX 12V 2.3 标准,主要是针对 Vista 系统带来的硬件升级以及双核、多核处理器的功耗改变。

由于整合芯片组性能的不断提升,不少低端用户已不再将购买独立显卡作为装机的必要选择,因此选购双路电源产品有些"大材小用"。这次 Intel 公司在 ATX 12V 2.3 标准中推出了 180W、220W、270W 3 个功率级别的单路+12V 电源标准,为入门级用户提供了一个经济型的产品方案。

此外,在大功率电源方面 ATX 12V 2.3 标准给出的 300W、350W、400W、450W 功率级别都是为了支持高端 Vista 显卡而制定。而且对比 2.2 标准,2.3 标准中的+12V/1 输出能力得到了提升,+12V/2 输出能力则下降了,直接反映出显卡功耗的不断提升与 CPU 功耗持续下降的鲜明反差。

电源标准 ATX 12V 2.31,作为对 ATX 12V 2.3 标准的一个补充和完善,具体改进内容如下。

(1) 将在 ATX 12V 2.3 版标准上去掉 PW-OK 信号重新加回到 ATX 12V 2.31 版当中。Intel 内部经过多次的试验后,发现在去除 PW-OK 信号时会造成输出直流电的时间延长,从而增大电力损耗。

(2) 对 CFX 12V 的交错负载进行一系列的调整,其中最小负载部分调整最为突出。这项调整几乎是针对所有的 ATX 12V 规范。通过调整,使得交叉负载调整率有所提高。并通过对交叉调整的优化,从而使电源的输出电压更加稳定。

（3）增加了 RoHS 环保标准,并提升至最高地位。RoHS-2002 环保标准是由欧盟议会和欧盟理事会于 2003 年 1 月 27 日正式公布的《关于在电子电气设备中禁止使用某些有害物质指令》,规定针对电气设备中的铅（Pb）、镉（Cd）、汞（Hg）、六价铬（Cr_6^+）、多溴二苯醚（PBDE）、多溴联苯（PBB）等含量进行限制。

（4）更严格的要求提升转换效率。这也是 Intel 公司为履行其提倡的节能环保计划而不断做出的努力,同时也接纳了中国 CCC 强制认证针对 EMI 电路所做出的规定。在确保持续提升节能效果的同时,也带来了更高的稳定性。

5. 电源的性能指标

电源的性能指标主要有功率、转换效率、输入电压、电源插头种类与数量、可靠性和安全认证等。

（1）功率。指电源输出的各路直流电功率之和的最大值,反映了电源所能承受负载设备的能力。电源功率不足会造成计算机工作不稳定,电源功率过大则会造成效率下降,普通用户一般选择功率为 300～450W 的电源。

（2）转换效率。电源将交流电转化成直流电过程中会有电能损耗,直流输出功率与交流输入功率之比称为转换效率,效率越高越好。ATX 电源标准明确规定电源必须达到 80％的转换效率,优质电源在 85％以上。

（3）输入电压。50Hz 或 60Hz 的 100～240V 的交流市电,输入电压范围越宽说明其适应电网变化能力越强。

（4）电源插头种类与数量。一般包括主板电源插头、SATA 硬盘插头、D 形插头、方 4PIN 插头、6PIN 插头或 8PIN 插头等。电源提供的插头种类和数量要以满足设备供电需要为原则,并适当留有余地。

（5）可靠性。衡量电源的可靠性与衡量其他设备的可靠性一样,一般采用 MTBF（Mean Time Between Falure,平均无故障时间）作为衡量标准,单位为 h。电源的 MTBF 指标应在 10000h 以上。

（6）安全认证。为确保电源的可靠性和稳定性,每个国家或地区都根据自己区域的电网状况制定不同的安全标准,目前主要有 CCC 认证（China Compulsory Certification,中国强制性产品认证）、CE（欧盟国家电气和安全标准认证）、FCC（美国联邦通讯委员会认证）、TUV（德国 TUV 国际质量体系认证）等几种认证标准。电源产品至少应具有这些认证标准中的一种或多种认证。

1.4.9　认识键盘和鼠标

键盘是计算机基本的输入设备,有些计算机不接键盘不能开机。鼠标是图形化操作环境下不可缺少的输入设备,方便用户操作。键盘和鼠标如图 1-89 所示。

1. 键盘的结构

台式机键盘作为一个独立的输入部件,自成一

图 1-89　键盘和鼠标

体。键盘面板根据档次采用不同的塑料压制而成,部分优质键盘的底部采用较厚的钢板以增加键盘的质感和刚性,廉价键盘直接采用塑料底座。键盘布局可以分为主键盘区、数字辅助键盘区、功能键盘区、控制键区,对于多功能键盘还增添了快捷键区。主键盘区沿用了英文打字机的字符排列。键帽的反面是键柱塞,直接关系到键盘的寿命,其摩擦系数直接关系到按键的手感。键帽的字符印刷技术有油墨印刷技术、激光蚀刻技术、二次成型技术和热升华印刷技术等。

2．键盘的分类

按键盘接口分类,可以将键盘分为 PS/2 接口键盘、USB 接口键盘和无线键盘。按键盘的工作原理分类,可以将键盘分为机械式、塑料薄膜式、导电橡胶式和电容式,键盘按键结构如图 1-90 所示。计算机早期使用的机械式键盘属于低档键盘,目前使用的机械式键盘经过了技术改进,属于高档键盘。机械式键盘的按键下是一个微动开关,当一个键被按下时,微动开关闭合,被键盘里的扫描电路捕捉,产生相应的编码信号,传给主机。机械式键盘的特点是手感好、使用寿命长。塑料薄膜式键盘内部共分 4 层,其中两层有电路,中间隔了一层有孔的塑料薄膜,当一个按键被按下时,上下层两个触点接通,发出相应信号。塑料薄膜式键盘的特点是结构简单、低成本、低价格和低噪声,目前大多数用户使用的就是塑料薄膜式键盘。导电橡胶式键盘内部有一层凸起的导电橡胶,每个按键都对应一个凸起,按下时把下面的触点接通。电容式键盘使用类似电容式开关的原理,通过按键时改变电极间的距离引起电容容量改变从而驱动编码器。其特点是噪声小、无磨损,单键使用次数可以高达 3000 万次以上,且密封性较好,但生产成本偏高,只有极少数的厂商能够生产,市面上十分少见。

机械式键盘

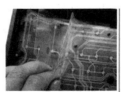
塑料薄膜式键盘

导电橡胶式键盘

电容式键盘

图 1-90　键盘按键结构

3．鼠标的分类

按鼠标的键数分类,可以把鼠标分为双键鼠标、三键鼠标和多键鼠标。三键鼠标的中间键改为滚轮,多键鼠标一般用于游戏等方面。

按鼠标的接口分类,可以把鼠标分为串行接口鼠标(基本淘汰)、PS/2 接口鼠标、USB 接口鼠标和无线鼠标,如图 1-91 所示。

图 1-91　鼠标的接口

按内部结构和工作原理分类,可以把鼠标分为机械式鼠标、光机式鼠标和光电式鼠标3 种,如图 1-92 所示。机械式鼠标和光机式鼠标的特征是有一个滚球,目前这两类鼠标基本被淘汰,光电式鼠标是目前广泛使用的一种鼠标。

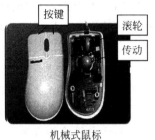
机械式鼠标

光机式鼠标

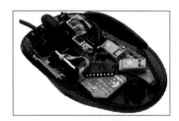
光电式鼠标

图 1-92　不同类型的鼠标

4.鼠标的工作原理

(1)机械式鼠标的工作原理。机械式鼠标主要由滚球、辊柱和光栅信号传感器组成。当拖动鼠标时,带动滚球转动,滚球又带动辊柱转动,装在辊柱端部的光栅信号传感器产生的光电脉冲信号反映出鼠标器在垂直和水平方向的位移变化,产生相应的电信号传给主机,以确定光标在屏幕上的位置。

(2)光机式鼠标的工作原理。顾名思义,光机式鼠标是一种光电和机械相结合的鼠标。它在机械式鼠标的基础上,将磨损最严重的接触式电刷和译码轮改为非接触式的 LED 对射光路元件。当小球滚动时,在纵、横两个方向带动光栅轮旋转。光敏三极管在接收发光二极管发出的光时被光栅轮间断地阻挡,从而产生脉冲信号,通过鼠标内部的芯片处理之后被CPU 接收,信号的数量和频率对应着屏幕上的距离和速度。由于采用了非接触部件,降低了磨损率,从而大大提高了鼠标的寿命并使鼠标的精度有所增加。

(3)光电式鼠标的工作原理。在光电式鼠标内部有一个发光二极管,发光二极管发出的光线照亮光电式鼠标底部表面。一部分反射回的光线,经过一组光学透镜,传输到一个光感应器件(微成像器)内成像,如图 1-93所示。当光电式鼠标移动时,其移动轨迹便会被记录为一组高速拍摄的连贯图像。利用光电式鼠标内部的一块专用图像分析芯片(DSP,数字微处理器)对移动轨迹上摄取的一

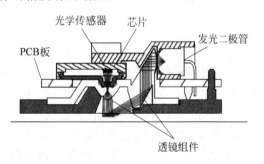
图 1-93　光电式鼠标原理

系列图像进行分析处理,通过对这些图像上特征点位置的变化进行分析,来判断鼠标的移动方向和移动距离,从而完成光标的定位。

大部分光电式鼠标均采用红色 LED 灯作为光源,称为红光鼠标。在可见光谱中,红光的波长最长,它的穿透性也最强。市面上还有采用蓝光 LED 灯作为光源,称为蓝光鼠标。蓝光波长比红光短,蓝光鼠标的精度略高于红光鼠标,其他并无多少差别。还有采用红外线LED 灯作为光源,虽见不到光,但是也属于普通的光电式鼠标,整体耗电与效果和普通的红

光鼠标是相同的。

激光鼠标的工作原理和光电式鼠标也是相同的,但是工作方式不同,激光鼠标的工作方式是通过激光照射在物体表面所产生的干涉条纹而形成的光斑点反射到传感器上获得的,而传统的光电式鼠标是通过照射粗糙的表面所产生的阴影来获得的。由于激光能对表面的图像产生更大的反差,从而使得成像传感器得到的图像更容易辨别,使得激光鼠标的定位更加精准。

蓝影鼠标是基于蓝影技术的高性能鼠标。使用蓝色光的短波优势提高了反射效果,使物体细节得到了更细致的反映。通过蓝色光源加上透镜汇聚效果使最终进入成像镜头的光束量达到激光引擎的 4 倍,能够让光学传感器获得更大的光量。成像端使用的是视角更宽的广角镜头,能够抓取更大范围的物体表面的细节图像,因此对鼠标移动轨迹的分析也会变得更加细致。上述特性赋予了蓝影技术更强的表面适应能力,无论是在光滑的大理石台面上,还是在粗糙的客厅地毯上,都能够精确定位。

5. 鼠标的性能指标

(1)分辨率。是鼠标性能高低的决定性因素,指鼠标移动 1in 采样的次数,用 dpi(Dots Per Inch)表示。分辨率越高,鼠标反应就越灵敏,定位就越精确。目前鼠标分辨率基本上在 1000dpi 以上,高档竞技游戏鼠标最高分辨率突破 10000dpi。

(2)刷新率。也叫鼠标的采样频率,指鼠标每秒钟能采集和处理的图像数量,以 f/s(帧/秒)为单位。此指标仅对光电式鼠标,目前鼠标的刷新频率为 3600f/s 左右。

(3)按键寿命。这是衡量鼠标耐用程度的一个指标,优质鼠标内部微动开关的正常寿命都不少于 10 万次点击。现在主流鼠标按键寿命要远高于这个数值,如竞技游戏鼠标按键寿命达到 1000 万次。

1.5 总结提高

本任务主要介绍了计算机各部件的外观、组成、结构、原理和性能指标。通过本任务的学习,应对计算机硬件构成有一个比较清楚的认识,为接下来选购和使用计算机部件打下了基础。主板是计算机核心部件之一,其他部件都得与主板相连才能工作,主板的稳定性和可扩展性决定了计算机的稳定性和扩展性。CPU 是计算机的"心脏",基本决定了计算机的性能和档次,历史上曾以 CPU 的档次来划分计算机的档次,足以说明 CPU 的重要性。内存是计算机的"车间",正在运行的程序都得调入内存,内容容量越大,工作环境就越宽敞。硬盘是计算机的"仓库",文件、资料都储存在这里,得细心呵护。显卡专门用来处理图像信息,要想提高计算机图像处理能力,就得配置一块独立显卡。显示器是人机交流的窗口,计算机的"脸",一个色彩柔和、清晰亮丽的"笑脸"是每个人所希望的。电源是计算机的动力来源,充足、稳定的电源保证计算机持久运行。

随着微电子技术的迅速发展,计算机硬件也在迅速发展中,不但部件的性能在不断提升,而且外观(如接口)也在不断变化中。所以,我们要不断学习,对市场上出现的新产品、新技术要及时了解学习,才能跟上时代发展的步伐。

任务2　选购计算机部件

2.1　任务描述

计算机装机一般有两种情况：给定总价和指定用途。在总价不变的情况下，合理选购部件，尽可能提高性价比；在指定用途的情况下，根据用户经济实力，可以高配置也可以低配置，适当考虑可扩展性。

2.2　任务分析

选购计算机部件首先要了解当前计算机硬件市场行情，知道哪些计算机部件是最新产品，哪些是稍旧产品，哪些是老产品。新产品性能高，价格也高；老产品价格低，性价比高，但淘汰为时不远。其次要考虑主板、CPU、内存的搭配关系，主板CPU插座与CPU接口要一致，内存类型与主板内存插槽相对应，否则不能安装。最后要分配好各部件之间的资金比例，把钱花在刀刃上。

2.3　相关知识点

2.3.1　选购主板

选购主板可以从以下几个方面着手：板型、芯片组、CPU供电设计、用料与做工、I/O接口、可扩展性、品牌、价格、售后服务等。

1. 板型

常见主板板型有ATX、Micro ATX、E-ATX、Mini-ITX。

（1）ATX是标准主板板型，俗称大板，尺寸为30.5cm×24.4cm、30.5cm×22.0cm、30.5cm×19.0cm等。ATX板型拥有较大的主板空间，可以安排的元器件多，PCI-E插槽和内存插槽也多，扩展性强。同时，充足的空间有利于散热。ATX板型是用户经常选用的板型。相应地，机箱也要选购标准ATX机箱，否则大主板装在小机箱里空间会很小甚至装不下。

（2）Micro ATX又叫小板，尺寸为24.4cm×24.4cm、24.4cm×21.0cm、22.6cm×18cm等，小于标准的ATX主板，比ATX标准主板结构更为紧凑。制造小板的主要目的是降低制造成本，节约能源和材料，从而降低售价。Micro ATX主板提供的插槽比标准ATX主板少，PCI-E扩展插槽减少为3～4条，DIMM插槽一般为两条。目前很多品牌机主板使用了Micro ATX主板，在DIY市场上也有一部分主板是Micro ATX主板。如果用户对计算机性能要求不是很高的话，Micro ATX主板是个不错的选择。

（3）E-ATX板型是比ATX板型大的板型，属于高性能主板，尺寸为30.5cm×27.2cm，常用于服务器/工作站。DIY市场上基于Intel X79、X99、X299芯片组的主板也采用 E-ATX板型。顶级用户可以选用此类主板。

（4）Mini-ITX是由VIA（威盛电子）定义和推出的一种结构紧凑的微型化的主板设计标准，目前已被多家厂商广泛应用于各种商业和工业中。它被设计用于小空间、小尺寸、相对低成本的专业计算机，如用在汽车、机顶盒以及网络设备中的计算机，也可用于制造瘦客户机。尺寸为170mm×170mm，功率小于100W。DIY用户很少采用此类主板。

2. 芯片组

目前消费市场上，主板芯片组生产厂商只有Intel和AMD公司。人们将采用Intel芯片组的主板称为Intel平台；采用AMD芯片组的主板称为AMD平台。Intel公司的芯片组只支持Intel的CPU，AMD公司的芯片组只支持AMD的CPU，也就是说，两个平台互不兼容。从近几年两家的表现来看，AMD平台的性价比相对较高，特别是CPU不锁频，受到一部分超频用户的青睐。对于那些预算有限的朋友而言，选用AMD平台搭配性价比较高的AMD APU，完全能够满足一般的办公、娱乐、学习要求。而Intel平台则具备很高的稳定性，而且平台性能相对AMD而言也有明显的优势，尤其是在酷睿智能CPU发布以来，Intel的性能优势越发明显，所以Intel平台比较适合高级游戏玩家和图形设计者。

下面介绍Intel、AMD平台的主板芯片组。

1）Intel平台

Intel公司自2010年推出酷睿智能CPU以来，相继发布了多款与CPU相对应的芯片组，从5系列到目前的200系列，桌面版芯片组见表2-1。采用Intel 200系列芯片组生产的主板称为200系列主板，更进一步说，采用Z270芯片组生产的主板称为Z270主板，以此类推。在主板型号中，往往带有主板芯片组的型号，如技嘉AORUS Z270X-Gaming 7主板的型号中就包含了芯片组型号Z270。

表 2-1　Intel 主板芯片组系列

系　　列	型　　号
5 系列	P55、P57、H55、H57、Q57、Q55、B55、X58
6 系列	Z68、P67、H67、H61、Q67、Q65、B65
7 系列	Z77、Z75、H77、Q77、Q75、B75、X79
8 系列	Z87、H87、H85、H81、Q87、Q85、B85
9 系列	Z97、H97、Q97、B97、X99
100 系列	Z170、H170、H110、Q170、Q150、B150、C232
200 系列	Z270、H270、Q270、Q250、B250、X299

芯片组型号说明如下：以100系列为例，Z170、H170、H110面向消费市场，Z170是100系列高端型号，支持CPU超频，而H110属于入门级产品；Q170、Q150、B150面向商务和企业。另外，X299、X99、X79、X58属于顶级产品，分别搭配Intel酷睿i7高端台式机CPU，可以看作独立的系列，其中X58支持3通道内存，其余支持4通道内存。C232是服务器芯片组拿到消费级主板上使用，规格基本上和B150一样，不过C232支持RAID 0/1/5/10，不支持视频输出。

8 系列以前主板基本退出市场,限于篇幅,下面仅介绍 8 系列及以后芯片组规格。

(1) Intel 8 系列芯片组。Intel 8 系列芯片组于 2013 年上半年面市,搭配 Intel 第四代 Haswell 和 Haswell Refresh 处理器,兼容第五代 Broadwell 处理器。8 系列芯片组除了支持更多的 Intel 新技术之外,相比 7 系列芯片组最大的变化在于增加了原生 USB 3.0 和 SATA 3.0 接口的数量,最多各有 6 个,同时还拥有更低的 TDP(Thermal Design Power,热设计功耗),以及更小巧的封装。另外一个改善是,核芯显卡输出不再经由芯片组,而是由 CPU 直接输出。Intel 8 系列芯片组规格见表 2-2。

表 2-2　Intel 8 系列芯片组规格

主 要 指 标	Z87	H87	H81	Q87	Q85	B85
CPU 插座	LGA1150	LGA1150	LGA1150	LGA1150	LGA1150	LGA1150
显卡支持	1×16、2×8、1×8+2×4	1×16	1×16	1×16	1×16	1×16
超频支持	是	否	否	否	否	否
快速储存	是	是	否	是	是	是
动态磁盘加速	是	否	否	是	否	否
智能响应	是	是	否	是	是	是
快速启动	是	是	否	是	是	是
SBA	否	是	否	是	是	是
USB/USB 3.0	14/6	14/6	10/2	14/4	14/4	12/4
SATA/SATA 3.0	6/6	6/4	4/2	6/6	6/4	6/4
内存条数	2/2	2/2	2/1	2/2	2/2	2/2
PCI-E 2.0 通道数	8	8	6	8	8	8
多屏显示	3	3	2	3	3	3

Z87 芯片组主打高端,适合游戏玩家,规格最为齐全,动态磁盘加速(Dynamic Storage Accelerator)、CPU 超频就只有它才支持,PCI-E 通道拆分也是最灵活的,还提供 6 个 USB 3.0、6 个 SATA 3.0。Z87 主板还预装了雷电(Thunderbolt)接口和 USB 充电接口,玩家可以用来给手机、平板电脑等设备充电。

H87 去掉了动态磁盘加速、CPU 超频、PCI-E X8/X4,增加了 SBA(Small Business Advantage,中小企业通锐软件),其他与 Z87 一样。

H81 是最低端的,用来取代 H61,规格删减得厉害,仅支持单条 PCI-E X16、2 个 USB 3.0 和 2 个 SATA 3.0(还有 8 个 USB 2.0 和 2 个 SATA 2.0)、6 个 PCI-E 2.0,每通道内存也只能有 1 条(最多只能用 2 条内存)。

Q87、Q85、B85 是面向商务和企业的。B85 规格一般,SBA、4 个 USB 3.0 和 4 个 SATA 3.0(还有 8 个 USB 2.0 和 2 个 SATA 2.0)、8 个 PCI-E 2.0,只支持 AHCI(Serial ATA Advanced Host Controller Interface,串行 ATA 高级主控接口)而没有高级磁盘功能。

考虑到 Intel 8 系列芯片组已推出多年,选购意义不大,市场上也只有 B85 主板还有点人气,适合追求性价比的用户购买,毕竟在价格上有点优势。

(2) Intel 9 系列芯片组。Intel 9 系列芯片组于 2014 年第二季度推出,搭配当时第四代 Haswell Refresh 处理器以及后续上市的第五代 Broadwell 处理器,兼容上一代 Haswell 处理器,主板沿用 8 系列的 LGA1150 接口,使用 DDR3 内存,是 LGA1150 接口处理器的最后搭档。Intel 9 系列芯片组型号有 Z97、H97、Q97、B97 以及顶级产品 X99。先期推出两款:Z97 和 H97,Z97 用来代替 Z87,H97 用来代替 H87。其实 9 系列这两款芯片组,相比于8 系列提升不大,在 I/O 接口、USB 接口、PCI-E 带宽等方面均与 8 系列芯片组保持一致。9 系列芯片组两大新功能是对 M.2 SSD 支持和 BootGuard 启动保护。M.2 接口使用 PCI-E 通道,起步速率为 10Gb/s,高速达 32Gb/s,大幅提高 SSD 读/写速率。BootGuard 是一个磁盘启动区保护功能,可以保护硬盘等启动设备免受病毒攻击。

Intel 9 系列主板是最后一批支持 LGA1150 接口处理器的产品,价格实惠,适合选用 LGA1150 接口处理器的用户选购。

X99 芯片组是 Intel 桌面发烧级平台产品。X99 主板于 2014 年 9 月面市,搭配 Haswell-E 架构的 LGA2011-3 处理器,构建顶级性能的硬件平台,是高端发烧友的独享产品。X99 首次支持 DDR4 内存和 SATA Express 存储技术,支持处理器和内存超频、4 通道内存、双路显卡或 4 路 X8 显卡、SRT 智能响应技术、快速存储、RAID 0/1/5/10、千兆网络等,提供 10 个支持 SAS 的 SATA 3.0 接口,14 个 USB 接口(6 个 USB 3.0,8 个 USB 2.0),同时提供 4 条 PCI-E 3.0 和 8 条 PCI-E 2.0 通道,其中 PCI-E 3.0 通道将用于提供储存带宽。

(3) Intel 100 系列芯片组。2015 年 8 月 6 日,随着 Intel 正式发布第六代 Skylake 处理器,与之配套的搭载 100 系列芯片组主板也粉墨登场。最先出场的是 Z170 主板,随后陆续推出了 H170、B150、H110、Q170、Q150 芯片组。100 系列芯片组主要有以下亮点。

① 采用全新的 LGA1151 CPU 插座。与 Haswell 和 Broadwell 的 LGA1150 CPU 插座不同,Skylake 专属 100 系列主板配备 LGA1151 插座,因此想要更换新架构 CPU,100 系列主板自然必不可少。

② 支持 DDR4 内存。Skylake 集成双内存控制器,可以支持 DDR3L 和 DDR4 内存,这是继上一年 Intel 推出的旗舰级 X99 平台之后,首次在普通消费级平台引入对 DDR4 内存的支持。

③ USB 3.1 的加入。与 USB 3.0 的 5Gb/s 相比,USB 3.1 的带宽陡然提升至 10Gb/s,传输速率的提升还是相当可观的。USB 3.1 除了标准 Type-A 接口外,新增 USB Type-C 接口。

④ 芯片组 PCI-E 通道大升级。在 100 系列主板中,部分芯片组所能提供的 PCI-E 3.0 带宽比上一代获得了极大的提高。以高端 Z170 为例,芯片组与 CPU 沟通的桥梁——DMI (Direct Media Interface,直接媒体接口)总线升级到 3.0。因此芯片组也能原生支持 PCI-E 3.0,相比 PCI-E 2.0 带宽翻了一番,通道数更是达到了 20 条,打破了存储瓶颈。

100 系列芯片组各型号简要介绍如下。

Z170 支持 CPU 超频,规格也最齐全,可提供 20 条 PCI-E 3.0 通道、6 个 SATA 3.0 接口、3 个 SATA Express 接口、10 个 USB 3.0 接口(其中 2 个支持 USB 3.1)、3 个 RST PCI-E 接口。RST(Intel Rapid Storage Technology,快速储存技术)支持同时连接最多 3 个 PCI-E 设备,因此主板 3 个 RST PCI-E 接口完全可以配备 3 个 M.2 接口,并且走 PCI-E 3.0 X4 高速通道,还能配置到 RAID。

H170 关闭了超频,PCI-E 3.0 削减到 16 条,USB 3.0 降至 8 个(USB 2.0 就增至 6 个),SATA Express、RST PCI-E 接口各自减为 2 个。

B150 只有 8 条 PCI-E 3.0、6 个 USB 3.0(6 个 USB 2.0)、1 个 SATA Express,不再支持 RST PCI-E,不过依然保留了 6 个 SATA 3.0。

H110 因为是入门级的,规格最低,只有 6 条 PCI-E 2.0、4 个 SATA 3.0、4 个 USB 3.0(6 个 USB 2.0),砍掉了 SATA Express。

Q170、Q150 用在商务机上,Q170 和 Z170 差不多,Q150 则稍微好于 B150。

(4) Intel 200 系列芯片组。北京时间 2017 年 1 月 4 日,Intel 在 CES 国际消费电子展上正式发布了第七代 Kaby Lake 处理器,依然采用上一代的 14nm 制造工艺和 LGA1151 插座。随着 Intel 第七代酷睿处理器的推出,全新的 200 系列主板也应运而生。200 系列芯片组主要面向第七代酷睿(Kaby Lake),同时也继续支持上一代酷睿(Skylake);100 系列芯片组搭配第六代酷睿,但经过 BIOS 更新后也可以支持第七代酷睿。

200 系列芯片组可以看作 100 系列的升级版,主要在以下方面作了升级。

① PCI-E 通道数提升。200 系列主板最大的升级应该就是 PCI-E 通道总数的提升,这个提升在一定程度上是专门为存储设备准备的,M.2 和 U.2 存储设备越来越火爆,之前的 PCI-E 通道数量就有点拮据了,增加 4 条为用户搭配硬盘设备。

② 内存频率提升。内存频率从 2133MHz 小幅提升到 2400MHz,技术成熟之后就可以提升至相对较高的频率来提供更好的性能。

③ Intel Optane(闪腾)技术。200 系列主板最精髓的升级是闪腾技术,利用 M.2 的高读/写速率来提升硬盘工作效率,这是 Z270/H270 的最大卖点。闪腾技术的前景被普遍看好。

④ 其他。其他的升级不太明显,如 Intel 快速存储技术(RST)版本从 14 提升至 15,目前还没有发现什么明显的差别。部分 200 系列与 100 系列芯片组对照见表 2-3。

表 2-3　Intel 200 系列与 100 系列芯片组对照

主 要 指 标	Z270	Z170	H270	H170	B250	B150
CPU 插座	LGA1151	LGA1151	LGA1151	LGA1151	LGA1151	LGA1151
内存支持/MHz	2400	2133	2400	2133	2400	2133
超频	是	是	否	否	否	否
PCI-E 3.0 通道数	24	20	20	16	12	8
USB/USB 3.0	14/10	14/10	14/8	14/8	12/6	12/6
SATA/SATA 3.0	6/6	6/6	6/6	6/6	6/6	4/4
M.2(PCI-E X2/X4)	3 组	3 组	2 组	2 组	1 组	0
快速存储(RST)	v15	v14	v15	v14	v15	v14
Intel Optane 技术	支持	否	支持	否	支持	否
RAID 0/1/5/10	支持	支持	支持	支持	否	否

Q270、Q250 主要面向商务、企业领域,消费市场见不到;最低端的 H110 芯片组保留不变,估计要到 300 系列推出后才会升级。从用户角度来看,如果现在正使用 Skylake、100 系列平台,就不用急着升级到 Kaby Lake、200 系列平台,而使用 Haswell 及以前平台的,可以考虑 200 系列平台。新购机的话,高端用户及游戏爱好者可以入手 Z270 主板,普通用户可以考虑 H270、B250 主板。

X299 芯片组是 Intel 桌面发烧级平台产品。X299 主板于 2017 年第三季度面市,搭配

Skylake-X 架构的 LGA2066 处理器,以取代上一代 X99 主板。X299 芯片组所支持的 CPU 均支持四通道 DDR4 内存,最高支持 10 核心 20 线程。相比较 X99 主板,X299 主板主要升级了 PCI-E 3.0 通道,从原来的 40 条上升到了 48 条,这样能给强大的 PCI-E SSD 提供更多的通道。

2) AMD 平台

AMD 平台芯片组可以分为 3 类:支持 APU 的主要有 A88X、A78、A68H、A58、A85X、A75、A55;支持 AM3/AM3+接口 CPU 的主要有 970、990X、990FX 以及 2017 年 3 月推出的支持新一代 CPU AMD Ryzen(锐龙)和第七代 APU 的 300 系列。

AMD APU(加速处理器)接口分为第一代 FM1,第二代 FM2,第三、四代 FM2+3 种。A75、A55 支持 AMD 第一代 APU,更换 APU 插座后也可以支持第二代 APU,不过 A75、A55 目前已经淘汰。A85X 是 A75、A55 的升级版,只支持 FM2 APU,PCI-E 标准为 2.0,提供 8 个 SATA 3.0 接口,支持 RAID 0/1/5/10。A88X、A78、A68H、A58 支持第三、四代 FM2+接口 APU,向下兼容第二代 FM2 接口 APU,PCI-E 标准升级为 3.0。

970、990X、990FX 芯片组支持 Bulldozer(推土机)架构的 CPU,即 AMD 主打高端市场的 FX 系列 CPU,接口类型为 AM3+。也可以搭配 AM3+接口的 Athlon Ⅱ。这 3 款主板芯片组主要区别在显卡交火上。970 支持单一显卡,990X 支持双卡 8+8,990FX 支持双卡 16+16 或者四卡 8+8+8+8。其实要实现交火,关键还要看 CPU 和显卡的性能,主板芯片组影响不大。如使用单一显卡,选 970 最实惠。970、990X、990FX 芯片组主要规格见表 2-4。HyperTransport 是一种为主板上的集成电路互连而设计的端到端总线技术,它可以在内存控制器、磁盘控制器以及 PCI 总线控制器之间提供更高的数据传输带宽。IOMMU(Input/Output Memory Management Unit)是 AMD 在 9 系列芯片组中加入的新技术,它允许系统设备在虚拟内存中进行寻址,也就是将虚拟内存地址映射为物理内存地址,让实体设备可以在虚拟的内存环境中工作,这样可以帮助系统扩充内存容量,提升性能。

表 2-4　AMD 970、990X、990FX 芯片组主要规格

主 要 指 标	970	990X	990FX
CPU 插座	AM3+	AM3+	AM3+
HyperTransport	HT3.1	HT3.1	HT3.1
最高 HT 速率/(GT/s)	6.4	6.4	6.4
PCI-E	1×16	1×16,2×8	2×16,4×8
PCI-E 4X	无	无	1
PCI-E 1X	4	4	6
IOMMU	支持	支持	支持
南桥	SB950	SB950	SB950
USB 2.0	14	14	14
USB 1.1	2	2	2
热功耗(含南桥)/W	13.6	14	19.6

AM3+主板与 AM3 主板相比,有以下不同。

(1) 处理器插座有差异。AM3+处理器插座的 PIN 孔比 AM3 的 PIN 孔增加了 0.06mm,增大 11%的空隙能够有效避免处理器安装时弄弯引脚的问题,如图 2-1 所示。

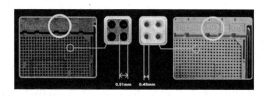

图 2-1 AM3＋处理器插座(左)PIN 孔比 AM3(右)大 11％

（2）提高了 CPU 与电压管理模块的连接速率。AM3＋的连接带宽达到了 3.4MHz，而 AM3 仅工作在 400kHz，更高的传输速率能够保证 CPU 负载转换效率更高，提高了 CPU 电源的转换效率。

（3）电源负载效率得到提高。9 系列芯片组支持新的节能技术，优化了芯片的负载管理，能够提高能源效率。在 CPU 负载不高的时候，关闭部分元件的供电，可节约 11.8％的电能。

（4）供电质量得到提高。AM3＋主板提供更稳定的供电电压，电压波动降低了 22％，能够使系统运行更稳定。

（5）CPU 供电电流提高到 145A。相对于 AM3 最大 110A 的供电能力，AM3＋提供高达 145A 的供电能力，能够有效满足大多 8 核 CPU 的供电需求。

（6）CPU 散热器固定支架得到改进。传统的包围式结构支架不利于散热，使得部分热量堆积在底座附近，特别是在采用下压式散热方式时。新的 CCR 结构支架能够有效避免底座附近热量的堆积，相比包围式结构降低 5.4℃。

AMD300 系列芯片组用来搭配 Ryzen(锐龙)CPU 和第七代 APU，分为 X370、B350 和 A320 三款，主要规格见表 2-5。三款产品均支持 M.2、U.2、USB 3.1 接口、DDR4 内存等，允许用户连接效率更高的 NVMe SSD 和 SATA Express SSD。其中 X370 和 B350 支持超频，X370 还支持组建多显卡 CrossFire(交火)和 SLI(Scalable Link Interface，可伸缩连接接口)。

表 2-5 AMD X370、B350 和 A320 芯片组主要规格

主要指标	X370	B350	A320
CPU 类型	Ryzen、7 Gen APU	Ryzen、7 Gen APU	Ryzen、7 Gen APU
CPU 插座	AM4	AM4	AM4
超频	支持	支持	不支持
PCI-E(By Ryzen)	PCI-E 3.0 X16 或 X8＋X8	PCI-E 3.0 X16	PCI-E 3.0 X16
PCI-E(By 7 Gen APU)	PCI-E 3.0 X8	PCI-E 3.0 X8	PCI-E 3.0 X8
PCI-E 通道数	PCI-E 3.0×8	PCI-E 3.0×6	PCI-E 3.0×4
SATA 3.0	6	4	4
SATA-E	2	2	2
USB 3.1	2	2	1
USB 3.0	6	2	2
USB 3.0(By CPU)	4	4	4
USB 2.0	6	6	6
RAID 0/1/10	支持	支持	支持
PCI-E NVMe	支持	支持	支持
Ryzen I/O	2SATA 3.0 ＋1 PCI-E 3.0 X2 NVMe 或 1 PCI-E 3.0 X4 NVMe		
7 Gen APU I/O	2SATA 3.0 ＋1 PCI-E 3.0 X2		

3. CPU 供电设计

目前 CPU 核心电压在 1V 左右,功耗在几十瓦至一百多瓦之间,由此推算 CPU 工作电流在几十安培至一百多安培之间,而且随着 CPU 负载变化供电电流起伏很大。为此,保证 CPU 的供电稳定十分重要。ATX 电源供给主板的 12V 直流电不可能直接给 CPU 供电,需要通过直流电压的转换电路(DC-DC)将 12V 直流电降至 1V 左右,这个转换电路就是 CPU 的开关供电电路。开关供电电路能够保证 CPU 在高频、大电流工作状态下稳定地运行。

CPU 供电电路由 PWM(脉宽调制)芯片、Driver IC(驱动芯片)、MOSFET(场效应管)、电感 L 和电容 C 组成,如图 2-2 所示,实物图如图 2-3 所示。各部分作用说明如下。

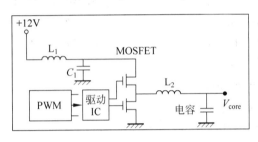

图 2-2　CPU 供电电路原理图

图 2-3　CPU 供电电路实物图

(1) PWM 芯片。从 CPU 获取 CPU 的工作电压代码,把电压代码转换成实际的电压信号,控制 MOSFET 输出准确的电压。同时监视 CPU 的工作电流变化,根据 CPU 的负载调整输出电流。

(2) 驱动 IC 芯片。把 PWM 发出的信号放大,驱动 MOSFET 工作。

(3) MOSFET。场效应管,上下 2 个一组,在这里就是起"开关"作用,"开启"时允许电流通过,"关闭"时阻挡电流通过。开、关由驱动 IC 控制,高电压为开,低电压为关。通过调整"开关"的时间比可以改变输出电压。

(4) L_2 电感。存储电能和滤波,把 MOSFET 送过来的电能转变为磁能储存。

(5) 电容。存储电能和滤波,使输出电压平滑稳定。

开关电路基本工作过程:当计算机开机后,ATX 的电源输出的 +12V、+5V、+3.3V 供电。PWM 芯片在获得供电后为 CPU 提供电压,CPU 电压自动识别引脚发出电压识别信号 VID 给 PWM 芯片。PWM 芯片再根据 CPU 的 VID 电压,发出驱动控制信号,控制上下两个场效应管轮流导通。当上场效应管导通、下场效应管截止时,12V 电压经滤波电感 L_1、上场效应管、电感 L_2 至 CPU,这个过程中电感储能、电容放电;当上场效应管截止、下场效应管导通时,电感 L_2 释放电能为 CPU 供电,同时给电容充电。在 PWM 控制下,重复上述过程。

在实际主板中,根据不同型号 CPU 的工作需要,CPU 的供电方式分为 2 相供电电路、3 相供电电路、4 相供电电路、5 相供电电路、6 相供电电路等,有的甚至多达二三十相供电电路。判断 CPU 供电相数的简单方法是数一数开关电路中电感的个数,几个电感即为几相。

CPU 供电设计是主板设计中最为重要的一环,也是计算机玩家选择主板的一个重要依据。那么,怎样来判断一款主板的 CPU 供电的优劣呢?可以从供电相数和元器件的品质来判断。

　　主板的 CPU 供电部分采用多相供电设计是基于以下考虑：CPU 供电是低电压大电流，供电部分本身工作时会产生热量，尤其是通过大电流的 MOSFET 管部分，而这些发热会降低电子元件的性能，进而降低供电的转换效率并缩短元件的寿命。为此，采用多相供电让供电元件能轮流获得一定的时间休息、散热，以便提高效率、延长寿命。

　　按照上面的说法，可能以为供电相数越多，每相所承担的压力就会越小，发热就越小，寿命就越长，其实不然。首先，10 相以上的超多相供电设计是针对高功耗 CPU 而设计的，而目前的主流级 CPU 除了 AMD 的推土机 CPU 之外，供电需求其实都不是很大，没必要设置过多的供电相数。其次，超多相供电会让元件变得更加密集，让元件散热的难度上升，有可能得不偿失。现在的超多相供电主板基本都会采用一些新型元件来解决这个问题，基本理念就是把 MOSFET 做得更整合、更小巧，并同时利用 PCB 正面和背面空间，让MOSFET 有更好的散热环境，效果上来说这些设计是不错的，问题是成本提高了，需要用户多掏钱。

　　反之，供电相数太少也不行。现在的 CPU 结构和以前相比复杂多了。以三代 Core i 系列为例，一个完整的 CPU 供电设计可以划分成 CPU 核心、SA 系统助手和核显 3 个部分，如果是 5 相供电，它实际可能是 3 相 CPU 核心加 1 相 SA 加 1 相核显。如果一款 B75 供电相数只有 4 相，那么实际上就是两相 CPU 加 1 相 SA 加 1 相核显，有点吃紧，在搭配中高端CPU 时有微量性能损失，还会影响主板使用寿命。

　　因此，在判断主板 CPU 供电相数上，既不是越多越好，也不是越少越好，要结合实际需要来决定。对于大部分普通用户来说，供电相数在 5～10 是较为合理的。

　　优秀的 CPU 供电设计方案还须搭配高品质的元器件。在供电部分需关注 4 个元件：电容、MOSFET、电感、PWM 开关电源控制芯片。

　　优秀的电容可以保证电源对主板及相关配件的供电稳定性，并过滤掉电流中的杂波，再将纯净的电压给 CPU 和内存等部件。主板厂商在设计时使用电容的好坏，直接决定主板性能、稳定性和使用寿命。电容品牌比较优秀的有 Nichicon（蓝宝石）、Rubycon（红宝石）、Sanyo（三洋）、KZG（日化），如图 2-4 所示。目前日本在电容内部重要材料电解液和其他电解质的技术领先于其他国家，这些材料影响电容的充放电次数、内部温度以及耐热值。中国台湾地区的 TAICON、OST、TEAPO、CAPXON 等品牌的电容也可以考虑。少数高端的超频版主板还会采用化学稳定性极好的固态电容，杜绝了电容爆浆现象的发生。

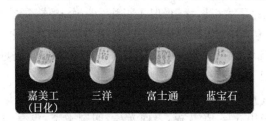

图 2-4　日系固态电容

　　优秀的 MOSFET 也很重要。MOSFET 是由金属、氧化物及半导体 3 种材料制成的元器件。衡量 MOSFET 有一个关键值就是 RDS 值，这是 MOSFET 在导通状态下的内阻值，这个值越低越好。目前在 MOSFET 的生产领域有很多公司，其中以 Infineon、IR、飞利浦公司在技术上最为领先,性能最为优秀,还有 Alpha、ST、On 以及中国台湾地区的富鼎公司都是目前主板常用的品牌。考量主板 MOSFET 管好坏最直接的办法就是它的发热量,如果在通电情况下,MOSFET 管烫得无法让手指接触,说明 MOSFET 管用得不好。如果能让手指在其上停留 10s 左右,说明 MOSFET 管的发热量处于正常水平。如果只感觉到微热,那么该款主板的 MOSFET 就可以说是十分优秀了。

电感是由导线在铁氧体磁芯环或磁棒上绕制数圈而成,有线圈式、直立式和封闭式等几种。主板 CPU 供电电路中的电感有两种,一种是用来对电流进行滤波的,称为滤波电感;另一种是用来储能的,与场效应管、电容配合使用来为 CPU 供电。目前 CPU 供电电路中的储能电感都是封闭式,无法看到内部构造,只能通过电感品牌来区分电感质量。中国台湾地区制造的全封闭陶瓷电感(见图 2-5)是高端主板常用的料件,以超频著称的主板均会采用。该电感采用的材料是线径很粗的线圈,高导磁率、不易饱和的新型磁芯,所以不需要很多的绕线圈数就可以得到足够的磁通量。

PWM 开关电源控制芯片是 CPU 供电的核心部分,一般置于 CPU 插座附近。常用电源管理芯片有 HIP6301、IS6537、RT9237、ADP3168、KA7500、TL494 等。其中 HIP630x 系列芯片(见图 2-6)是比较经典的电源管理芯片,由著名芯片设计公司 Intersil 设计。它支持 2/3/4 相供电,支持 VRM 9.0 规范,电压输出范围是 1.1~1.85V,能以 0.025V 的间隔调整输出,开关频率高达 80kHz,具有电源大、纹波小、内阻小等特点,能精密调整 CPU 供电电压。目前性能优秀的 PWM 芯片品牌主要有 Infineon、Philips、IR、Winbond、Richtek、Intersil 等。

图 2-5　全封闭陶瓷电感

图 2-6　Intersil ISL6323 PWM 芯片

4. 用料与做工

决定主板性能主要的是主板芯片组,但主板作为一个整体,影响性能的还有主板做工与用料等因素。主板做工包括 PCB 板设计、CPU 供电设计、内存供电设计、芯片组供电设计、元器件布局、散热方式及焊接工艺等。用料则反映所选元器件的质量,高质量的主板不但用料足,而且选用名牌产品,甚至军工级的产品。

主板 PCB 板有 4 层和 6 层甚至更多层的,常见的一般是 6 层 PCB 板。质量较好的主板厚度一般是 3~4mm,采用 6 层 PCB 板,表面光泽,印刷平整,没有毛边,边角采用弧形倒角工艺,以避免用户在安装主板时不小心划伤。主板的做工细节反映了厂商对产品的重视程度。

主板布线是主板设计的灵魂所在,出色的主板布线设计,相比堆料优势更为明显。由于 PCB 分为几层,用户只能通过最上和最下两层 PCB 布线来识别主板的布线设计。布线好坏可以从走线的转弯角度和分布密度来看,好的主板布线应该比较均匀整齐,从设备到控制的芯片之间的连线应该尽量短。走线转弯角度不应小于135°,而且过孔应尽量减少,因为每一个过孔相当于两个90°的直角,转弯角度过小的走线和过孔在高频电路中相当于电感元件,处理器到北桥附近的布线应该尽量平滑均匀,排列整齐,过孔少。好的走线应使主板上各部分线路密度差别不大,并且要尽可能均匀分布,否则很容易造成主板的不稳定。主板的布局则主要是从板上各部件(如集成电路芯片、电阻、电容、插槽等)的位置安排,以及线路走线来体现的。好的主板在行家的眼里就是一件精美的艺术品。

主板上留有元件位置而实际没有元件的现象称为空焊。若空焊的是功能芯片,会失去相应功能,这在中低端的主板时常见到,但也无可厚非,不会影响稳定性,仅仅是减少部分功能而已。但空焊现象发现在电阻的位置上,就得留心了。以现今的工艺和成本,普通贴片电阻不大会省略,能节省成本的是省略 Poly Fuse 压敏电阻,如图 2-7 所示。Poly Fuse 压敏电阻一般为绿色、红色或者黄色的贴片小元件,其作用是提供过压保护。只要在其通路范围内的元件

图 2-7　Poly Fuse 压敏电阻

工作在正常范围内,其阻值不会变化。但是一旦通路内电流发生变化或者电压剧烈波动,压敏电阻立即大幅度调整阻值,从而第一时间保护重要的电子元件和芯片。Poly Fuse 类似熔断式保险丝,只不过它更为精密,用于避免违规插拔外置设备(PS/2 接口、串行口、并行口或 USB 接口)造成的强电流电压变化对主板造成的损坏,也能够有效防止雷击损坏硬件的现象发生。一些低端的主板由于考虑到成本问题,本来应该安装 Poly Fuse 压敏电阻的地方简单地用导线代替了,厂商能省则省,但对于主板来说就失去了过压保护功能。

主板的焊接工艺会影响主板的性能和寿命。质量高的焊点饱满、整齐、无焊锡遗留。

5．品牌

主板生产厂家众多,不下百余家,如图 2-8 所示。其中研发能力强、推出新品速度快、产品线齐全、产品质量过硬、认可度较高的一线品牌有华硕(ASUS)、技嘉(GIGABYTE)、微星(MSI),这 3 家占有主板市场大部分份额,如图 2-9 所示。一个有实力的主板品牌,从产品的设计、用料筛选、工艺控制、品管测试,到包装运送,把关十分严格,从而保证了产品的质量。

ASUS 华硕	GIGABYTE 技嘉	msi 微星科技 微星	七彩虹 七彩虹	BIOSTAR 映泰	ASRock 華擎科技 华擎
SOYO 梅捷	翔升 翔升	Jetway 捷波	SUB X 磐正 磐正	ONDA 昂达电子 昂达	精英
yeston 盈通	GAMEN 冠盟	unika 双敏	索泰 ZOTAC 索泰	铭瑄 铭瑄	SPARK 斯巴达克

图 2-8　部分主板品牌

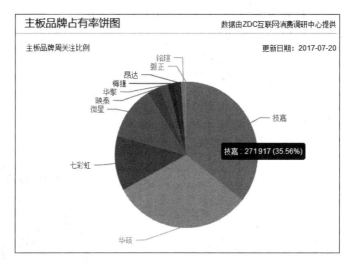

图 2-9　主板品牌占有率

（1）华硕。华硕高端主板做工、用料一流，质量好，返修率低。市场上畅销的高端主板基本上都是华硕的。华硕主板分为 3 个系列，即常规的 Channel 系列、主打极限超频及娱乐的 ROG 系列以及以稳定为卖点的 TUF 系列。蓝白相间的插槽及蓝色的散热片是 Channel系列的特征，经典的红黑则是 ROG 的特征，而 TUF 系列中处处可以看到充满军事元素的设计。华硕拥有多项特色技术：数字供电技术、EPU（智能节能技术）、TPU（智能加速技术）、Wi-Fi GO!（乐趣无线）、Fan Xpert 2（风扇达人 2 代）、独家一键 BIOS 升级技术等。

SMART DIGI＋智能数字供电不但能精准地控制处理器的供电，而且能对处理器供电部分进行全方位的控制，包括供电相、VRM 频率等。数字供电的另一个好处在于提升了供电效率，相比传统模拟供电效率提升幅度不小，这要归功于供电的大功率输出，减少了电源转换的损耗。

EPU（Energy Processing Unit）是一项智能节能技术，具备该技术的主板都集成了一颗EPU 电源管理控制芯片（见图 2-10），其主要作用是检测系统负载并实时智能调整功率，以此让 PC 系统获得最大化资源利用率及最小的功耗，还有助于提高 PC 系统工作的稳定性，降低噪声。而 TPU（智能加速技术）具有自动侦测、自动调速、自动测试稳定性、板载显卡提速等功能。用户只要打开板载开关或在 TurboV 中设置一下，TPU 就会自动对处理器进行超频。

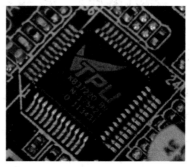

图 2-10　华硕主板上的 EPU 和 TPU 芯片

华硕的 Wi-Fi GO！（乐趣无线）主板构建了完全的无线家居娱乐解决方案。主板的无线网卡扮演无线路由器的角色，实现跨越多媒体平台的互联管理和远程智能控制。支持 Wi-Fi GO！的设备可以通过 Wi-Fi 信号把视频和音频信号通过无线传输到支持 DLNA 的电视上进行播放，也可以通过平板电脑或者手机等设备远程操作你的计算机，可以利用设备的重力感应功能来进行快速操作，或者直接把计算机屏幕上的内容传送到移动设备上进行直接操作，也可完成访问互联网的数据共享以及内网设备间的文件传输。

一键 BIOS 升级技术是指无须开机，只要将存有 BIOS 升级文件的 U 盘插入主板，按下背板上的 BIOS 更新按钮就可实现 BIOS 更新，简单快捷。

（2）技嘉。技嘉的主板，无论是高端还是低端，做工用料都相当不错，价格也比华硕的便宜。技嘉主板的主要特色是超耐久和动态节能。

技嘉超耐久第五代技术应用在 Intel 7 系列和 AMD FM2 主板上，在处理器供电区域使用超高耐电流零组件，包括来自 IR（Internal Rectifier）60A 的 IR3550 PowIRstage 芯片、两倍铜电路板及可处理高电流的亚铁盐芯电感。通过这些组件的整合，提供处理器高质量的电力供应，以更稳定、更好的超频性能、更低温更高效地运行，并延长主板的使用寿命。

技嘉的动态节能器强化版缔造了动态节能主板的新标准。动态节能技术利用新一代的 Dynamic Energy Saver Advanced（动态节能器强化版），通过优化演算法可将节能计算更为精确，提供更佳的节能效率以及更佳的系统效能。这项技术也能使用户于超频的同时体验技嘉独特的多档位电源切换高效率的好处，让在超频时也能使用动态节能器，并且提供更稳定、更顺畅的超频性能。

（3）微星。微星主板做工扎实，节能低耗，超频能力不错，稳定性较强。微星采用军规级别稳定料件，固态电容甚至钽电容，超级铁素体电感，DrMOS 是其一大特色。

DrMOS（见图 2-11）将传统 MOSFET 供电中分离的两组 MOSFET 管和驱动 IC 以更加先进的制造工艺整合在一块芯片中，三合一封装的 DrMOS 面积是分离 MOSFET 的 1/4，功率密度是分离 MOSFET 的 3 倍，增加了超电压和超频的潜力。DrMOS 能够在主板高负荷运作时，比其他厂牌同级主板有更高的用电效率，减少能耗，进而达到省电、降温的效果；而在超频效果上，通过 DrMOS 的超低电源反应时间和低阻抗特性，可以轻松应付狂热玩家对高端主板更严苛的超频工作，大幅提升整体效能。

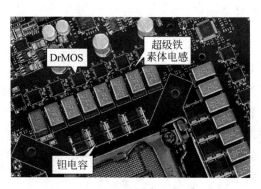

图 2-11　微星高端主板用料

（4）映泰。高端 T 系列超频能力比较出众,在 DIY 玩家群中拥有良好的口碑,显卡方面具备特色超频软件,能充分发掘 DIY 的乐趣。TA 系列主板做工、用料、性能都很好,能够跟一线品牌的主板相媲美。

Hi-Fi 主板是映泰的一大特色。映泰用一种比较廉价的方案解决了 PC Hi-Fi。采用运算放大器芯片提供驱动能力,屏蔽音效芯片,使用具有更好的高频特性、信号损失小的无极电容和温度系数小、高频性能优秀的金属氧化薄膜电阻提高音质,实现高保真,如图 2-12所示。

（5）七彩虹。七彩虹是国内品牌,其主板是 500 元以下主板中的佼佼者,销量非常大。另外,七彩虹显卡已经成为市场上著名的显卡品牌之一。

6. 其他方面

主板的可扩展性也是选购要素之一,扩展槽的种类和数量是衡量主板可扩展性的关键,目前主板一般提供 PCI-E X16 和 PCI-E X1 插槽。SLI 或 CrossFire 双显卡支持发烧级主板必备的功能,需要两个 PCI-E X16 插槽。另外,PCI 插槽虽然处于淘汰状态,但用户手中还大量拥有此接口的插卡,所以很多主板厂商依然保留 PCI 插槽。图 2-13 所示为一款提供3 个 PCI-E X16 插槽、两个 PCI-E X1 插槽和 PCI 插槽的主板。

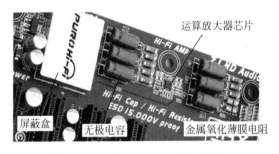

图 2-12　映泰 Hi-Fi 解决方案　　　　　图 2-13　主板扩展槽

丰富的 I/O 接口将为用户带来连接上的方便。核显输出接口有 VGA、DVI、HDMI、DP等几种,输出品种越多,适应显示器接口能力越强,像 3 联屏、4 联屏就需要 DP 接口。USB接口也是多多益善,最好有 USB 3.1、USB Type-C、USB 3.0 接口,连接用户高速 USB 设备。另外,拥有新型高速硬盘接口 SATA Express、M.2、U.2,可以体验快速存储带来的快乐。

7. 价格与售后服务

新主板刚推出,价格较高,用户可以等待一下,趁厂商优惠促销时候出手比较合算;老产品价格低,适合对性能要求不高的用户选用。表 2-6 是部分热门主板报价(2017 年 8 月)。购买主板时尽量选择经营规模大、时间长、口碑好的商家,还要认真了解厂商的售后服务,如厂商提供哪些质保服务,产品的包换时间和保修时间多长,有问题时如何联系和处理等。

表 2-6　部分热门主板参考报价

序号	主板型号	芯片组	报价/元	售 后 服 务
1	华硕 PRIME B250M-PLUS	Intel B250	729	全国联保,享受三包服务,1 年换新,3 年保修,活动期间尊享 4 年全免费质保
2	七彩虹 iGame Z270 烈焰战神 X	Intel Z270	1499	全国联保,享受三包服务,3 月包换,3 年保修,官网或微信登记 4 年质保
3	技嘉 AORUS Z270X-Gaming 7	Intel Z270	2699	全国联保,享受三包服务,3 年保修,官网注册成功享 4 年质保
4	华硕 PRIME Z270-A	Intel Z170	1499	全国联保,享受三包服务,1 年换新,3 年保修,活动期间尊享 4 年全免费质保
5	七彩虹战斧 C.B250M-HD 魔音版	Intel B250	499	全国联保,享受三包服务,3 月包换,3 年保修
6	技嘉 B250M-HD3	Intel B250	699	全国联保,享受三包服务,3 年保修,官网注册成功享 4 年质保
7	华硕 B85-PRO GAMER	Intel B85	799	全国联保,享受三包服务,1 年换新,3 年保修,活动期间尊享 4 年全免费质保
8	梅捷 SY-Z170D4W＋魔声版	Intel Z170	549	全国联保,享受三包服务,3 年保修
9	微星 B150M MORTAR	Intel B150	699	全国联保,享受三包服务,3 年免费保修
10	映泰 Hi-Fi B85W	Intel B85	599	享受三包服务,3 月包换,3 年免费保修

2.3.2　选购 CPU

CPU 的选购应按需求而定,高配置造成性能过剩,低配置则达不到性能要求。一般可以从品牌、产品系列、性能、价格等方面着手来选购。

从品牌角度看,Intel 公司技术领先,产品性能稳定、发热小、价格较贵,是高端用户和追求稳定性用户的首选;AMD 公司技术、性能、工艺略逊一筹,但价格相对较低,性价比高,很多产品不锁倍频,易超频,比较适合游戏玩家和低端用户。

CPU 种类繁多,只有全面了解 CPU 产品行情,才能正确选购。下面具体介绍当前市场上 Intel 和 AMD CPU 产品系列。

1. Intel CPU

智能酷睿处理器自 2010 年 Intel 推出第一代以来,已经发展到第七代,每代分为酷睿 i7、酷睿 i5、酷睿 i3 三个系列以及入门级的奔腾和赛扬,其中 i7 性能最高、i5 次之、i3 最低。考虑到第四代以前 CPU 基本退出市场,故下面只介绍第四代及以后的 CPU。

1) 第四代 Haswell CPU

第四代 Haswell CPU 是 Intel 在 2013 年 6 月推出,采用 22nm 制造工艺、Haswell 架构、LGA1150 接口的处理器(见图 2-14),主要搭配 Intel 8 系列芯片组 Z87、H87、H85、H81、Q87、Q85、B85 的主板,也可以搭配 Intel 9 系列芯片组 Z97、H97、Q97、B97、X99 的主板。由于 Haswell CPU 引脚数与上一代的 Ivy Bridge CPU 不同,故不再兼容 Intel 7 系列主板。

图 2-14　Core i5-4570 CPU 及其对应的 LGA1150 插座

第四代 Haswell CPU 主要改进如下。

（1）22nm 制造工艺，CPU 性能相比上一代产品提升 10% 以上，而且具备更大的超频空间。

（2）添加了新的 AVX 指令集，改善 AES-NI 的性能。

（3）核显增强，支持 DirectX 11.1、OpenGL 1.2，优化 3D 性能，支持 HDMI、DP、DVI、VGA 接口标准。

（4）安全性更强，第四代 Core i 平台提供更快速的数据加密，在硬件层面上保障数据的安全性。

（5）新增电压调节器 FIVR（Full Integrated Voltage Regulator，全集成式电压调节模块），CPU 自己就可以做到智能调节所需要的电压，保证 CPU 稳定运行。FIVR 能精确控制电压并能提高供电效率，从而简化主板供电模块设计。在 Haswell 平台上，主板供电有 4 相就能用，中高级版本也不过 8 相或 12 相。

代号为 Haswell Refresh 的酷睿 i7-4790K 和 i5-4690K 是第四代酷睿的升级版，2014 年发布。4790K 作为 Intel 旗下首款默认频率突破 4GHz 的 CPU，一经推出就引起人们的兴趣和关注。升级版同样搭配 Intel 8 系列、9 系列主板。

第四代 Haswell CPU 部分产品和报价见表 2-7（2017 年 8 月）。Core i 系列型号由 4 位数字组成，首位是 4，代表第四代，数值越大，性能越高，后缀 K 表示不锁频，带"盒"字的表示盒装，有原装散热器；散片则没有散热器，用户需另行选配。Xeon E3-1230 V3（散）为服务器 CPU，由于接口也是 LGA1150，可以混用在 Intel 8 系列主板上，但没有核显。规格参数依次为主频、三级缓存大小、制造工艺、功耗、核显型号和睿频加速技术。

表 2-7　Haswell CPU 部分产品与参考报价

CPU 型号	核心/线程	简要规格参数	报价/元
酷睿 i7-4790K（盒）	4/8	4.0GHz/8MB/22nm/88W/HD 4600/TB 2.0	2309
酷睿 i7-4790（盒）	4/8	4.0GHz/8MB/22nm/88W/HD 4600/TB 2.0	2099
酷睿 i7-4770K（盒）	4/8	3.50GHz/8MB/22nm/84W/HD 4600/TB 2.0	2050
酷睿 i7-4770（盒）	4/8	3.40GHz/8MB/22nm/84W/HD 4600/TB 2.0	2029
酷睿 i5-4690K（盒）	4/4	3.50GHz/6MB/22nm/84W/HD 4600/TB 2.0	1599

续表

CPU 型号	核心/线程	简要规格参数	报价/元
酷睿 i5-4670K(盒)	4/4	3.40GHz/6MB/22nm/84W/HD 4600/TB 2.0	1470
酷睿 i5-4670(盒)	4/4	3.40GHz/6MB/22nm/84W/HD 4600/TB 2.0	1390
酷睿 i5-4590(盒)	4/4	3.30GHz/6MB/22nm/84W/HD 4600/TB 2.0	1280
酷睿 i5-4570(盒)	4/4	3.20GHz/6MB/22nm/84W/HD 4600/TB 2.0	1315
酷睿 i5-4430(盒)	4/4	3.00GHz/6MB/22nm/84W/HD 4600/TB 2.0	1100
酷睿 i3-4130(盒)	2/4	3.4GHz/3MB/22nm/54W/HD 4400	685
奔腾 G3220(盒)	2/2	3GHz/3MB/22nm/54W/GT1	380
奔腾 G3258(盒)	2/2	3.2GHz/3MB/22nm/53W/GT1	470
赛扬 G1820(盒)	2/2	2.7GHz/2MB/22nm/53W/GT1	229
Xeon E3-1230 V3(散)	4/8	3.3GHz/8MB/22nm/80W/—	1410

Haswell CPU 推出时日已久,售价走低,性价比高,搭配一块低价的 8 系列主板,是追求性价比购机者不错的选择。

2)第五代 Broadwell CPU

2015 年 5 月,Intel 推出第五代智能酷睿处理器。第五代酷睿主攻移动平台,桌面产品只有 Core i7-5775C 和 Core i5-5675C 两款,如图 2-15 所示。第五代酷睿 CPU 采用 14nm 制造工艺、Broadwell 架构、LGA1150 接口,支持 DDR3 内存,是 Intel 9 系列主板的最后搭档,部分 Intel 8 系列主板也能支持第五代酷睿 CPU。

图 2-15　Core i7-5775C 和 Core i5-5675C

第五代 Broadwell CPU 主要改进如下。

(1)首次采用 14nm 制造工艺,先进的制造工艺使 CPU 功耗更低,还可以节省生产成本。

(2)第五代酷睿加入一些指令集来加强计算性能,包括 ADCX、MUL 指令,生成 16 位、32 位和 64 位随机数的 RDSEED 指令等。

(3)第五代酷睿在 GPU 方面有大幅度的革新。第五代酷睿桌面版首次搭载 Intel 自家顶级核显 Iris Pro 6200(属于 Intel 的第八代 GPU 图形架构),完整支持 DirectX 12,拥有 48 个执行单元,自带 128MB eDRAM 缓存。eDRAM 缓存除了能够作为专用显存大幅度加强图形性能外,还能作为 CPU 的四级缓存使用,这比第六代酷睿桌面版还凶悍。

(4)第五代酷睿使用 VP8 开源解码器实现 VP8 视频格式的全程硬件解码。Haswell 里加入的可扩展视频编解码(SVC)升级支持更高规格的 High Profile,并移除一些基本限制,支持任意视频分辨率和裁剪。

第五代 Broadwell CPU 型号后面后缀新出现"C",基本意思也是解锁倍频,Core i7-5775C 和 Core i5-5675C 两款都不锁频,主要差别在于主频、线程和三级缓存上,两款 CPU 主要指标见表 2-8。

表 2-8　Core i7-5775C 和 Core i5-5675C 主要指标及参考报价

	Core i7-5775C	Core i5-5675C
CPU 接口	LGA1150	LGA1150
CPU 架构	Broadwell	Broadwell
制造工艺/nm	14	14
核心/线程	4/8	4/4
频率/GHz	3.3～3.7	3.1～3.6
三级缓存/MB	6	4
核显	Iris Pro 6200	Iris Pro 6200
内存类型	DDR3-1600	DDR3-1600
功耗/W	65	65
报价/元	2690	1730

第五代 Broadwell CPU 集成了强大的核显 Iris Pro 6200,具有 48 个执行单元,128MB 嵌入式缓存,频率最高分别为 1150MHz、1100MHz,这是第五代酷睿最大的亮点。但主频分别只有 3.3GHz 和 3.1GHz,分别低于上一代产品 i7-4790K 和 i5-4690K,也许是 Intel 在 CPU 与 GPU 之间进行性能综合平衡。

在不需要更换主板和内存的情况下,尝试升级一款 14nm 的 CPU 未尝不可。至于全新装机,选择第五代 Broadwell CPU 意思不大,一是产品只有 2 款,选择余地小;二是产品偏老,不如直接选择第六代、第七代 CPU。

Intel 在推出第四代、第五代酷睿后,还推出性能强悍的酷睿 i7 高端台式机系列 CPU,如 Core i7-6950X(见图 2-16),型号也是 4 位数字,特征是百位数为"8"或"9"。这类 CPU

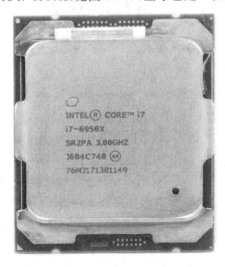 

图 2-16　Core i7-6950X 及其 LGA2011 v3 插座

全线不锁频,不带核显,接口为 LGA2011 v3,支持 4 通道 DDR4 内存,搭配 Intel X99 主板。酷睿 i7 高端台式机系列 CPU,售价高,配套的主板也不便宜,还得配置高档显卡,购机成本高,故主要面向计算机高端用户,如硬件发烧友、高端游戏玩家等。表 2-9 是部分 Intel Core i7 高端台式机系列 CPU 主要指标及参考报价(2017 年 8 月)。

表 2-9　部分 Intel Core i7 高端台式机系列 CPU 主要指标及参考报价

	i7-6950X	i7-6900K	i7-6800K	i7-5960X	i7-5930K	i7-5820K
CPU 接口	LGA2011 v3	LGA2011 v3	LGA2011 v3	LGA2011 v3	LGA2011 v3	LGA2011 v3
核心代号	Broadwell-E	Broadwell-E	Broadwell-E	Haswell-E	Haswell-E	Haswell-E
制造工艺/nm	14	14	14	22	22	22
核心/线程	10/20	8/16	6/12	8/16	6/12	6/12
主频/睿频/GHz	3/3.5	3.2/3.7	3.4/3.6	3/3.5	3.5/3.7	3.3/3.6
三级缓存/MB	25	20	15	20	15	15
内存类型	DDR4 2400MHz	DDR4 2400MHz	DDR4 2400MHz	DDR4 2133MHz	DDR4 2133MHz	DDR4 2133MHz
最大内存/GB	128	128	128	64	64	64
功耗/W	140	140	140	140	140	140
报价/元	12600	7699	2699	7299	4199	2799

3) 第六代 Skylake CPU

2015 年 8 月,Intel 发布第六代酷睿 CPU(见图 2-17),第五代、第六代酷睿同期登场。第六代酷睿 CPU 采用 Skylake 架构、14nm 制造工艺、LGA1151 接口,集成 DDR3、DDR4 内存控制器,搭配 100 系列芯片组 Z170、H170、B150、H110、Q170、Q150 的主板,也可安装在 200 系列芯片组 Z270、H270、Q270、Q250、B250 的主板上。由于 Skylake CPU 引脚数与上一代 Broadwell CPU 不相同,故不再兼容 Intel 9 系列主板。首发两款型号 i7-6700K 和 i5-6600K,均不锁频,其中 i7-6700K 是 4 核心 8 线程设计、三级缓存增加到 8MB,主频提升至 4.0GHz,最高睿频可达 4.2GHz。

图 2-17　Core i7-6700K CPU 及其对应的 LGA1151 插座

第六代 Skylake CPU 主要改进如下。

(1) 架构升级。由 Broadwell 升级为 Skylake,接口改为 LGA1151,延续 14nm 制造工艺,功耗低至 51W。

（2）支持 DDR4。Skylake 集成 DDR3L、DDR4 双内存控制器，主板制造商可自行选择搭配 DDR3L 还是 DDR4。用户如果升级计算机，可以买块支持 DDR3L 的 Skylake 平台主板可省下购买内存的开支。

（3）取消 FIVR。FIVR 从 Haswell 开始搭载，Broadwell 持续使用，到 Skylake 被取消，把电压调节重新交给主板。取消 FIVR 的原因，也许是 FIVR 增加了处理器设计的复杂程度和处理器的 TDP(Thermal Design Power，热设计功耗)。

（4）BCLK 独立，超频更容易。Skylake 让 BCLK 独立，不会像过去那样与 PCI-E 频率联动，造成超频瓶颈。虽然处理器倍频依然被锁，但 BCLK 可从 100MHz 超到 133MHz，相较于过去只有 5%～10% 的超频幅度形成强烈对比。

（5）核显升级到 HD Graphics 530。Skylake 采用 Gen 9 绘图核心架构，EU(Execution Unit)增加到最多 72 个，有效提升核显整体效能。

Skylake 相对于 Haswell 来说，不仅有架构上的改变，也有工艺上的提升。对于用户来说，DDR3 与 DDR4 并存提供了更多的选择空间。对于玩家而言，BCLK 独立强化超频性，也是值得期待的特色。另外，与 Skylake 搭配的 100 系列芯片组也有不少提升。考虑到 Skylake 产品上市时间不长，无论追求性能还是追求性价比的用户，购置一台 Skylake 平台的计算机都是一个不错的选择。表 2-10 是部分 Intel Skylake CPU 主要指标及参考报价（2017 年 8 月）。

表 2-10　部分 Intel Skylake CPU 主要指标及参考报价

CPU 型号	核心/线程	简要规格参数	报价/元
酷睿 i7-6700K(盒)	4/8	4.0GHz/8MB/95W/ HD Graphics 530	2458
酷睿 i7-6700(盒)	4/8	3.4GHz/8MB/65W/ HD Graphics 530	2149
酷睿 i5-6600K(盒)	4/4	3.5GHz/6MB/65W/ HD Graphics 530	1589
酷睿 i5-6600(盒)	4/4	3.3GHz/6MB/65W/ HD Graphics 530	1569
酷睿 i5-6500(盒)	4/4	3.2GHz/6MB/65W/ HD Graphics 530	1385
酷睿 i5-6400(盒)	4/4	2.7GHz/6MB/65W/ HD Graphics 530	1299
酷睿 i3-6300(盒)	2/4	3.8GHz/4MB/51W/ HD Graphics 530	999
酷睿 i3-6100(盒)	2/4	3.7GHz/3MB/51W/ HD Graphics 530	779
奔腾 G4400(盒)	2/2	3.3GHz/3MB/54W/ HD Graphics 510	369
赛扬 G3900(盒)	2/2	2.8GHz/2MB/51W/ HD Graphics 510	239

4）第七代 Kaby Lake CPU

2017 年 1 月 4 日，Intel 在 CES 国际消费电子展上正式发布了第七代 Kaby Lake 处理器，依然采用 14nm 制造工艺和 LGA1151 插座。这是因为 Intel 调整了产品战略，从原来的 Tick-Tock、"两步走"改为 P. A. O，"三步走"，即 PROCESS-ARCHITECTURE-OPTIMIZATION，在制造工艺和架构升级之后再加一次优化。本次优化调整主要是工艺优化和频率提升，依靠这两项升级，这一代的处理器产品性能提升了大约 5%。需要注意的是，Kaby Lake 不支持 Windows 7/8.1 操作系统。

Kaby Lake 处理器采用 14nm 制造工艺，实际是 14nm＋制造工艺，在性能上优于 14nm 的 Broadwell 和 Skylake 处理器，核芯显卡也进行了升级，从上一代的 HD 530 升级到

HD 630,支持 4K 媒体解码、HDR10、4K 视频串流,另外还增强了安全性,采用全新媒体引擎,改进了 VR 和游戏性能。第七代酷睿系列产品还有一个亮点,新增一款支持超频的 i3-7350K,这是以前从没有过的。

第七代 Kaby Lake CPU 搭配 Intel 200 系列主板,100 系列主板经过 BIOS 升级之后也可以稳定支持第七代处理器。图 2-18 是第七代 Kaby Lake CPU 实物图。

图 2-18　Core i7-7700、Core i5-7500 和 Core i3-7100

第七代 Kaby Lake CPU 作为 Intel 最新产品,主频比上一代有小幅提升,超频能力有了长足的进步,像 i7-7700K、i5-7600K 超频能力都非常强悍,再加上新的 200 系列主板,搭建一套新的平台是广大用户梦寐以求的目标。

i7-7700K 作为七代酷睿中的高端型号,4 核心 8 线程,默认主频 4.2GHz,最大睿频 4.5GHz,核显升级到了 HD 630,报价 2799 元,发烧友们可以关注一下。i7-7700 与 i7-7700K 同样 4 核心 8 线程,默认主频 3.6GHz,最大睿频 4.2GHz,TDP 功耗只有 65W,报价 2499 元,比较适合不玩超频的用户选购。

i5-7600K 4 核心 4 线程,默认主频 3.8GHz,最大睿频 4.2GHz,比上代超出不少,超频能力强悍,三级缓存 6MB,搭配 HD 630 全新核显也能获得不错的图形能力。从官方公布的数据上看,性能提升超过 12%,不过售价也是水涨船高,报价 1899 元,比上一代贵不少。i5-7600 同样是 4 核心 4 线程,默认主频 3.5GHz,最大睿频 4.1GHz,三级缓存 6MB,核显同样搭载了 HD 630,报价 1749 元,可以满足日常专业使用需求。i5-7500 4 核心 4 线程,默认主频 3.4GHz,最大睿频 3.8GHz,对于不超频的玩家来说频率提升是非常有用的,作为一款中端处理器,其性能已经足够使用,如果搭载独立显卡,则可以获得不错的游戏性能。即使依靠自身的 HD 630 核芯显卡也可以获得良好的办公能力。1579 元的报价,延续了前代产品的高性价比。i5-7400 是一个非常实惠的入门型号,报价仅 1409 元,4 核心 4 线程,默认主频 3.0GHz,最大睿频 3.5GHz,集成 HD 630 核芯显卡,支持 DDR4 和 DDR3L 两代内存,用户可以选择相应主板来组建迷你主机平台。

这次 Intel 还为 i3 打造了一款超频产品 i3-7350K,默认主频 4.2GHz,可以轻松超频至 4.8GHz 甚至 5GHz,报价仅 1299 元,前景看好,喜欢玩超频的朋友不妨一试。i3-7320、i3-7100 适合办公、上网以及中小型游戏。奔腾 G4620、赛扬 G3930 适合预算紧的入门级用户选购。第七代部分 Intel Kaby Lake CPU 主要指标及参考报价见表 2-11(2017 年 8 月)。

表 2-11　部分 Intel Kaby Lake CPU 主要指标及参考报价

CPU 型号	核心/线程	简要规格参数	报价/元
酷睿 i7-7700K(盒)	4/8	4.2GHz/8MB/91W/ HD Graphics 630	2399
酷睿 i7-7700(盒)	4/8	3.6GHz/8MB/65W/ HD Graphics 630	2149
酷睿 i5-7600K(盒)	4/4	3.8GHz/6MB/91W/ HD Graphics 630	1699
酷睿 i5-7600(盒)	4/4	3.5GHz/6MB/65W/ HD Graphics 630	1629
酷睿 i5-7500(盒)	4/4	3.4GHz/6MB/65W/ HD Graphics 630	1399
酷睿 i5-7400(盒)	4/4	3.0GHz/6MB/65W/ HD Graphics 630	1359
酷睿 i3-7350K(盒)	2/4	4.2GHz/4MB/60W/ HD Graphics 630	999
酷睿 i3-7100(盒)	2/4	3.9GHz/3MB/51W/ HD Graphics 630	799
奔腾 G4620(盒)	2/4	3.7GHz/3MB/51W/ HD Graphics 630	499
赛扬 G3930(盒)	2/2	2.9GHz/2MB/51W/ HD Graphics 610	239

2. AMD CPU

AMD CPU 产品系列主要有 APU 系列、FX 系列和 Ryzen 系列。

1) APU 系列

2011 年 6 月，AMD 推出了一款具有革命性的产品：第一代 APU。APU(Accelerated Processing Unit，加速处理器)是 AMD 2006 年收购著名显卡厂商 ATi(Array Technology industry)之后，把计算机里两个最重要的异架构处理器 CPU 与 GPU 进行整合，将它们融合在一块芯片上，是个重大技术革新。CPU 与 GPU 的真正融合，相互补足，实现异构计算加速以发挥最大性能。

第一代 APU 代号 Llano，K10 改进版 Husky 架构，32nm 制造工艺，集成 HD6000 系列显卡核心，FM1 接口，引脚数为 905 个。产品划分为 A4、A6、A8 三个系列，型号采用 4 位数字编号，第一位数字是 3，后面数字越大，性能越强，加 K 表示不锁频，如图 2-19 所示。第一代 APU 搭配 AMD A75、A55 主板，A75 拥有 4 个原生 USB 3.0 接口和 6 个 SATA 3.0 接口。

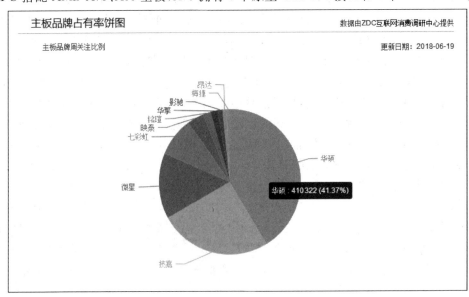

图 2-19　第一代 APU A4、A6、A8 系列

APU 的特点是 CPU 与 GPU 真正融合，相互补足，使用新的视频解码引擎，核芯显卡性能强，采用超小芯片和超低功耗设计，功耗小。当时 APU 主打主流市场，逐步取代 Athlon Ⅱ（速龙），成为 AMD 的主力军。不过，第一代 APU 已被后续产品取代。

2012 年 6 月，AMD 发布了第二代 APU，代号 Trinity，采用 PileDriver（打桩机）架构和 VLIW-4 图形架构，核芯显卡升级到 HD7000 系列，支持 DirectX 11，在频率更高的同时也带来了更强的执行效能。第二代 APU 采用 32nm 制造工艺，FM2 接口，904 引脚，与 FM1 接口互不兼容。产品分为 A4、A6、A8、A10 四个系列（见图 2-20），新增 A10 定位旗舰级，型号中第一位数字是 5。主板方面，AMD 推出的 A85X 芯片组，规格比 A75/A55 更高，用来搭配第二代 APU。而 A75/A55 芯片组改用 FM2 接口后，也能支持第二代 APU，所以，A55/A75 会存在着 FM1、FM2 两种接口（见图 2-21）。

图 2-20　第二代 APU——A4、A6、A8、A10 系列

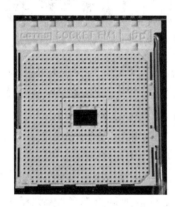

图 2-21　FM1 与 FM2 插座对比

2013 年 5 月，AMD 在第二代 Trinity APU 的基础上，又加快步伐发布了第三代 Richland APU，采用打桩机架构，32nm 制造工艺，继续使用 FM2 接口。由于架构不变，只是频率的提升，性能提高不大，故称"2.5 代"。型号中第一位数字是 6，如图 2-22 所示。

图 2-22　第三代 APU——A4、A6、A8、A10 系列

2014 年 1 月,AMD 在北京正式发布了第四代 APU Kaveri,其亮点依然是主打核心显卡。第四代 APU 采用 28nm 制造工艺、Steamroller(压路机)X86 核心 CPU 架构制作。GPU 方面,Kaveri 采用 GCN 架构的 HD8000 系列显卡,规格最高的版本具备 512 个流处理单元,性能接近 HD7750。此外,Kaveri 也支持双显卡混合交火、Turbo Core、Blu-ray 3D、AMD-V、UVD 3.2、DirectCompute 以及 OpenCL 等技术。同时,Kaveri 支持 DDR3 2133MHz 内存,采用新的双通道内存控制器和新的电源管理技术。Kaveri APU 桌面版本 TDP 范围为 45~95W,CPU 性能提升约 20%,GPU 图形性能提升了 50%,应对主流 3D 游戏问题不大。产品分为 A6、A8、A10 三个系列,型号中第一位数字是 7,如图 2-23 所示。需要说明的是,低端产品 A4-7300 其实是 Richland APU,FM2 接口,集成 HD8000 系列核芯显卡。

图 2-23　第四代 APU——A6、A8、A10 系列

Kaveri 采用新的 FM2＋接口,有 906 个引脚。相比 Socket FM2,FM2＋多了 2 个引脚(见图 2-24)。Kaveri 只能安装在 FM2＋接口的主板上,无法安装在 Socket FM2 接口的主板上,A88X、A78、A68H、A55 芯片组的 Socket FM2＋(见图 2-25)接口主板都是 Kaveri APU 的"御用座驾"。Socket FM2＋接口主板向前兼容代号 Trinity 及 Richland 的两代 APU。部分 Kaveri APU 产品主要指标见表 2-12。HSA(Heterogeneous System Architecture,异构系统架构)是在 Kaveri APU 首次使用,它将 APU 中的 CPU 单元和 GPU 单元实现内存统一寻址,使 CPU、GPU 能够更灵活地调度资源,大幅降低因独立内存寻址带来的延迟效应,从而提升整体处理器的计算性能。

图 2-24　FM2＋(左)APU 比 FM2(右)多 2 个引脚　　　图 2-25　Socket FM2＋插座

表 2-12　部分 AMD 第四代 Kaveri APU 产品主要指标

	A10-7850K	A10-7700K	A10-7800	A8-7600	A6-7400K
CPU 核心	4	4	4	4	2
GPU 核心	8	6	8	6	6
超频	是	是	否	否	是
主频/GHz	3.7	3.4	3.5	3.1	3.5
最大睿频/GHz	4.0	3.8	3.9	3.8	3.9
HAS 架构	是	是	是	是	是
二级缓存/MB	4	4	4	4	1
核芯显卡	Radeon R7	Radeon R7	Radeon R7	Radeon R7	Radeon R5
流处理单元	512	384	512	384	256
GPU 频率/MHz	720	720	720	720	756
TDP/W	95	95	65	65	65
报价/元	589	699	629	479	329

　　AMD 第五代、第六代 APU 没有桌面版,只有移动版。2016 年 9 月,AMD 发布了第七代 APU,代号为 Bistol Ridge,采用推土机架构的终极版挖掘机,28nm 制造工艺,采用全新的 AM4 接口,搭配 AMD 300 系列芯片组主板,首次支持 DDR4 内存。产品分为 A6、A8、A10、A12 四个系列,新增的 A12 定位旗舰级,型号中第一位数字是 9。A12-9800(见图 2-26)拥有四核心 3.8~4.2GHz 的主频,集成核显 Radeon R7,配有 512 个流处理单元,热设计功耗则仅有 65W,根据官方介绍,其性能可抗衡 Intel Core i5-6500。因 AMD 第七代 APU 主攻 OEM 市场,所以消费市场难觅其踪影。

图 2-26　第七代 APU——A12-9800 及其 Socket AM4 插座

　　AMD APU 售价低,性价比高,全系列产品都集成显卡,核芯显卡性能卓越,部分产品还不锁频,在中低端市场上占有一席之地。从用户角度看,第一代至第三代 APU 已经被淘汰或接近淘汰,第七代 APU 市场上不多见,能选的就只有第四代,价格从 300 多元至千元不等,适合不准备使用独立显卡的用户选购。

　　2) FX 系列

　　2011 年 10 月,AMD 发布第一代 FX 系列 CPU,32nm 制造工艺,采用 Bulldozer(推土机)架构,全系列产品不锁频,不集成核芯显卡,采用 AM3＋接口,引脚数为 940 个,搭配 AMD 9 系列主板,主打高端市场,取代原先产品羿龙Ⅱ(PhenomⅡ)。由于 AM3＋排列规则与 AM3 一致,Socket AM3＋与 Socket AM3 可相互兼容。AM3 接口的 CPU 可在 AM3＋主板上运作,AM3＋ CPU 也可在 AM3 主板上运作(但须刷新 BIOS)。为便于区别,Socket AM3＋插座颜色采用黑色,如图 2-27 所示。

图 2-27　AMD FX CPU 与对应的 Socket AM3＋黑色插座

AMD 部分第一代 FX 系列 CPU 主要指标见表 2-13(2017 年 8 月)。型号中千位数表示核心数,百位数"1"代表第一代。

表 2-13　AMD 部分第一代 FX 系列 CPU 主要指标

	FX-8150	FX-8120	FX-8100	FX-6100	FX-4170	FX-4100
主频/GHz	3.6	3.1	2.8	3.3	4.2	3.6
睿频/GHz	3.9	3.4	3.1	3.6	—	3.7
最大睿频/GHz	4.2	4.0	3.7	3.9	4.3	3.8
TDP/W	125	125	95	95	125	95
核心数量/个	8	8	8	6	4	4
L2 缓存/MB	8	8	8	6	4	4
L3 缓存/MB	8	8	8	8	8	8
内存支持/MHz	1866	1866	1866	1866	1866	1866
接口	AM3＋	AM3＋	AM3＋	AM3＋	AM3＋	AM3＋
报价/元	970	930	750	860	790	705

2012 年,AMD 推出了 PileDriver(打桩机)架构的 FX 系列 CPU。第二代 FX 处理器依然采用 32nm 制造工艺、AM3＋接口,搭配 AMD 9 系列芯片组。第二代 FX 处理器除了主频提升外,还巧妙地加入了 XOP、FMA 等一系列完善的指令集,新指令集的增加让第二代 FX 系列处理器在处理某些软件数据时更加高效。另外,第二代 FX 处理器加入了对 TurboCore 技术的支持,CPU 主频会根据程序的需求自动调整。第二代 FX 处理器型号命名与第一代相同,百位数上改为 3。

2013 年 6 月,AMD 发布了两款 FX-9590、FX-9370 处理器(见图 2-28),是打桩机核心的最高版本,采用 Socket AM3＋接口,32mn 制造工艺,8 核心 8 线程,主频为 4.7GHz,动态加速最大 5GHz,在 PC 处理器上首次最高主频,一度引起市场关注。但在随后的几年中,AMD 没有发布新的 FX 系列处理器。

从目前来看,AMD FX 系列处理器除了价格方面有点优势外,难以找到其他亮点。其最高端产品性能仅与 Intel Core i5 相当;在 CPU 制造工艺进入 14mn 的今天,32mn 制造工

图 2-28　AMD FX-9590 和 FX-9370

艺显得落后，功耗大；搭配 AMD 9 系列主板，使用 DDR3 内存，明显是老产品的模样。故新购机的话，选择 AMD FX 系列处理器意义不大。

3）Ryzen 系列

经过 4 年时间打磨，超过 200 万工程小时的设计和制造，于 2016 年 11 月 23 日，AMD 终于在美国正式公布了 AMD Ryzen（锐龙）。Ryzen 基于 ZEN 架构，采用最新 14mn 制造工艺，使用 AM4 接口，搭配 AMD 300 系列主板，支持 DDR4 内存，支持效率更高的 NVMe 及 SATA Express 磁盘，原生支持 PCI-E 3.0 插槽和 USB 3.1 接口，极大地提升了平台整体性能。Ryzen 系列不锁频，不集成核芯显卡，不支持 Windows 7/8.1 操作系统。

AMD Ryzen 分为 3 个系列：Ryzen 7 主打高端市场 Ryzen 5 面向主流级市场和 Ryzen 3 针对入门级市场。2017 年 3 月 2 日，3 款 AMD Ryzen 7 处理器在全球上市，型号分别是 Ryzen 7 1800X、Ryzen 7 1700X、Ryzen 7 1700（见图 2-29），带后缀 X 的处理器支持 XFR 自动超频。凭借其卓越的性能及相对超值的价格，Ryzen 7 系列处理器新品让沉寂已久的 DIY 市场再起波澜。

1 个月后，AMD 乘胜追击，推出了面向中端用户的 Ryzen 5 系列产品，进一步扩充了 Ryzen 系列的产品线。7 月，Ryzen 系列面向入门级用户的 Ryzen 3 系列产品推向市场。至此，AMD 用了不到半年的时间，就将 Ryzen 的产品线按照高端、中端和入门级别布局完成。

图 2-29　首批 3 款 AMD Ryzen 7 处理器

AMD Ryzen 系列产品最大的特色是内建了 SenseMI 技术，能使 Ryzen 处理器比旧系列产品指令执行效率提升 40% 以上。SenseMI 技术由以下 5 个组件构成。

（1）精确功耗控制（Pure Power）。使用超过 100 个嵌入式传感器，以 mV、mW 和每摄氏度为单位进行精确控制，实现最佳电压、时钟频率，并提供最小能耗工作模式。

（2）精准智能超频（Precision Boost）。智能逻辑电路可监控集成的传感器，并以低至 25MHz 的增幅优化时钟频率。

（3）扩展频率范围（eXtended Frequency Range，XFR）。当系统感测到散热能力提升时，XFR 提升精准智能超频频率，以提高性能。

（4）神经网络预测（Neural Net Prediction）。利用人工智能神经网络，根据系统的以往运行状况，学习预测应用程序未来行为。

（5）智能预取（Smart Prefetch）。利用复杂的学习算法，跟踪软件行为以预测应用需求，并预先读取和准备数据。

SenseMI 技术融合了感知、适应和学习等能力，结合在架构、平台、效率和处理技术上的多项其他进步，满足游戏玩家和 PC 发烧友的苛刻需求。部分 AMD Ryzen 处理器主要指标见表 2-14（2017 年 8 月）。L3 是三级缓存，TDP 是最大热设计功耗，XFR 是扩展频率范围。盒装 Ryzen 7 1800X 和 Ryzen 7 1700X 两款不带散热器，用户需另行选购。

表 2-14 部分 AMD Ryzen 处理器主要指标

AMD Ryzen CPU	核心/线程	L3/MB	TDP/W	主频/GHz	睿频/GHz	XFR	报价/元
Ryzen 7 1800X	8/16	16	95	3.6	4.0	4.0GHz+	3549
Ryzen 7 1700X	8/16	16	95	3.4	3.8	3.8GHz+	2499
Ryzen 7 1700	8/16	16	65	3.0	3.7	—	2199
Ryzen 5 1600X	6/12	16	95	3.3	3.7	3.7GHz+	1749
Ryzen 5 1600	6/12	16	95	3.2	3.6		1549
Ryzen 5 1500X	4/8	16	65	3.5	3.7	3.7GHz+	1299
Ryzen 5 1400	4/8	8	65	3.5	3.9	—	999
Ryzen 3 1300X	4/4	8	65	3.5	3.7	3.7GHz+	939
Ryzen 3 1200	4/4	8	65	3.1	3.4	—	779

测试结果表明，搭载 AMD Ryzen 处理器搭配 AMD Vega 架构 GPU，无论是游戏性能，还是图形渲染和视频转码等方面，表现都非常出色。AMD Ryzen 7 1700X 剑指 Intel 酷睿 i7-6800K，虽然在单线程得分上 AMD 平台还略微逊色一些，但额外的 4 个线程使处理器整体的运算能力大幅度提升，极大地提升了平台的运算效率，综合跑分及游戏成绩部分，两款产品的性能已基本持平。AMD Ryzen 7 1800X 虽然价格高达 3549 元，但对手产品是 Intel 售价 7899 元的次旗舰产品 Intel 酷睿 i7-6900K，虽然两者价格相差 4000 多元，但 AMD Ryzen 7 1800X 的性能并没有落后太多，甚至在部分项目上还超过了对手。对于需求多核心运算平台的朋友们来说，这款产品具备了很高的性价比。

近年来，AMD 在处理器市场过了很长一段"憋屈"的日子，8 核处理器卖成白菜价，然而市场份额一直在减少，经过 4 年卧薪尝胆后，终于拿出了全新的 AMD Ryzen 处理器，重返高端市场正面挑战 Intel。AMD Ryzen 系列 CPU 的上市让 AMD 打了个漂亮的翻身仗，凭借超高性价比和不错的综合性能而饱受玩家青睐，给沉寂已久的 DIY 战场注入了全新的血液，无论是否是 AMD 的粉丝，都拭目以待，预计将会迎来一波装机高潮。

值得一提的是，AMD Ryzen 系列与 AMD 的上一代产品在时间跨度上相对较长，所以

Windows 操作系统对其支持可能并不是特别完美。AMD 也给出了承诺,将与微软共同在 Windows 10 操作系统中对 AMD Ryzen 系列产品进行电源管理等相关方面的优化,让该系列产品能够在 Windows 10 系统当中发挥更强大的性能,为用户提供更好的使用体验。另外,目前大多数游戏并没有对 4 核心以上的 CPU 进行额外的优化,因此 AMD Ryzen 的多核优势还没能完全地发挥出来,不过随着 6 核、8 核处理器的逐渐普及,AMD Ryzen 强大的性能会得到更好的体现。

2.3.3　选购内存

内存是计算机系统的重要部件之一。所有运行的程序都需要读入内存,程序运行的结果也要存储在内存中,数据的输入/输出也离不开内存,所以,内存对计算机整体影响很大,合理配置内存至关重要。选配内存主要考虑类型、容量、频率和通道数。目前计算机使用内存类型为 DDR3 和 DDR4,要根据主板选择内存类型。内存容量一般来说越大越好,但不能超过操作系统支持的极限。32 位 Windows 7、Windows 8.1 操作系统最多支持内存不到 4GB,超出部分将不可用,这样,4GB 内存已经满足需求。内存频率和通道数要看主板,目前大部分主板支持双通道内存,使用两条内存构成双通道要比一条内存的单通道内存性能提高许多,支持三通道的 X58 主板和支持四通道的 X79、X99 主板分别需要 3 条内存和 4 条内存。内存的工作频率选择要看主板对内存规格的支持程度,在主板允许的内存工作频率范围内,内存频率越高,性能越好。

内存的选购可以从内存规格、品牌、做工、价格等方面着手。

1. 内存规格

DDR4 内存已被广泛使用。支持 DDR4 内存的主板芯片组有 Intel X99/100/200 系列、AMD 300 系列。新购计算机尽量考虑使用 DDR4 内存,老一点的计算机考虑使用 DDR3 内存。

DDR4 内存规格如下。

(1) 单条容量:4GB、8GB、16GB、32GB。

(2) 套装容量:16GB×8、16GB×4、16GB×2、8GB×8、8GB×4、8GB×2、4GB×4、4GB×2 等。16GB×8 是指一个包装盒内有 8 条 16GB 内存,以此类推。

(3) 工作频率:2133MHz、2400MHz、2666MHz、2800MHz 及以上。

DDR3 内存规格如下。

(1) 单条容量:1GB、2GB、4GB、8GB、16GB。

(2) 套装容量:16GB×2、8GB×8、8GB×4、8GB×3、8GB×2、4GB×8、4GB×6、4GB×4、4GB×3、4GB×2、2GB×6、2GB×4、2GB×3、2GB×2、1GB×3 等。

(3) 工作频率:1333MHz、1600MHz、1866MHz、2133MHz、2400MHz、2666MHz、2800MHz 及以上。

容量原则上说越大越好,但要受到主板内存插槽数量和操作系统的限制。4GB 内存适合 32 位系统,8GB、16GB 是常规配置。内存的工作频率越高,数据传输越快,性能越好,但频率越高,价格越贵。内存的工作频率还要看 CPU 对内存的支持程度,如果 CPU 只能支持 DDR4 2133MHz 内存,那么 DDR4 2400MHz 的内存也只能工作在 2133MHz 上,不能发挥 2400MHz 的内存作用。

2．内存品牌

市场上内存品牌有数十家,其中使用较多的内存品牌有金士顿、影驰、金邦、威刚、海盗船、芝奇、三星、宇瞻等,如图 2-30 所示。其中,金士顿品牌的市场占有率相对较高。

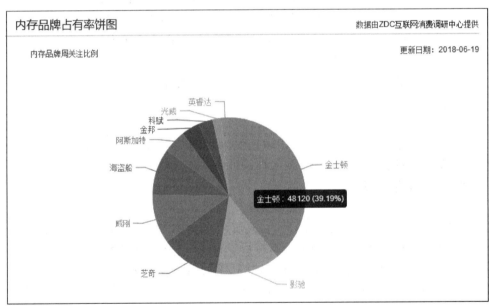

图 2-30   内存市场常见品牌与内存品牌占有率

(1) 金士顿(Kingston)内存产品自进入中国市场以来,就凭借优秀的产品质量和一流的售后服务,赢得了众多中国消费者的心,然而其产品使用的内存颗粒却是五花八门,既有 Kingston 自己颗粒的产品,更多的则是现代(Hynix)、三星(SAMSUNG)、南亚、华邦 (Winbond)、英飞凌(Infinoen)、镁光(Micron)等众多厂商的内存颗粒。金士顿内存分为 Kingston Value RAM 和 Kingston HyperX RAM 两大系列。Kingston Value RAM 内存是指符合一般业界标准的内存,即普通内存;Kingston HyperX RAM 是指专为玩家设计的高效能内存,经特殊设计与完整测试能提供更高的速度,超频性好,搭载铝制散热片能有效预防过热死机,如图 2-31 所示。

图 2-31　金士顿 HyperX 和 KVR 内存

（2）影驰以显卡闻名，产品线包括显卡、SSD、电源，近年来大举进军内存市场，有影驰 HOF 和 GAMER 系列内存（见图 2-32）。影驰的产品以高端为主。

图 2-32　影驰 HOF 和 GAMER 系列内存

在原料选用上，影驰针对超频玩家量身定制，特挑最上乘的"体质"颗粒，拥有强劲超频潜力，预留一定的超频空间适应超频玩家挖掘；全系列采用 100% 原厂颗粒，经受 3 倍压力测试，保证产品稳定性；在外观上，融合匀光 LED 专利技术，打造如同"激光剑"般的柔和信仰灯，采用造型独特的内存散热器，注重工艺细节，打造集性能和美观于一体的超频神条。

（3）金邦内存以中文命名的产品有"白金龙""千禧条"（见图 2-33）两大系列，其较高的性能、精湛的工艺、独特的外形及服务获得消费者的广泛认同和好评。在过去几年中，金邦内存多次荣获国内权威杂志评为读者首选品牌和编辑选择奖。

图 2-33　金邦内存——"白金龙"和"千禧条"

（4）威刚"游戏威龙"内存（见图 2-34）作为威刚公司专门为游戏玩家量身打造的游戏威龙系列产品，具备优良的设计和做工用料，同时在性能上也颇为稳定，在各种性能测试及游戏测试中内存都表现出了应有的性能水平。威刚公司的"万紫千红"系列内存做工扎实，质量上乘，性能稳定，价格中等，性价比较高，口碑不错。红色威龙带散热片，适合高端用户。

（5）海盗船（Corsair）公司在设计高性能内存上经验丰富，其超级性能内存一直应用于关键的服务器及极高性能的工作站（包括游戏系统）上。近年来，Corsair 公司进军消费级市场，其超频内存受到硬件发烧友的普遍欢迎。

海盗船内存主要分为 DOMINATOR（统治者）系列、VENGERNCE（复仇者）系列、XMS（eXtreme Memory Speed）和 VS（Value Select）系列等，如图 2-35 所示。

图 2-34　威刚内存——"游戏威龙"和"万紫千红"

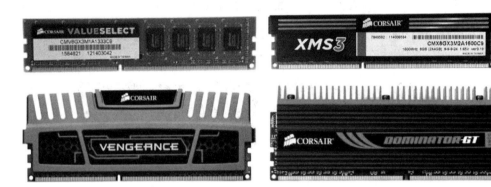

图 2-35　海盗船内存系列

① DOMINATOR(统治者)系列是海盗船顶级系列产品,无论用料、散热、制造工艺等每一个细节之处均堪称完美,是超频发烧友挑战性能极限的不二选择。

② VENGERNCE(复仇者)系列作为面向专业级发烧玩家以及超频玩家的高端内存,性能非同凡响,红色梳子状鳍片式铝制散热片的外观,一向为广大玩家所追捧。

③ XMS 以专业而实用作为主打概念,是海盗船产品中的一个经典系列,性能强悍。在DDR3 时代,XMS 也进入了 3 时代,采用 $30\mu m$ 电镀工艺金手指,在防锈抗腐蚀和数据传输方面表现出色,是一款性价比出色的超频品种。

④ VS 系列定位中端用户,没有采用散热片。由于海盗船对于内存颗粒的品控相当严格,这款产品性能也毫不含糊,是品质出色的普通装机内存。

3. 内存做工

内存最重要的是性能和稳定性,内存颗粒、PCB 板设计、做工水平直接影响到内存性能、稳定性以及超频能力。

(1) 内存颗粒是内存最重要的核心元件,其好坏直接影响到内存的品质和性能。所以大家在购买时,尽量选择大厂商生产出来的内存颗粒。常见的内存颗粒厂商有三星、现代、尔必达、镁光等,其产品都是经过完整严谨的生产工序,品质较有保障。而采用这些顶级大厂内存颗粒的内存条品质性能,必然会比其他杂牌内存颗粒的产品要高出许多。

(2) 内存 PCB 板的作用是连接内存芯片引脚与主板信号线,因此其做工好坏直接关系到系统稳定性。目前主流内存 PCB 板层数一般是 6 层,这类电路板具有良好的电气性能,可以有效屏蔽信号干扰。个别一线品牌的高端高频内存使用 8 层 PCB 板,性能会更好。

PCB 板上要有尽量多的贴片电阻和电容,尽量厚实的金手指。金手指的镀金质量是一个重要的指标,以通常采用的化学沉金工艺来说,一般金层厚度在 $3\sim5\mu m$,而优质内存的金层厚度可以达到 $6\sim10\mu m$。较厚的金层不易磨损,并且可以提高触点的抗氧化能力,使用寿命更长。

（3）焊接质量是内存制造很重要的一个因素。廉价的焊料和不合理的焊接工艺会产生大量的虚焊，在经过一段时间的使用之后，逐渐氧化的虚焊焊点就可能产生随机故障。Kingston(金士顿)、Apacer(宇瞻)、Transcend(创建)等知名第三方内存模组原厂（即本身并不生产内存颗粒，只进行后段封装测试的内存商）都是采用百万美元级别的高速 SMT 机台，在计算机程序的控制下，高效科学地打造内存模组，可以有效地保持内存模组高品质的一贯性。此外，第三方内存模组原厂推出的零售产品，都会有防静电的独立包装，以及完整的售后服务，消费者在选购这些产品的时候，可以少花一些精力，多一份放心。

此外，大家还要观察 PCB 板是否整洁，有无毛刺等，金手指是否很明显有经过插拔所留下的痕迹，如果有，则有可能是返修内存产品（当然也不排除厂家出厂前经过测试）。

4. 内存价格

表 2-15 是部分热门内存报价（2017 年 8 月），供用户选购时参考。

表 2-15　部分热门内存报价

品牌	型　　号	容量/GB	内存主频 /MHz	价格/元	保修信息
金士顿	金士顿骇客神条 FURY 8GB DDR4 2400 (HX424C15FB/8)	8	2400	529	全国联保，享受三包服务，终身质保
金士顿	金士顿骇客神条 FURY 8GB DDR4 2133 (HX421C14FB/8)	8	2133	449	
金士顿	金士顿 4GB DDR4 2133(KVR21S15S8/4)	4	2133	219	
金士顿	金士顿骇客神条 FURY 8GB DDR3 1866	8	1866	429	
金士顿	金士顿 4GB DDR3 1600(KVR16N11/4)	4	1600	199	
影驰	影驰 GAMER 8GB DDR4 2400	8	2400	439	全国联保，享受三包服务，1 个月包换，终身保固
影驰	影驰 HOF 16GB DDR4 3600	2×8	3600	1299	
海盗船	海盗船复仇者 LPX 8GB DDR4 2400 (CMK8GX4M1A2400C14)	8	2400	519	全国联保，享受三包服务，3 年质保
威刚	威刚万紫千红 8GB DDR3 1600	8	1600	339	全国联保，享受三包服务，终身质保
金邦	金邦千禧条 8GB DDR3 1600	8	1600	350	全国联保，享受三包服务，3 年质保
金邦	金邦 DDR4 白金龙系列 (GWW44GB3000C15QC)	4	3000	150	

2.3.4　选购硬盘

硬盘是计算机重要的存储设备，存放着用户的程序和数据，其稳定与否影响到程序和数据的安全。因此，选择一块高性能的硬盘至关重要。选购硬盘可以从品牌、技术指标、售后服务、价格等方面着手。

1. 品牌

目前,消费市场上主要硬盘品牌有希捷、西部数据、三星、东芝等。

(1)希捷公司在设计、制造和销售硬盘领域居全球领先地位,提供用于企业、台式机、移动设备和消费电子的产品。希捷硬盘的主要系列如下。

① Barracuda 系列。中文名为酷鱼,是希捷的主流产品,在台式机中被广泛使用。它拥有单碟 1TB 技术,寻道速率快,读/写速率超过 200MB/s。其中高端的 Barracuda XT 系列,速率快且稳定,达到监控级水平,主要面向多媒体开发人员和高级玩家。

② 混合硬盘系列。混合硬盘是指在硬盘电路板上集成了一块大容量的 SLC NAND 闪存芯片的硬盘,传统盘片仍为主要数据存放区,将经常读取的数据或程序存放至读/写速率更快的 SLC NAND 闪存芯片中,以加速这部分数据或程序的读/写速率。希捷 Momentus XT 系列和 Firecuda 系列都是混合硬盘系列。Firecuda 系列搭配 8GB NAND 闪存、64MB 缓存,最大容量为 2TB,每年可写入 55TB,5 年质保。

③ Constellation ES 企业级系列。企业级硬盘优于消费级,接口主要有 SAS 和 SATA,支持 24×7 全天候工作,平均无故障工作时间(MTBF)为 120 万小时,拥有错误检验和纠正(IOEDC/IOECC)功能,SAS 接口的产品中还有自加密硬盘(SED)技术,可以提供完美的数据完整性,并对数据安全提供保障。

上述 3 类硬盘如图 2-36 所示。

图 2-36　希捷酷鱼、混合硬盘和企业级硬盘

④ Guardian 系列。此系列属于希捷硬盘新系列,如图 2-37 所示。希捷将企业级的 10TB 充氦硬盘带到消费市场上,采用传统的垂直记录存储,拥有 7200r/min 转速。充氦技术是把硬盘内的空气换成氦气,而氦气属于惰性气体,密度只有空气的 1/7,这样有助于降低磁头的阻力,降低功耗及总成本。Guardian 系列包括 3 个子系列,分别面向 3 个不同的领域。Barracuda Pro 系列面向普通桌面计算和存储,缓存为 256MB(10/8TB)、128MB(6TB),每年可写入 300TB,5 年质保;IronWolf(铁狼)系列面向 1~8 硬盘位 NAS 网络存储,优化支持 RAID,包括 TLER 纠错、数据保护拯救和供电方面的优化,性能比其他品牌快

25％,缓存最大为 256MB,每年可写入 180TB,3 年质保；SkyHawk(天鹰)系列面向 NVR、DVR 监控,支持最多 64 个高清视频流,缓存最大为 256MB,每年可写入 180TB,3 年质保。

图 2-37　希捷 Guardian 系列硬盘

⑤ 存档硬盘系列。希捷存档硬盘具有高容量、高性能以及较低的成本,适用于大规模数据中心,面向云提供商、气象模拟、金融服务、生命科学、媒体和娱乐等行业应用。希捷存档硬盘采用叠瓦式磁记录(SMR)技术,单碟容量高达 1.33TB,专为每年 180TB 的全天候运行工作负载而设计,满足数据归档存储的需求。存档硬盘突发写入快,但持续写入较低。

⑥ Pipeline HD 系列。希捷(Pipeline HD)系列硬盘具有 SoftSonic 电动机技术和优化寻道特性,可确保硬盘长期安静、无故障运行,低电流启动有助于集成和电源设计,节省电能降低发热量,迎合家庭用 HTPC 计算机的高清播放需求,可轻松储存、检索和播放多达 12 个同步高清数据流。静音＋长寿是 Pipeline HD 高清系列硬盘的独特优势。

⑦ SV35 监控系列。本系列针对监控应用设计,拥有 7200r/min 转速,64MB 缓存,SATA 3.0 接口。盘体使用缓冲外壳技术,能有效降低硬盘震动。

以上 3 个系列的硬盘如图 2-38 所示。

图 2-38　希捷存档、Pipeline HD、SV35 监控系列硬盘

（2）西部数据的硬盘以颜色区分定位，从最初高性能黑盘、节能绿盘、均衡蓝盘，渐渐扩展出 NAS 红盘、监控紫盘，以及最新的金盘，如图 2-39 所示。

图 2-39　西部数据黑盘、蓝盘、绿盘、红盘、紫盘、金盘

① 黑盘。WD Black 具有存储空间大、缓存大、传输速率快、稳定度高的特点，面向企业应用。主要面向吞吐量大的服务器、高性能游戏机、多媒体视频和相片编辑等高端计算机应用。

② 蓝盘。WD Blue 面向个人用户，性能比黑盘略低，功耗小，价格实惠，性价比高，适合一般家庭和个人使用。

③ 绿盘。WD Green 属于环保型硬盘，比标准硬盘最多节能 40%，适合家用。其优点是超静音运行、省电、发热低、售价低；缺点是性能较差、寿命较短。2015 年 10 月，西部数据宣布取消绿盘产品线，将其并入蓝盘系列。

④ 红盘。WD Red 面向拥有 1～5 个硬盘位的家庭或小型企业 NAS 用户，性能与绿盘比较接近，但可靠性及稳定性远胜绿盘，使用专门的 NASWare 技术让其兼容性更加出色，适应 24×7 全天候连续工作环境。

⑤ 紫盘。WD Pueple 专为全天候不间断高清监控系统打造，适用于最多 8 个硬盘和32 路高清摄影机同时运作。

⑥ 金盘。WD Gold 属于企业级硬盘,主要面向大型数据中心,包括中小型企业服务器与存储、机架数据中心服务器、存储集群等。Gold 系列采用 SATA 6Gb/s 接口,拥有 7200r/min,128MB 缓存,容量为 4TB、6TB 和 8TB,提供 250 万小时 MTBF、每年 550TB 写入量、5 年质保。

2. 技术指标

影响硬盘性能的三大主要因素是硬盘的单碟容量、转速、寻道时间。单碟容量直接决定了硬盘的数据持续传输速率。目前单碟容量多在 1TB 以上。如购买 1TB 的硬盘,单碟装比 2 碟装或 3 碟装的硬盘性能要好。转速一般选 7200r/min,有些节能型硬盘转速低于 7200r/min,且能够自动调节;10000r/min 及以上用于企业级硬盘。寻道时间直接影响着硬盘的随机数据传输速率,一般为几毫秒,越小越好。另外,还要关注缓存和接口。目前硬盘缓存大小主流为 32MB 和 64MB,大的比小的好些。接口一般为 SATA 3.0,老一点的为 SATA 2.0,SATA 3.0 的 6Gb/s 速率比 SATA 2.0 的 3Gb/s 快 1 倍。

3. 售后服务

了解硬盘的售后服务体系,可以让消费者购买时更放心。

希捷硬盘国内主要产自无锡和苏州,两厂占据希捷全球超过 90% 的产能,国内的售后网络完善快捷,因此希捷大胆实行两年免费换新政策。

西部数据在中国没有建厂,硬盘全部从国外进口,由于 2～3TB 硬盘的关税较重,故其 2～3TB 硬盘水货较多。此外,西部数据硬盘在市面上还存在大量 OEM 货。但无论是 OEM 货还是中国香港代理的西部数据水货硬盘,西部数据都提供有 3 年质保服务(1 年免费换新＋2 年良品)。

最后提醒用户在购买硬盘的时候一定要多走多问,并且在购买时选择柜台较大的商家,或者专柜购买,不要到一些小商家那里调货,因为"硬盘有价、数据无价"。

4. 硬盘价格

表 2-16 是部分热门硬盘报价(2017 年 8 月),供读者选用时参考。

表 2-16 部分热门硬盘报价

品牌	型　号	容量	转速/(r/min)	缓存大小/MB	接口类型	价格/元
希捷	希捷 Barracuda 1TB 7200r/min 64MB 单碟(ST1000DM003)	1TB	7200	64	SATA 3.0	329
西部数据	西部数据 1TB 7200r/min 64MB SATA3 蓝盘(WD10EZEX)	1TB	7200	64	SATA 3.0	299
西部数据	西部数据 500GB 7200r/min 16MB SATA3 蓝盘(WD5000AAKX)	500GB	7200	16	SATA 3.0	289
希捷	希捷 Barracuda 2TB 7200r/min 64MB SATA3(ST2000DM001)	2TB	7200	64	SATA 3.0	449
希捷	希捷 Barracuda 500GB 7200r/min 16MB SATA3(ST500DM002)	500GB	7200	16	SATA 3.0	299

续表

品牌	型　　号	容量	转速/(r/min)	缓存大小/MB	接口类型	价格/元
希捷	希捷 Barracuda 3TB 7200r/min 64MB SATA3(ST3000DM001)	3TB	7200	64	SATA 3.0	585
西部数据	西部数据蓝盘 6TB SATA 6Gb/s 64MB(WD60EZRZ)	6TB	7200	64	SATA 3.0	1699
HGST	HGST 7K1000 1TB 7200r/min 32MB SATA3(HTS721010A9E630)	1TB	7200	32	SATA 3.0	400
三星	三星 1TB 5400r/min 8MB SATA 3(ST1000LM024)	1TB	5400	8	SATA 3.0	320
希捷	希捷 Desktop 2TB 7200r/min 8GB 混合硬盘(ST2000DX001)	2TB	7200	64MB	SATA 3.0	618

2.3.5　选购光驱

　　目前,由于计算机网络功能的日益增强,影片、歌曲等产品可以从网上下载,而不必通过光盘,另外系统安装也可以不用光盘,这样光驱的用量大大减少,成为可选配置。配置光驱的一个好处是利用光驱的刻录功能,将用户的重要资料刻录到光盘可长久保存。因此建议用户在装机时还是选配光驱,况且现在光驱的价格也不贵,普通光驱只要100多元。

　　光驱属于向下兼容硬件类型,用户购买技术较新的产品都能兼容以前的技术标准,如DVD能兼容识别CD、VCD等;蓝光刻录机能读取和刻录BD、DVD、CD 3类盘片各种规格的光盘。光驱的选购应从用途出发,从光驱类型、品牌、性能、价格等方面着手。

1. 光驱类型

　　(1) 蓝光刻录机。能够刻录蓝光光盘,有的支持多层刻录,容量大。兼容刻录DVD、CD,可读取BD、DVD、CD,但价格高,一般售价在600元以上。

　　(2) DVD刻录机。能够刻录和读取各种标准的DVD、CD,不能读取蓝光光盘。一般售价在100元以上,适合普通用户选购。

　　(3) DVD光驱。一般只能读取DVD,有些可以读/写CD。一般售价在100元左右,适合低端用户。

　　(4) 蓝光光驱。一般只能读取BD,有些能低速写BD,兼容读/写DVD、CD。售价在数百元,适合需要读/写蓝光光盘的用户选购。

　　(5) 蓝光COMBO。只能读取BD,支持DVD、CD读/写。售价在数百元,适合需要读/写蓝光光盘的用户选购。

　　(6) COMBO。原来是指能读DVD的CD刻录机。目前COMBO功能有所加强。

　　按照光驱的安装方式,光驱可以分为内置式和外置式两种,内置式光驱又分为台式机光驱和笔记本光驱。外置式光驱采用USB接口,需要的时候连接上计算机即可,使用灵活,便于共享,但价格比内置式稍高。

2. 品牌

　　光驱品牌众多,主要有 ASUS(华硕)、Pioneer(先锋)、SAMSUNG(三星)、SONY(索

尼)、BenQ(明基)、Liteon(建兴)、LG、HP(惠普)、MSI(微星)、Panasonic(松下)、PLEXTOR(浦科特)、Philips(飞利浦)、Apachi(阿帕奇)等。选购大品牌的一个优势是售后质保期长,体现了厂家对自身产品有信心,比如华硕的光驱提供了3个月包换,1年保修的承诺。

3.性能

光驱的性能主要有读/写速率、容错能力、稳定性、噪声与震动控制等。

(1)读/写速率。读/写速率反映光驱读/写光盘的快慢程度,用倍速来表示。如蓝光刻录机有4X、6X、8X、10X、12X、14X、15X。理论上讲速率越大越好,但速率高,价格也高,刻盘成功率低。所以,不要盲目追求高倍速的光驱,应根据自身的需求、性价比来定。

(2)容错能力。容错能力反映光驱读取或刻录光盘信息的能力。光盘表面难免会出现划痕或污渍等情况,这些都会影响数据的读取。通过加大激光头的功率可以提高读盘能力。但长时间使用大功率会导致光头老化,缩短光驱的寿命。为了提高光驱的读盘能力,名牌大厂通常以提高光驱的整体性能为出发点,采用先进的机芯电路设计,改善数据读取过程中的准确性,或者根据光碟数据类型自动调整读取速度,以达到容错纠错的目的。"人工智能纠错(AIEC)"是比较成功的一项技术。通过对数以万计存在各种毛病的盘片进行分析研究,记录问题并开发出相应的对策,保存在光驱的芯片中。当光驱读取有问题的盘片时,如果情况与记录相吻合,便采用事先计算好的方法进行纠错,大大提高了读盘能力。又如,LG光驱的智能调整技术,可以自动识别光盘信息,调取相应的刻录方案。一旦出现光盘信息无法识别,就会通过控制芯片实现智能调整修复优化,使激光光束能够在盘面上烧灼更加精准,实现对不同品牌、不同品质刻录盘的优化和兼容,保障高品质刻录。

(3)稳定性。稳定性是指光驱在较长的一段时间(至少1年)内能保持稳定的、较好的读盘能力。传统的塑料机芯由于耐热能力较差,长时间使用会发生变形,导致读盘不稳定。采用全钢机芯的光驱,即便在长时间、高温、高湿的情况下工作,光驱的性能也能保持恒久如一,并且采用全钢机芯的光驱要比采用塑料机芯的光驱使用寿命长得多。

(4)噪声与震动控制。光驱高速旋转的主轴电动机带来的震动、噪声、发热对光盘读/写有负面影响,光驱拥有噪声控制及减震技术,可大大减少光驱在运行过程中由于盘片不平衡而引起的震动和噪声,减少光驱机身震动引起的震动与噪声,使光盘运转顺滑流畅,确保读盘及刻录时安静,提高光盘的可读性及刻录品质。

此外,选购光驱时,还要注意一下质保年限、缓存大小、外观等。

4.光驱价格

表2-17是部分热门光驱报价(2017年8月),供读者选用时参考。

表2-17 部分热门光驱报价

品牌	型 号	安装方式	接口类型	缓存容量	价格/元
华硕	华硕 DRW-24D3ST	内置式	SATA	2MB	119
华硕	华硕 SDRW-08D2S-U	外置式	USB 2.0	1MB	229
华硕	华硕 DVD-E818A9T	内置式	SATA	198KB	99
华硕	华硕 BW-12D1S-U	外置式	USB 3.0	4MB	999

续表

品牌	型　　号	安装方式	接口类型	缓存容量	价格/元
先锋	先锋 DVR-221CHV	内置式	SATA	0.5MB	139
华硕	华硕 SDR-08B1-U	外置式	USB 2.0	2MB	199
华硕	华硕 BC-12B1ST	内置式	SATA	2MB	299
三星	三星 SE-208GB	外置式	USB 2.0	0.7MB	256
先锋	先锋 BDR-XU03C	外置式	USB 3.0	4MB	1569

2.3.6　选购显卡

在计算机硬件系统中,显卡是最受关注的部件之一,特别是游戏爱好者,因为显卡的性能直接影响到人们的视觉感受。选择一款适合的显卡对计算机用户来说尤为重要,特别是对显卡要求较高的用户,比如,专业的图形设计人员、游戏发烧友等。对于显示要求不高的计算机,完全可以不用独立显卡,用核芯显卡已经能够满足一般要求。AMD 公司的 APU和 Intel 公司酷睿 i 系列 CPU 都集成了核芯显卡,其性能与中低端独立显卡相当,能满足常规工作对显卡的要求。总之,显示要求不高用核显,要求高的用独显。

独立显卡的选购可以从显卡的显示芯片、显存、品牌、做工、价格等方面着手。

1. 显示芯片

显示芯片的主流有两家厂商:AMD(ATi)公司和 nVIDIA 公司。显示芯片是显卡的核心,决定了显卡的性能和档次,按性能高低可分为入门级、主流级和发烧级。当前显示芯片型号见表 2-18。

表 2-18　显示芯片档次

级别	nVIDIA	AMD(ATi)
入门级	GT720、GT730、GTX740、GTX750	R7 240、R7 250、R7 350、R7 360
主流级	GTX950、GTX960、GTX1050、GTX1050Ti、GTX1060	RX 460、RX 470、RX 480、R9 370、R9 370X、R9 380、R9 380X
发烧级	GTX970、GTX980、GTX980Ti、GTX1070、GTX1080、GTX1080Ti、GTX Titan(X、Z、Black)	R9 390、R9 390X、R9 Fury X

显示芯片型号中要关注第二位数字。在 nVIDIA 产品线上,第二位数字是 7、8、9,代表这款产品定位高端;第二位数字是 5、6,一般是定位千元级的中端主力产品;第二位数字是4、3、2,是低端产品,数字越小,性能越低。在 AMD 产品线上,第二位数字是 9,代表定位高端产品;第二位数字是 7、8,一般是定位千元级的中端主力产品;第二位数字是 6、5、4,是低端产品,性能和定位依次下降。

A 卡是指使用 AMD 显卡芯片的显卡,N 卡是指使用 nVIDIA 显卡芯片的显卡。一般而言,N 卡注重游戏画面和画质,游戏画面流畅,在 3D 图形处理方面表现出色,适合游戏爱好者;A 卡注重纹路和线条,适合商务、平面设计、家庭影院高清影片播放等。

2. 显存

显存是显卡的第二个卖点,其品质直接关系到显卡的最终性能的表现。主要看显存类型、显存容量和显存位宽。

　　显存类型有 HBM2、HBM、GDDR5X、GDDR5、GDDR3 等。HBM 是 AMD 的独家利器，用在发烧级 R9 Fury X 显卡中；GDDR5X 用在 nVIDIA 发烧级 GTX1080 显卡中；GDDR5 性能卓越，使用最普遍；GDDR3 只用在低端显卡中。

　　显存容量有 24GB、16GB、12GB、11GB、8GB、6GB、4GB、3GB、2GB、1GB 等。显存容量越大越好，高端显卡显存容量在 4GB 以上。

　　显存位宽有 4096b、768b、512b、384b、256b、192b、128b、64b 等，在其他规格相同的情况下，显存位宽越大性能越好。

3．显卡品牌

　　显卡品牌名目繁多，不下百家，如七彩虹、影驰、蓝宝石、索泰、华硕、微星、铭瑄、迪兰恒进、丽台、讯景、翔升、盈通、技嘉、映泰、耕升、旌宇、双敏、精雷、小影霸等。

　　（1）影驰是深圳市嘉威世纪科技有限公司的产品，属于中高端优质显卡。

　　（2）七彩虹是世和资讯七彩虹科技发展有限公司的产品，显卡行业的领军品牌，享誉"游戏显卡专家"。

　　（3）蓝宝石是蓝宝石科技有限公司的产品，是专业显卡和游戏领域的领导品牌之一。

　　（4）索泰出自全球领先的显卡代工厂柏能科技的自有品牌，采用高品质和高性能元器件，以严格的质量标准，结合世界一流的质量控制，功能可靠，性能卓越。

　　（5）华硕显卡拥有 4U 金牌品质，即 Ultimate Durability（极致稳定）、Ultimate Efficiency（极致高效）、Ultimate Cool（极致冷静）和 Ultimate Clarity（极致清晰）。华硕显卡自进入中国内地以来，始终坚持 1 年包换良品，3 年质量保证的优质服务，让消费者购买华硕显卡无后顾之忧。

　　（6）微星始终秉持"产品卓越、品质精良、服务完美、客户满意"经营原则，专精于主板和显卡的设计制造。平均每 2.8s 就有一块 MSI 显卡诞生，7000 万微星显卡用户使得 MSI 成为全球较多选用的显卡品牌。微星显卡做工精良，在一线大厂中最具性价比。

　　（7）铭瑄是商科旗下的显卡品牌，创立于 2002 年。十多年来，铭瑄本着"一切为了稳定"的产品理念，结合"四大专注"和"六大绝技"助力，将"一切为了稳定"作为自己产品的品质标准，并由全球最大的板卡工厂代工制造，无论是芯片的选择还是 PCB 以及每一个细节都精雕细琢，确保一流品质。铭瑄显卡受到了用户的广泛认可和业内媒介的一致好评，成为市场上知名的板卡品牌之一。

　　国内消费市场上显卡品牌占有率如图 2-40 所示（2018 年 6 月）。

4．显卡做工

　　性能表现是显卡的"使用价值"，做工用料是显卡的质量和生命。做工过硬的显卡才能在更长的生命周期内稳定地输出性能、避免故障，因此用料做工决定着显卡的"体魄"。

　　显卡最主要的成本是 GPU 芯片和显存芯片，它们掌握在行业上游厂商手里，因此显卡的制造成本差异主要体现在 PCB 和周边元器件上。当前的游戏显卡一般都采用 6 层和 8 层 PCB 设计，各款显卡 PCB 成本差异也不大，因此显卡最大的成本差异来自周边元器件及散热器上。

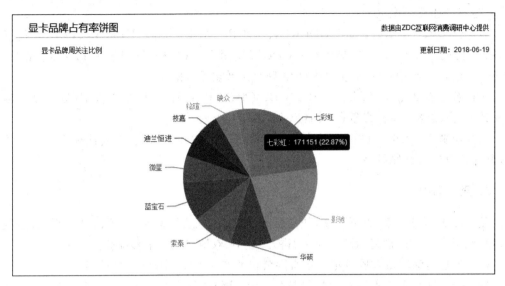

图 2-40　显卡品牌占有率

　　做工用料好的显卡有着共同的特点:板上布局清晰合理、电路细节井然有序。板上布局主要体现在各功能模块的位置分配上,理想的情况是供电电路、外接供电接口位于显卡PCB尾端,GPU、显存芯片位于中间位置,而采用模拟信号输出的显卡,PCB前端则应具备低通滤波电路保护画质。显卡 PCB 布线空间应比较宽裕,散热器在风道构建上也应该能重点照顾到显卡尾端的另一个发热大户——供电电路。而做工水准比较差的显卡,则一般很难顾全这些要求,这类显卡也有一个共同的特点:板上布局粗放凌乱,非贴片生产的 PCB,在焊点、元器件角度上还可能会带着手工、山寨风格,看上去很“奔放”,其实难以达到赏心悦目的精细水准。网购市场上还有一些用料比较差的显卡,元器件无品牌保证,甚至板上元器件光泽不一、使用二手元器件等,这类产品的性能可想而知。

　　品牌口碑好的显卡、来自行业板卡大厂的产品,基本都是精工细作,很有设计实力,质量更胜一筹。

5. 显卡价格

　　表 2-19 是部分热门显卡报价(2017 年 8 月),供读者选用时参考。

表 2-19　部分热门显卡报价

品牌	型　　号	显卡芯片	核心频率/MHz	显存容量/GB	显存位宽/b	显存频率/MHz	价格/元
微星	微星 GeForce GTX 1060 GAMING X 6GB	GeForce GTX 1060	1506/1809	6	192	8008	2099
七彩虹	七彩虹 iGame1050Ti 烈焰战神 U	GeForce GTX 1050Ti	1290/1493	4	128	7000	1300
技嘉	技嘉 AORUS GTX 1080Ti Xtreme Edition 11GB	GeForce GTX 1080Ti	1607/1746	11	352	11232/11448	6399

续表

品牌	型 号	显卡芯片	核心频率/MHz	显存容量/GB	显存位宽/b	显存频率/MHz	价格/元
影驰	影驰 GeForce GTX 1060 GAMER 6GB	GeForce GTX1060	1556/1771	6	192	8000	2088
迪兰恒进	迪兰 RX 580 8GB X-Serial	Radeon RX580	1340/1350	8	256	8000	1899
华硕	华硕 ROG STRIX-GTX 1060-O6G-GAMING	GeForce GTX 1060	1620/1873	6	192	8208	2599
铭瑄	铭瑄 GTX 1060 JetStream 6GB	GeForce GTX1060	1582/1797	6	192	8000	1899
蓝宝石	蓝宝石 RX 480 8GB D5 超白金 OC	Radeon RX 480	1266/1342	8	256	8000	1999
索泰	索泰 GeForce GTX 1070-8GD5 至尊 Plus OC	GeForce GTX 1070	1594/1784	8	256	8058	3199
七彩虹	七彩虹 iGame GTX 1080Ti Vulcan X OC	GeForce GTX 1080Ti	1480/1733	11	352	11000	2399
华硕	华硕 ROG STRIX-GTX 1080-O8G-GAMING	GeForce GTX 1080	1759/1936	8	256	10000	6099

2.3.7　选购显示器

　　用户在购买计算机时,往往会看重显示器。这是因为显示器不仅是一台计算机的门面,更重要的是绚丽多彩的画面需要显示器来实现。事实上,在一台计算机价值中,显示器价值所占比例较大,往往可达 1/3 以上。目前选购显示器,基本上是液晶显示器。

　　液晶显示器根据使用领域,大致可分为大众实用、电子竞技、设计制图等。定位于大众实用的显示器能满足普通需求,价格适中,适合影视娱乐、日常办公场合。电子竞技显示器则具有更高的刷新率(144Hz)和更短的响应时间,画面足够细腻,可以展现更多的游戏细节,不会拖影、不会撕裂、不会丢帧。设计制图显示器色域广阔、色彩真实还原、分辨率高、显示精准、屏幕大、工艺精致、颜值高。

　　选购显示器要根据用途,可以从产品类型、面板类型、性能指标、品牌、价格等方面来考虑。

1. 产品类型

　　(1) LED 显示器。液晶显示器背光源有两类:冷阴极荧光灯管(CCFL)和发光二极管(LED)。早期的液晶显示器采用 CCFL 背光,目前都是 LED 背光。LED 显示器具有以下优点。

　　① 动态图像间转换的表现出色,显示效果更好,动态对比度高达五千万比一。

　　② 使用的发光元件更先进,图像显示效果更清晰、更鲜艳、更明亮。

　　③ 更节能、更环保,最高节省 75% 的电能耗。

　　④ 更薄、更轻、更时尚,摆放、搬运更灵活、轻松。

⑤ 发热少,使用寿命更长,长达数万小时。

(2) 曲面显示器。显示屏的两边微微向内弯曲,使屏幕中央与两边对于观众眼睛实现基本相同的视角,以提高视觉效果。

(3) 4K 显示器。4K 是指横向达到 4K 分辨率(4K Resolution),即横向分辨率约为4000 个像素,是当前主流超高清显示器。

(4) 3D 显示器。利用自动立体显示(AutoSterocopic)技术,人眼不戴眼镜也能看到立体影像。这种技术利用"视差栅栏",使两只眼睛分别接收不同的图像,从而产生立体效果。3D 显示器特别适合 3D 游戏,画面效果是普通显示器所不能比拟的。

(5) 广视角显示器。其视角达到 178°,基本无死角,而且在大角度下还能够保持一定的色彩准确度。

(6) 护眼显示器。液晶显示器的屏闪、光源(高频蓝光)、亮度都会引起人眼的疲劳。护眼显示器使用不闪屏面板和滤蓝光技术来保护眼睛。有的护眼显示器还能实现亮度智能调节。当环境光变化时,显示器智能感光系统能够自动分辨并且调整显示器的亮度,将它调整至与当下环境合适的亮度。

(7) 触摸屏显示器。触摸屏显示器(Touch Screen)可以让使用者只用手指轻轻地碰显示屏上的图符或文字就能实现操作计算机,使人机交互无需键盘和鼠标,直截了当。触摸屏显示器主要应用于公共场所大厅信息查询、多媒体教学、自助票务、电子游戏等。

(8) 智能显示器。智能显示器附带一个独立的 Andriod 操作系统,像平板电脑一样,用户可以自主选择安装应用、游戏等第三方服务商提供的程序,并可以接入无线网络。

(9) 无线显示器。无线显示器省去了视频信号线,视频信号通过无线传送方式在显示器上显示图像。

2. 面板类型

液晶显示器面板有多种类型: TN 面板、IPS 面板、MVA 面板、PVA 面板、PLS 面板和ADS 面板等。其中,IPS 面板、PLS 面板和 ADS 面板较硬,用手轻轻划一下面板不容易出现水纹样变形,俗称硬屏。

(1) TN 面板。TN(Twisted Nematic,扭曲向列型)面板是传统型面板,响应时间短,生产成本低,价格便宜,广泛应用于中低端液晶显示器中。TN 面板是 6 位面板,通过抖动技术实现16.2M 色,色彩不如 8 位面板(16.7M 色)亮丽,可视角度较窄(部分厂商通过软件方法扩展视角)。

(2) IPS 面板。IPS(In-Plane Switching,平面转换)面板是日立研发的面板技术,俗称Super TFT。IPS 面板最大的特点就是它的两极都在同一个面上,而不像其他液晶的电极在上、下两面成立体排列。IPS 面板可视角度大、响应速率快,色彩还原准确,是液晶面板里的高端产品。AH-IPS 面板属于 IPS 面板的改良型,以高色彩准确度、高分辨率和良好的节能特性而著称。

(3) MVA 面板。MVA(Multi-domain Vertical Alignment,多象限垂直配向)面板是富士通主导的一种面板技术。它是利用凸起物使液晶静止时并非传统的直立式,而是偏向某一个角度静止。当施加电压让液晶分子改变成水平以让背光快速通过,这样可以大幅缩短显示时间。由于凸起物改变了液晶分子配向,使视野更为宽广,对比度增加,响应时间短。

（4）PVA面板。PVA(Patterned Vertical Alignment,图像垂直调整)面板是三星推出的一种面板技术,继承并发展了MVA技术,可视角度大,响应时间短。PVA面板采用透明的ITO电极代替MVA面板中的液晶层凸起物,提高了背光源的利用率。

（5）PLS面板。PLS(Plane to Line Switching)面板是三星独家研发的面板技术,在性能上和IPS面板较为相同,是一款能和IPS面板比拼的"硬屏"产品,在成本和亮度方面还具有优势。PLS面板的驱动方式是所有电极都位于相同平面上,利用垂直、水平电场驱动液晶分子动作。在触摸方式流行的今天,特别是Windows 7已经支持触屏,Windows 8更把桌面系统触摸体验提升到了新的高度,硬屏显示器就非常重要了,因此三星公司也需要一个能和IPS面板比拼的硬屏。

（6）ADS面板。ADS面板是为解决大尺寸、高清晰度桌面显示器和液晶电视应用而开发的一种广视角技术面板,与IPS面板一样属于"硬屏"。ADS面板克服了常规IPS面板透光效率低的问题,在宽视角的前提下,实现高的透光效率。

选购显示器时要注意面板有无坏点。所谓坏点就是不能控制的像素点,表现为始终亮或黑,称为亮点或黑点,亮点有红、绿、蓝三色。

坏点能用肉眼直接发现,也可以用相关软件来检测。国家规定,不超过3个坏点的面板是合格的。但目前有坏点的面板不多,要想买到没有坏点的显示器,可以与商家事先约定。

3．性能指标

（1）屏幕尺寸。尺寸大少选择要根据用途、个人爱好来考虑。液晶显示器总体朝着大屏幕方向发展,每个厂商都在推出大屏液晶显示器来迎合市场,34in 21∶9超宽屏已经面市。但是,大屏液晶显示器在发挥娱乐性能的同时,售价也水涨船高,而小尺寸液晶显示器比较实用,性价比高。

（2）屏幕比例。目前市场上流行宽屏显示器,普屏鲜有人问津。宽屏16∶10是液晶显示器的宽屏标准;宽屏16∶9是国际上等离子电视、液晶电视等家用设备的宽屏标准,所有的宽屏电影文件都采用16∶9标准;超宽屏21∶9是真正符合好莱坞大片宽屏幕标准的播放格式,在全屏幕播放时能够接近100%显示电影内容,带来真正的影院级画面效果和视听享受,被业界认为有望超越全高清而成为下一代的标准。

16∶10的优点是比例更接近0.618的黄金比例,因此外形更容易被用户所接受。缺点是16∶10比例的显示器需要24in以上才能实现全高清1080P,因此购买成本较高。1080P是由美国电影电视工程师协会确定的高清标准格式,其中1080P被称为目前数字电视的顶级显示格式,这种格式的电视在逐行扫描下能够达到1920像素×1080像素的分辨率。

16∶9的优点是更加符合人眼的视觉比例,21.5in以上就可以实现全高清。由于现在的电影和电视连续剧大部分做成16∶9的画面,16∶9的显示器适合观看视频节目。对于生产厂家来说,16∶9面板切割利用率提升,成本降低,售价下降。目前市面上液晶显示器16∶9占主导地位。16∶9的缺点是屏幕比较细长,由于部分软件或游戏采用的图像信号技术落后,在16∶9显示器上会出现图像拉伸现象。

21∶9超宽屏的显示分辨率达2560像素×1080像素。21∶9比例与电影院超宽广屏幕2.35∶1的比例十分接近,因此在观看电影大片时,不会显示黑条或出现画面损失,视野更加宽广恢宏。21∶9比例还可同时让两个输入图像显示在屏幕上,实现双屏操作。21∶9比例最适合的人群有4类:①技术人员,也就是程序员和开发者;②处理办公文件较多的财务、法务和需要绘图排版的美术设计者;③金融业从业人员,在看一些分析图、走势图的时候,21∶9比例能够显示更多的画面;④对高清电影钟情的电影发烧友。

(3)动态对比度。衡量液晶显示器性能的核心指标之一,是屏幕上某一点最亮(白色)与最暗(黑色)的亮度比值。动态对比度的高低直接影响到图像的呈现效果。高动态对比度意味着液晶显示器在快速切换明暗场景时,每一个场景(无论是明亮场景还是昏暗场景),都能够得到最有层次感的画面,使电影、游戏的情节更生动,视觉更有冲击力,给用户带来最佳的视觉感受。目前动态对比度最高达到了$5×107∶1$,较高的是$2×107∶1$。

(4)响应时间。液晶显示器的像素点对输入信号反应的速率,即像素由暗转亮或由亮转暗所需要的时间,一般为几毫秒,响应时间越短越好。响应时间短,动态画面就不会有尾影拖曳的感觉,画面更加流畅、清晰。特别对于游戏用户,尤其是对于那些竞技游戏玩家来说,响应时间更重要,2ms或5ms的时间差就可能决定一场战斗的胜负。

(5)刷新率。普通显示器采用较低的刷新率,而电子竞技显示器需要较高的刷新率,以保证屏幕显示画面不丢帧。

(6)接口类型。接口有VGA、DVI、HDMI、MHL、DisplayPort、Thunderbolt等视频接口以及USB接口、音频输入/输出接口等,丰富的接口类型可以为用户提供多种选择余地。MHL接口是移动高清连接(Mobile High-Definition Link)的缩写,可将智能手机或移动设备与电视、显示器及其他家庭娱乐设备相连的数字视频和音频接口,其基本功能与HDMI接口一致,外形也一样。MHL接口内在电路集成MHL芯片,只要移动设备也集成MHL芯片,就支持充电功能。当移动设备连接到显示器MHL接口上就会充电,用户不再担心电池不够用。Thunderbolt(雷电)接口是苹果与英特尔合作的产物。该技术融合了PCI Express数据传输技术和DisplayPort显示技术,使用两条通道同时传输这两种协议的数据,理论上最高传输速率可达50Gb/s,现在设定在10Gb/s。Thunderbolt接口外观与MINI DisplayPort接口一致,相互兼容。

4. 品牌

液晶显示器厂商众多,选择知名品牌和市场占有率高的品牌是上策。图2-41所示为部分液晶显示器品牌及其市场占有率(2018年6月)

(1)三星LED显示器凭借其出色的性能和独特的优势,成为LED显示器领域中的领先者。三星LED具有$5×10^7∶1$的超高动态对比度,显示效果出色。专业级100% sRGB色彩显示,可以100%覆盖sRGB色域标准。

三星LED显示器拥有“八大灵技”。

① 灵活响应:极速响应时间2ms。使动态显示画面更加流畅,运动细节纤毫毕现,无拖尾现象。

② 灵秀对比:超高动态对比度。使动态显示画面更加黑白分明,游戏、电影效果更加清晰生动。

③ 灵敏感光:通过自动检测周围光线强度来调节亮度。感测器灵敏度调节共有4种选择——感测器关闭(未启用)、灵敏度—低、灵敏度—中、灵敏度—高。

三星　　HKC　　优派　　SANC　　AOC

PHILIPS　　LG Life's Good　　Hunt-key 航嘉　　NEC　　KOIOS

飞利浦　　LG　　航嘉　　NEC　　KOIOS

Great Wall 长城显示器　　BenQ 明基　　Sabretooth 剑齿虎　　TITAN ARMY 泰坦军团　　HYUNDAI 现代

长城　　明基　　剑齿虎　　泰坦军团　　现代

GOVO 冠微　　TCL The Creative Life　　ASUS 华硕　　acer 宏碁集团　　瀚视奇 基动视界的奇迹

冠微　　TCL　　华硕　　Acer宏碁　　瀚视奇

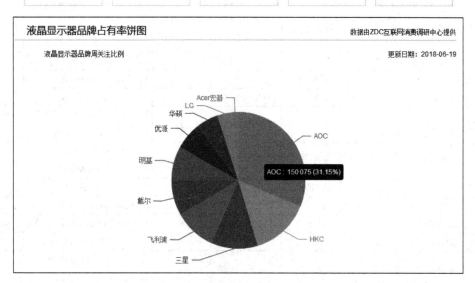

图 2-41　部分液晶显示器品牌及其市场占有率

　　④ 灵巧模式：多种应用场景模式。电影、游戏、文本、网络、自定义等多种应用场景模式可选，便携易用。

　　⑤ 灵动视角：上、中、下观看效果一样好。即使是仰视屏幕，显示效果也和平视的时候一样好。

　　⑥ 灵妙双屏：自动转移双屏画面。使用双显示器的时候，关闭其中一台显示器电源，显示内容自动转移到另一台显示器上。

　　⑦ 灵惠节能：最低待机功耗 0.3W，有 100％、75％、50％、功能关闭这 4 种节能模式可供选择。

　　⑧ 灵智开关：80cm 内通过感知人的距离，自动开/关机。可设置 1min（默认）、3min、

5min 人离开后自动关机,并在关机前 15s 发出提示声。

(2)冠捷科技集团 AOC 由于其良好的显示器品质、丰富的售后服务经验与高素质的研究开发能力,使其在国际市场上极具竞争力,成为目前规模较大、水平高的显示器生产厂家之一,其产品受到用户的广泛好评。

(3)飞利浦普通显示器具有高品质的可靠产品,功能设计精悍,能够满足普通工作需要。商用显示器针对复杂工作任务而设计,增加了相关的功能,但仍保持了极佳的性价比。专业显示器拥有独创的专利技术,符合人体工程学的设计理念,无不体现飞利浦一贯追求的"品质、创新和可靠性"的信念。

(4)明基电通(简称明基)凭借 MVA 技术的强大支持,黑锐丽液晶普遍拥有出众的色彩效果和超广的视角。明基独有的 RTS"暗部场景平衡模式"及"不闪屏",能够减少画面之中的抖动和闪烁的现象,减弱用户眼睛长时间观看显示器屏幕时的疲劳感,起到了护眼的作用。

5. 价格

表 2-20 是部分热门液晶显示器主要参数及报价,供读者选用时参考(2017 年 8 月)。

表 2-20 部分液晶显示器报价

品牌与型号	屏幕尺寸 /in	面板类型	最佳分辨率 /像素	灰度响应 时间/ms	视频接口	价格/元
三星 C27H711QE	27	VA	2560×1440	4	HDMI,MINI DisplayPort	2600
优派 XG2703-GS	27	IPS	2560×1440	3	HDMI,DisplayPort	6000
HKCG4 Plus	23.6	VA	1920×1080	4	DVI,HDMI,DisplayPort	1600
AOCAG271QX	27	TN	2560×1440	1	D -Sub(VGA),DVI-D, HDMI,DisplayPort	3600
三星 C49HG90	49	VA	3840×1080	1	HDMI×2,DisplayPort DisplayPort,MINI	15000
明基 EW2775ZH	27	AMVA	1920×1080	4	D-Sub,HDMI×2	1400
航嘉 D2461WHU/DK	23.8	ADS	1920×1080	7	D-Sub(VGA),HDMI	899
HKCQ320 PRO	31.5	ADS	2560×1440	8	D-Sub(VGA),DVI,HDMI	1500
三星 S24D360HL	23.6	PLS	1920×1080	5	D-Sub(VGA),HDMI	950
三星 C27F591F	27	VA	1920×1080	4	D-Sub(VGA),HDMI, DisplayPort	1850

2.3.8 选购机箱

机箱作为主板、硬盘等部件的安居场所,起着保护内部部件的作用。同时,还要阻止来自内外电磁辐射和干扰,确保计算机稳定、可靠地工作。因此,选购机箱也不能马虎。一款称心的机箱可以从用料做工、外观、品牌、价格等方面来考虑。

1. 用料做工

高端机箱采用镁铝合金材料,面向发烧级玩家,不存在腐蚀问题。优质机箱的用料多为镀锌钢板,强度高,抗腐蚀能力好,材料价格相对较高。低价机箱为了节约成本,采用廉价的镀锡钢板或涂了层防锈漆甚至普通漆的钢板,抗氧化和抗腐蚀能力差,极易生锈。优质机箱钢板厚度一般在 0.8~1.0mm,普通的在 0.6~0.7mm,0.5mm 以下属于低档机箱。钢板厚度可用肉眼观察,也可拎起机箱掂量一下重量,重的比轻的好。除此之外,机箱的五金工艺水平也是至关重要的。优质机箱采用全卷边、龙骨加强、凸点弹片、抗 EMI 设计等先进五金工艺。而劣质机箱则能简就简,在拆卸机箱的时候,稍有不慎就会划伤手指。

机箱内部仓位数量也是一个重要方面。机箱的 3.5in 仓位和 5.25in 仓位不能太少,否则日后增添光驱、硬盘时会遇到不必要的麻烦,最好还有 2.5in SSD 仓位,方便固态硬盘安装。方便拆装的设计也是必不可少的,如侧板采用手拧螺丝钉固定、3.5in 驱动器架采用卡钩固定、5.25in 驱动器配备免螺丝钉弹片、板卡采用免螺丝钉固定等。

最后看一下散热设计。由于计算机内部发热量较大,且计算机经常处在长时间工作状态,所以优质机箱会设置排风扇以减少机箱内部温度,使计算机能更稳定地运行,这点在服务器机箱上尤为明显。服务器机箱通常会预留两三个 12cm 风扇位来进行散热。因此在选购机箱的时候也要注意所选购机箱上是否留有风扇位,以方便日后加装散热风扇,而且风扇位最好是前后各有一处,这样的设计能更好地为机箱内部散热。

2．外观

目前,机箱大多是立式机箱,卧式机箱较少,也有立卧两用式的。ATX 机箱空间大,扩展槽多,扩展性好,通风条件也不错,能适应大多数用户的需要,缺点就是体积较大。Micro ATX 机箱比 ATX 机箱小一些。机箱大小根据内部配置和放置位置的空间大小来选择。机箱面板是整个机箱的门面,大家都很重视面板的外观和功能设计,面板上设有音频插口、USB 插口方便用户使用。

机箱外观主要看造型、颜色搭配,这跟个人喜好密切相关,设计时尚的游戏机箱获得大多数人的喜欢。游戏机箱一般具有以下特征。

(1) 个性游戏风格外观。

(2) 具备顺畅的风道及先进的防尘设计。

(3) 隐线式走线功能,完善的背板走线设计。

(4) SATA 硬盘热插拔及 USB 3.0 高速接口。

(5) 宽大内部空间,支持加长显卡。

(6) 选用厚度大的优质钢板,做工专业。

3．品牌

机箱品牌众多,市场上占有率较高的有先马、金河田、航嘉、鑫谷等。

(1) 先马是广州澳捷科技有限公司的品牌。广州澳捷是一家专业从事机箱、电源、键盘、鼠标及摄像头等计算机外设研发、制造及销售为一体的民营高科技企业。其产品不断创新,以高性价比产品取胜,深受国内 DIY 用户的好评。

(2) 金河田是东莞市金河田实业有限公司的品牌。金河田公司是国内主要的计算机周边设备专业制造商之一,主要产品有计算机机箱、开关电源、多媒体有源音箱、键盘、鼠标、耳机等。在机箱方面,新近推出的 smart 系列 G2 机箱,融入了大面积冲网、背部走线、兼容 SSD 固态硬盘等游戏机箱的设计元素,并标配前置 USB 3.0 接口,符合时下用户的使用要求。

（3）航嘉股份公司是从事 IT 产品及电力、电子系统研发、设计、制造及销售一体化的专业服务机构。"Huntkey 航嘉"获"中国驰名商标"。航嘉机箱在散热、防尘、传输、风道、兼容、理线、拆装与防震各方面不断进行改良设计，表现出前所未有的极致设计风格，获得广大用户的喜爱。

（4）鑫谷是一个新兴的 IT 品牌，出自国内知名 IT 硬件企业七彩虹科技发展有限公司，为广大用户提供优质高效的电源产品。鑫谷产品有机箱、电源、散热、键鼠等，机箱分为 MINI 机箱、全铝机箱、标准机箱、中塔机箱、全塔机箱，款式繁多，选择余地大。

2.3.9　选购电源

电源是整台计算机的动力源泉，其品质无疑是影响平台应用稳定性的关键因素，用户在购买电源时不仅要看铭牌，还要看电源的用料与做工。

1. 外壳

电源外壳会影响到电磁波的屏蔽和电源的散热性，电磁屏蔽效果不好会损害人的健康，散热效果不好会缩短电源的寿命甚至硬件的寿命。目前，电源外壳一般采用镀锌钢板材质，部分产品采用了全铝材质。电源外壳的板材如果过薄，防辐射效果会降低，用户只需掂量一下电源的重量就可以分辨。

另外，电源外壳出风口和入风口的设计也很重要。目前大多数电源采用了蜂巢式钢网设计，如图 2-42 所示。也有少部分电源采用了条栅设计，其散热性能不如前者。

图 2-42　蜂巢式散热外壳

2. 铭牌

电源的性能指标和认证都在铭牌上，如图 2-43 所示。用户应仔细查看铭牌，比如，额定功率、80Plus、3C 认证等。电源常见功率为 250～500W。功率大小选择要根据计算机实际消耗功率来确定，无独立显卡的计算机，额定功率为 250～300W 的电源就足够了。如果配置了千元级别的独立显卡，那么电源额定功率选 350～500W。

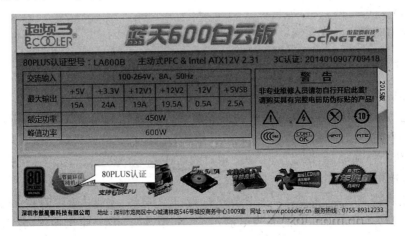

图 2-43　电源铭牌

80Plus 是电源的转换效率认证,是指电源在 20%、50% 及 100% 负载下能达到 80% 以上的电源转换效率,认证标准如图 2-43 所示。目前 80Plus 认证标准有白牌、铜牌、银牌、金牌、铂金牌、钛金牌,它们的转换效率见表 2-21。用户购买电源时务必要注意 80Plus 标识,转换效率越高,电能损耗越小,但售价就越贵。

表 2-21　80Plus 认证标准

负　　　载	转　换　效　率					
20%	80%	82%	85%	87%	90%	94%
50%	80%	85%	88%	90%	92%	96%
100%	80%	82%	85%	87%	89%	91%
等级	白牌	铜牌 BRONZE	银牌 SLIVER	金牌 GOLD	铂金牌 PLATINUM	钛金牌 TITANIUM

　　3C 认证是国家强制性安全认证,没有通过 3C 认证的电源不允许进入市场销售。现有的 3C 证书共有 4 个版本:CCC(S)安全认证、CCC(S&E)安全与电磁兼容认证、CCC(EMC)电磁兼容认证、CCC(F)消防认证。目前正在使用的是 CCC(S&E)认证标准,它对电源提出了安全和电磁兼容两项要求,在电源上看到 CCC(S&E)标志,就可认为电源通过了 3C 认证。除了必要的 3C 认证之外,常见的还有 FCC 认证,它是一项关于电磁干扰的认证。一台通过了 FCC 认证的电源,会将其工作时产生的电磁干扰加以屏蔽,消除了对人体的伤害。而 CE 是欧盟的安全认证标识,凡是贴有 CE 标识的产品就可在欧盟各成员国内销售。

　　电源有被动 PFC 和主动 PFC 之分,建议选择采用主动 PFC 设计的电源。这不是说被动 PFC 电源不好,而是被动 PFC 结构简单,容易制作,于是一些不良厂商会在电源上动手脚,导致电源质量下降。而主动 PFC 制造工艺复杂,不容易出现伪劣产品。

3. 线材和风扇

　　在电源的线材选择上,并不是线材越长越好,线材越长转换效率就会降低,所以电源线材长度以合适为好。如果是机箱背部走线,线材长度要求就比较高了,如 24PIN 主板供电线材长度要足够长。另外,还要看电源线材的接口是不是足够,以免影响到日后的升级。目前 1500 元以上的主流显卡大多需要双 6PIN 或 8PIN 显卡供电接口。如果电源没有提供足够的 6+2PIN 接口,那么只能通过大 D 口(IDE 硬盘的供电接口)进行转接,既影响美观又影响走线。目前市场上出现的模组电源,可以任意选择线材,极大地方便了用户。

　　电源散热风扇大小是把双刃剑。相同转速的情况下,风扇口径越大风量越足,散热就越好。但风扇越大噪声也越大。所以,口径 12~14cm 的电源风扇比较适合。如果电源采用了智能温控风扇,当温度上去时风扇转速才上去,这样既节能又降低了噪声。

4. 内部元件

　　电源的封装是不让打开的,一旦打开就失去了质保,但用户可以通过电源的散热孔去观察内部的电子元件。看电源的板材是否采用防火 PCB 板材,因为厂商通常会把保险管设计在 PCB 板上,这就增大了 PCB 板材的危险系数。看电源线材,是否采用了 16 号或 18 号线材,因为这类线材具备更大的承载力,更加安全。再看看是否采用了固态电容,电容是台系还是日系的,内部电感、电容滤波网络电路多不多,有没有完善的过压、限流保护元器件等。

5. 品牌

电源品牌众多,消费市场上占有率较高的有航嘉、鑫谷、海盗船、长城机电、爱国者、先马、游戏悍将、振华、全汉、安钛克等。知名度高的电源品牌做工扎实,质量有保证。

2.3.10 选购键盘和鼠标

键盘和鼠标是最基本的输入设备,只要开机,就要使用它们。所以选择一款操作舒适、经久耐用、外观时尚的键鼠很有必要。

1. 选购键盘要点

(1)按键手感。手感是击打按键时手的触觉感受。作为日常接触最多的输入设备,手感无疑是最重要的。手感好的键盘可以使用户迅速而流畅地打字,并且在打字时不至于使手指、关节和手腕过于疲劳。判断一款键盘的手感,要从按键的弹力是否适中、按键受力是否均匀,键帽是否松动或摇晃以及键程是否合适等方面来测试。手感好的键盘应该弹性适中、回弹速度快而无阻碍、声音低、键位晃动幅度小。键盘的"听感"则是按键被击打时所发出的声音。目前许多厂家都开发出适合各种各样手感的键盘以及静音键盘。

(2)工艺及质量。键盘的生产工艺和质量直接影响到键盘能否长时间稳定地工作。检查方法:其一,目测印在键帽上的字迹是否采用激光工艺。采用激光刻入,非常清晰和耐磨,手摸上去有凹凸的感觉;印刷的字母会微微凸起,字母边缘会由于油墨的原因而有一些毛刺。这种键盘的字迹,用不了多久就会脱落。其二,用手触摸各键位的边缘是否平整,有无残留的毛刺。其三,将键盘平放,仔细观察键盘的盘体是否平直。其四,敲打键盘,感受各键的反弹力度。

(3)舒适度。键盘的使用舒适度也很重要,特别是对于那些长时间进行文字输入的用户来说,使用舒适的键盘简直就像力量倍增器。人体工程学键盘比普通键盘舒适度要高。对于普通键盘要注意以下几点:一是要注意键盘的表面弧度。如果键盘从上到下设计成一个小弧面,那么打字起来就感到舒服些;二是要注意键盘下方是否提供托板,以支撑通常悬空的手腕;三是要注意各种键位的设计,特别是一些常用的功能键位置是否能够轻易按到。

(4)键盘接口。目前键盘的接口有传统的 PS/2、USB 及无线接口,其中 USB 接口键盘的最大特点就是安装方便,而无线接口键盘则具有摆放随意的优点,用户可以根据自己的实际情况进行选择。

(5)外观。键盘、显示器、机箱和鼠标都是暴露在我们视线中的计算机设备。因此,要注意让键盘和其他硬件的颜色与外形能够相互搭配,这样会让计算机看起来更和谐、更出色。外观包括键盘的颜色和形状,一款漂亮时尚的键盘会使计算机整体添色。

2. 选购鼠标要点

(1)分辨率。光学鼠标的分辨率是技术参数中极为重要的一项,是鼠标每移动 1in 指针在屏幕上移动的点数,单位是 dpi。dpi 值越高,鼠标指针移动速率就越快,定位也就越准。目前市场上鼠标分辨率在 1000dpi 以上。其实 dpi 这种概念还不能准确地表示鼠标的精度。比如,每英寸点数中的"点",在屏幕上并不是不变的。它受到显示器分辨率等因素的影响,有可能这个点是 4 个像素,也有可能是 1 个像素。这就是因为 dpi 的概念中牵扯到了显示器上的变化。目前比较科学和受到公认的新标准是用 cpi 来表示鼠标精度。这种概念的解释是每英寸鼠标采样次数。就是鼠标移动 1in,鼠标自己能够从移动表面上采集到多少个点的变化。这种属性完全关于鼠标自己的性能,不再牵扯到显示器的问题。但由于目前大多数鼠标生产商已经适应了 dpi 的称呼方式,所以目前生产环节大部分还延续 dpi 的指标表示方式。

(2) 刷新率。鼠标刷新率也叫鼠标的采样频率,指鼠标每秒钟能采集和处理的图像数量。刷新率也是鼠标的重要性能指标之一,即鼠标每秒能够采集到的图像数据,一般以 f/s (帧/秒)为单位。刷新率在一定程度上比分辨率更重要,刷新率越高的鼠标每秒所能传回的成像次数越多,所形成的图像也就越精确,这就成为影响鼠标定位精度的最大因素。

(3) 外形与手感。鼠标外观很丰富,根据每个人的手形和喜爱差异,有的喜欢大的,有的喜欢小巧的。其实一款鼠标的好坏,手感很重要。那么怎么来判别鼠标的手感呢?首先,要看它的按键是否过紧,按键的弹力是否适中,键程的长短是否合适。键程是按键按下去接触到微动开关的距离,距离过长,花费的时间就长,感觉会不舒服;距离过短,用起来吃力。采用人体工程学设计的鼠标最大特点就是手感舒服、移动灵敏、长时间使用手腕也不会感到疲劳。例如,微软无线宝蓝鲨系列的 4 款鼠标均支持人体工程学设计,罗技的 mx 系列也采用了相关技术。

3. 键鼠品牌

键鼠品牌众多,国内品牌有双飞燕、精灵、多彩、雷柏等,国外有罗技、雷蛇、微软等,还有不少板卡厂家如技嘉、华硕等也加入进来,呈现出百花齐放的景象。部分键鼠品牌及市场占有率(2018 年 6 月)如图 2-44 所示。

图 2-44　部分键鼠品牌与市场占有率

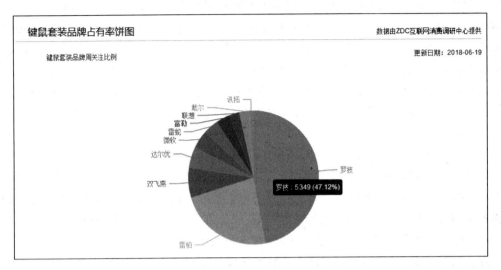

图　2-44(续)

2.4　任务实施

　　装机的基本思路是根据用途和资金实力确定装机预算,然后合理选择部件。由于计算机部件品种繁多,品牌五花八门,选择部件是有一定难度的,需要一个较长时间的硬件知识积累和对市场行情充分了解的过程。作为初学者,学习装机可以分3步走。第一步,不能选错部件,选配的部件至少要能够组装起来,这就要求 CPU、主板、内存等部件要配套。如果先选定主板,则要根据主板上的 CPU 插座和内存插槽类型来选择 CPU、内存。这一步过关了,第二步就要考虑各部件间的搭配,要分清部件的新旧、档次,尽量做到好马配好鞍,把钱花在刀刃上。第三步,在对部件性能和市场行情非常了解的情况下,能够根据用户的需求,花最少的钱,组装一台性能最佳的计算机。

　　本任务以高、中、低3档装机为例,介绍计算机装机的基本方法。需要说明的是,由于计算机部件价格不断变化,一个装机配置现在是合理的,以后不一定合理;用户爱好不同,计算机用途不同,一个配置适合你不一定适合他。所以,以下配置仅供参考。

2.4.1　万元级游戏机装机

　　万元级游戏机属于高档计算机,适合预算充裕的、对计算机性能要求较高的用户,如计算机爱好者或高端游戏玩家。高档计算机装机一般选用当前最新的、性能较高的 CPU,且不锁倍频,以便通过超频来进一步提高性能。下面这个配置是以 Intel 酷睿 i7-7700K CPU 为核心来装机,具体配置见表 2-22。

表 2-22　万元级游戏机装机配置单

部件名称	型　　号	价格/元
CPU	Intel 酷睿 i7-7700K(盒)	2649
主板	技嘉 Z270-Gaming 3	1499
内存	影驰 GAMER 8GB DDR4 2400 X2	798
显卡	影驰 GeForce GTX 1070 名人堂	3288
SSD	浦科特 M7VG M.2 2280(256GB)	649
硬盘	希捷 Barracuda 2TB/7200r/min/64MB/SATA 3(ST2000DM001)	410
机箱	先马守望者	439
电源	康舒 M85-600W	508
显示器	三星 C27F591F	1850
键鼠	Razer 地狱狂蛇游戏标配键鼠套装	199
总价		12289

所选部件介绍如下。

1. Intel 酷睿 i7-7700K(盒)CPU

Intel 酷睿 i7-7700K(盒)(见图 2-45)是 Intel 公司最新的第七代酷睿处理器,定位于高端游戏玩家和影视后期编辑等专业领域,采用 Kaby Lake 架构,14nm＋制造工艺,拥有 4 核心、8 线程,默认主频 4.2GHz,可睿频至 4.5GHz,三级缓存为 8MB。

由于采用了最新的制造工艺,降低了功耗减少了发热,酷睿 i7-7700K 能让系统运行更加稳定,出色的性能赢得了高端玩家的青睐。

图 2-45　Intel 酷睿 i7-7700K(盒)CPU

2. 技嘉 Z270-Gaming 3 主板

技嘉 Z270-Gaming 3 主板(见图 2-46)在 200 系列主板中,脱颖而出成为新一代的游戏赛场之星。Z270-Gaming 3 基于 Z270 芯片组设计,继承了 Z170X-Gaming 3 的高性价比和游戏属性。作为一款千元级游戏主板,在用料做工和规格配置上均十分出色。

技嘉 Z270-Gaming 3 采用标准的 ATX 板型设计,经典红黑配色。PCB 板采用了消光黑处理工艺,较之普通 PCB 板色调更均匀,更有质感。在内存方面,采用了 4 根双通道 DDR4 内存插槽,最高支持 64GB。通过强化内存供电模块和大量兼容测试,确保主板的内存频率可以支持 3866MHz,大幅提升内存性能。

Z270-Gaming 3 配备了 3 条 PCI-E X16 显卡插槽以及 3 个 PCI-E X1 插槽,且显卡插槽部分添加了合金装甲,不仅可以更好地应对高端重型显卡,还为拆卸时的误操作提供额外的保护。

Z270-Gaming 3 采用高品质音频专用电容,板载多声道的高保真 Realtek 旗舰级音频芯片,提供智能功放技术,支持 120dB 的高保真音效,能提供高质量的音效解析能力及声音延

图 2-46 技嘉 Z270-Gaming 3 X2 主板

展扩大效果,达到更好的音频效果。还可自动侦测头戴式音效装置的阻抗,提供上佳的音效表现,避免音量过低或失真等情况的发生。

技嘉主板在音效处理模块已经有多年的技术积累,这次采用了动态稳压技术的第二代魔音 USB 接口允许手动设置 USB 防掉压级别,能强化大功率 USB 设备的使用效果。搭配专业级 Realtek 旗舰级音频芯片,可实现声卡级音效体验。

网络优化是时下备受玩家关注的一环,Z270-Gaming 3 采用了杀手游戏专用网卡设计,配合 cFosSpeed 网络加速工具,获得更低延迟的体验,助力在游戏赛场所向披靡。

Z270-Gaming 3 配备了高速 M.2 SSD 插槽。将 PCI-E 通道与 SSD 连接,通过全新升级的 PCI-E 3.0 X4 通道能为用户带来高达 32Gb/s 的数据带宽,带来更高性能的磁盘传输体验。

后置 I/O 接口方面,Z270-Gaming 3 拥有 1 个 PS/2 接口,1 个 DVI-D 接口,1 个 HDMI 接口,2 个 USB 3.1 接口(其中 1 个为 Type-C),4 个 USB 3.0 接口,2 个 USB 2.0 接口,1 个 RJ-45 网线接口,6 个音频接口,足以满足各类外接设备的接口需求。

Z270-Gaming 3 虽然为一款入门级主板,但采用了高速 USB 3.1 接口、M.2 插槽设计、配备杀手游戏专用网卡、Realtek 音频芯片,拥有高标准的做工用料和规格配置,加之其亲民的价格,非常符合游戏用户的选购硬件的准则。

3. 影驰 GAMER 8GB DDR4 2400 X2 内存

影驰 GAMER 8GB DDR4 2400 X2 内存(见图 2-47)采用双通道设计,单条容量 8GB,标称频率 2400MHz,时序为 16-16-16-36,额定电压 1.2V,并且预留一定的超频空间。散热片采用 1.2mm 厚纯铝精细冲压工艺,棱角分明锐利,极具视觉冲击感。影驰定制的专用导热硅胶垫,导热系数较同类产品使用的导热硅胶垫高 1 倍,以保证产品对于南北用户不同的使用环境都适用。

图 2-47　影驰 GAMER 8GB DDR4 2400 X2 内存

4. 影驰 GeForce GTX 1070 名人堂显卡

名人堂品牌是影驰在 2010 年设立的新系列,名称取自英文 Hall Of Fame。名人堂显卡一直坚持使用与众不同的颜色——白色,其颜值和性能都给玩家留下了深刻的印象。

影驰 GeForce GTX 1070 名人堂显卡(见图 2-48)延续了之前纯白色的外观,相比上一代的名人堂,这次影驰索性将散热装置的大部改为白色或银色,突出了名人堂白色战神的定位。而背部纯白色的 PCB 也是仅此一家,白色让名人堂系列显卡具备了高贵典雅的气质,符合名人堂的本身的定位,正面 3 个白色 9cm 大风扇也十分显眼。

图 2-48　影驰 GeForce GTX 1070 名人堂显卡

影驰 GeForce GTX 1070 名人堂采用影驰全新设计的 TriMax 散热系统,在 HOF 系列成熟的散热体系上进行了再次的优化,采用 3 个 9cm 大风扇,能够带来强大的散热效果。风扇均采用 EVR 轴承设计,确保风扇有较长的使用寿命。在风扇下有压铸铝合金面板,加强美观与坚固性,同时可以兼具供电及显存模块的散热。通过优化热管与鳍片布局,散热性能提升 10%,可以更好、更快地给核心散热,让玩家在炎炎夏日也能获得良好的游戏体验。

影驰 GeForce GTX 1070 名人堂采用了纯白色超大 PCB 设计,可以容纳更多的元器件,PCB 层数达到了 12 层,PureOC 发烧级 PCB 线路让显卡在高频下稳定性更强,超频实力强劲。影驰 GeForce GTX 1070 名人堂采用 Pascal 架构的 GP104 核心,频率 1620/1822MHz,拥有 1920 个流处理器、120 个纹理单元和 64 个光栅单元。显存方面,搭载了 8GB 极速 GDDR5 显存,位宽 256b,数据传输速率达到 8Gb/s。供电方面,采用 4+1 相数字供电设计,4 相为核心供电,1 相为显存供电。影驰对该卡所有供电电路均进行了强化,采用了全新定制的超薄型高质量电感,拥有低 DCR 直流电阻特性,保证在超高频率下的稳定运行。输出接口方面,包括 1×DVI、1×HDMI、3×DP 1.4,全接口组合大大提升了对显示器的兼容性,同时对视频接口进行屏蔽处理,让信号更稳定,并可轻松实现多屏连接。在一侧还有 Boost 按键,可实时启动 Turbo Boost 功能,同时令风扇全速启动。

影驰 GeForce GTX 1070 名人堂显卡拥有绝对彪悍的游戏性能,在 1920×1080 像素超高分辨率下可轻松应对所有游戏大作,是游戏高端用户的首选显卡品牌。

5. 浦科特 M7VG M.2 2280(256GB)固态硬盘

浦科特 M7VG M.2 2280(256GB)固态硬盘(见图 2-49)采用新一代 Marvell 88SS1074 主控,2 颗东芝原厂 15nm eTLC NAND 颗粒组成 256GB 容量,缓存 512MB 由南亚 DDR3L 1600 颗粒提供,M.2 接口设计,长 80mm,可以直接插在主板的 M.2 接口上使用。

图 2-49　浦科特 M7VG M.2 2280(256GB)固态硬盘

固态硬盘用来安装操作系统和重要应用程序,以提高系统整体性能。

M7VG 是一线厂家浦科特近期高调发布的 TLC SSD 新品,拥有 PlexVault 文件加密技术、Plexcompressor 智能压缩技术、Plexturbo 内存加速技术、PlexNitro 效能优化缓冲技术和使用 SLC Cache 技术,持续读取速率为 560MB/s,持续写入速率达 500~530MB/s,随机读取达 97000~98000 IOPS(每秒读/写操作的次数),随机写入达 51000~84000 IOPS。TLC SSD 适合普通家庭用户、游戏和小型办公使用。

6. 希捷 Barracuda 2TB/7200r/min/64MB/SATA 3 硬盘

希捷是硬盘知名大厂,产品质量稳定,信誉高。希捷 Barracuda 2TB/7200r/min/64MB/SATA 3(见图 2-50)是 2TB 双碟硬盘,SATA 3.0 接口,7200r/min 转速,64MB 缓存,平均寻道时间 9.5ms 左右,运行功率只有 8W。它具有容量大、性能稳定、兼容性好、发热量低、耗电低等优点,读取速率稳定保持在 140MB/s,是目前性价比较高的硬盘。

7. 先马守望者机箱

伴随着灯效的盛行,很多玩家开始组建光效平台,国内机箱领先厂商先马近期推出一款名为"守望者"的炫酷机箱(见图 2-51),采用三面钢化玻璃设计,玻璃厚度达到

图 2-50　希捷 Barracuda 2TB 硬盘

4mm,提升机箱的美观以及稳定性。自带 3 个炫光风扇,拥有 7 种灯光变换模式,灯光效果优秀。

机箱采用 ATX 架构,对水冷的支持能力强悍,机箱顶部最大支持 360mm 水冷排的安装,前面板同样也支持 360mm 以内的水冷排安装,充分保证机箱的散热能力。在机箱的 I/O 区内,提供了 2 个 USB 3.0 以及 2 个 USB 2.0 接口,同时还有开机重启键,一组音频接口,以及风扇调速器和 LED 灯效控制按钮,充分满足喜欢灯效的游戏玩家需求。

8. 康舒 M85-600W 电源

康舒 M85-600W 电源(见图 2-52)采用主动式 PFC 电路设计,高效的单路+12V 输出可以有效避免双路输出时一路不够用而一路满载的情况发生。得益于 85% 的转换效率,让其仅单路+12V 输出就可提供高达 576W 的强劲动力。电源具有过载保护 OLP、过压保护 OVP、过电流保护 OCP、短路保护 SCP 功能。安全规范方面,通过 3C、CE、TUV、CB、C-Tick 认证。康舒 M85-600W 电源动力强劲,支持高端显卡及 CPU,非常适合那些看重电源稳定性和实用性的游戏玩家使用。

图 2-51　先马守望者机箱

图 2-52　康舒 M85-600W 电源

9. 三星 C27F591F 显示器

三星 C27F591F 显示器(见图 2-53)是一款曲面显示器,拥有 27in16:9 VA 面板,全高清 1920×1080 分辨率,静态对比度为 3000:1,色域 SRGB 达 120%。外观采用超窄边框设计,上、左、右 3 面纤薄边框设计,宽度仅为 1.2mm,具有 9.9mm 超薄机身。底部内置两个 5W 的立体音响,方便实用。背面是典型的三星风格:塑料材质,白色钢琴漆,洁白细腻有光泽。底座采用圆盘设计,圆盘表面为磨砂金属材质,整体时尚感强。

三星 C27F591F 显示器采用 AMD FreeSync 技术,实现显示器刷新率与显卡输出频率同步动态,告别高画质渲染时图像撕裂、卡顿及延迟现象。另外,还具有以下性能:滤蓝光功能实现对高能短波蓝光的屏蔽和过滤;不闪屏技术避免忽明忽暗的交错光环境,减少由于亮度突变而产生的视觉生理反射;灵视竞技功能一键启动,凸显画面层次感,提升响应时间及明暗对比。

10. Razer 地狱狂蛇游戏标配键鼠套装

Razer 地狱狂蛇游戏标配键鼠套装(Razer 二角尘蛛 Cyclosa 游戏键盘+Razer 地狱狂蛇 Abyssus 游戏鼠标),如图 2-54 所示。键盘是 104 键标准键盘,具有防水功能,键位高度合适,按键轻巧,有飘逸感。鼠标分辨率为 1800dpi,按键采用火山口架构,整体小巧,轻快,握在手中有充实感,特别适合 RTS 游戏。

图 2-53 三星 C27F591F 显示器

图 2-54 Razer 地狱狂蛇游戏标配键鼠

这套配置选用了 Intel 酷睿 i7-7700K 处理器,搭配技嘉 Z270-Gaming 3 主板,配以影驰 GeForce GTX 1070 名人堂发烧级显卡,使用时下流行的 M.2 接口的 SSD,保证这台主机具有强劲的性能,无论体验大型游戏还是设计制图专业应用都能轻松应对。

2.4.2 实用型装机

实用型装机一般预算在 5000 元左右,选择中高档处理器,配置中档独立显卡,选择较大尺寸显示器,硬盘可以考虑较小容量的 SSD 或性价比高的混合硬盘,以提高读/写性能。下面这个配置是以 Intel 酷睿 i5-7500 CPU 来装机,具体配置见表 2-23(2017 年 8 月)。

表 2-23　实用型装机配置单

部 件 名 称	型　　号	价格/元
CPU	Intel 酷睿 i5-7500(盒)	1479
主板	微星 B250M BAZOOKA	649
显卡	七彩虹战斧 GTX 1050Ti-4GD5	1199
内存	光威(Gloway)悍将 DDR4 8GB 2400	369
硬盘	希捷 Firecuda 1TB 7200r/min64MB(ST1000DX002)	539
显示器	飞利浦 256E7QDSA6	1049
电源	鑫谷战斧 500 背线版	269
机箱	鑫谷 Gank 奇袭侧透版	179
键鼠	精灵雷神 G7 游戏键鼠套装	140
总价		5872

(1) Intel 酷睿 i5-7500 处理器采用 Kaby Lake 架构,14nm 制造工艺,4 核心 4 线程,主频为 3.4GHz,最大睿频为 3.8GHz,拥有 6MB 三级缓存,支持最大 64GB 内存,热设计功耗为 65W,采用 LGA1151 接口。这款处理器中高端定位,价格实惠,游戏性能强悍,对于不超

频的玩家来说频率提升是非常有用的,搭载独立显卡,可以获得不错的游戏性能。

(2)微星 B250M BAZOOKA 主板采用 6 相 CPU 供电设计,稳定支持第六代和第七代酷睿系列处理器,配置标准 4 条 DDR4 内存插槽。扩展插槽方面,2 个 PCI-E X1 插槽远离 PCI-E 3.0 X16 插槽,中间空白位置合理地安排了一个 M.2 接口,方便玩家们扩展 SSD 设备,SATA 接口安排了 2 个横向的和 2 个纵向的,方便玩家在不同情况下使用。背部 I/O 接口方面,配置一对 PS/2 键鼠接口,一组 DVI/HDMI 视频输出接口,2 个 USB 2.0 接口,3 个 USB 3.0 Type-A 和 1 个 USB 3.0 Type-C 接口,以及网络接口和板载音频接口。这款小板型主板适合组建高性价比的家用游戏平台,还有炫光系统作为点缀,能满足普通游戏玩家的需求。

(3)七彩虹战斧 GTX 1050Ti-4GD5 采用 Pascal 架构的 GeForce GTX 1050Ti 显示核心,内建 768 个 CUDA 处理核心,搭载 iGame 特有一键超频技术。4 颗三星 1GB 显存颗粒,构成 4GB 128b GDDR5 显存系统。大显存可以更好地应对需求日益增高的单机游戏环境,防止因"爆显存"而导致的游戏帧数不稳定问题。3+1 相 I.P.P 数字供电方案与 S.P.T 超量镀银技术,比公版 2+1 相供电设计更强,保证显卡可以在高频下稳定工作。考虑到高频下稳定工作以及超频的需要,增加一个单 6PIN 供电接口,能够为显卡额外提供 75W 的电力。

(4)光威(Gloway)悍将 DDR4 8GB 2400 内存单条 8GB,工作频率为 2400MHz,配以炫酷的散热片,能更好地提高内存条散热,在高负荷下拥有更低的温度和更高的稳定性。光威内存精选高品质 DRAM 颗粒,并在生产过程中经过严苛测试,确保内存稳定。

(5)希捷 Firecuda 1TB 7200r/min 64MB 是第二代混合硬盘,单碟设计,1TB 容量,64MB 缓存,7200r/min 转速,SATA 3.0 接口。混合硬盘内置大容量智能加速随机闪存颗粒,辅以 MTC Technology 多级缓存技术实现瞬时启动开机,快速完成游戏加载,媲美 SSD。希捷以科技为本,深耕存储领域数十载,每款产品均经过精密测试,符合严苛的质量管控标准,提供长达 5 年的质保。

(6)飞利浦 256E7QDSA6 显示器定位于大众实用、设计制图,采用 25in IPS 面板,具有 1920×1080 分辨率,动态对比度达到 $2×10^7$:1,灰度响应时间 5ms,视频接口有 D-Sub、DVI-D 和 HDMI(MHL)。显示器搭载飞利浦 FlickerFree 不闪屏技术,通过 DC 调光保护双眼;Smartlmage 可轻松优化图像设置,通过选择不同的预设场景模式,自动调整到适合的图像状态;SmartContrast 可显示丰富的暗部细节,自动实现暗色调画面对比度的动态增强,减少观看暗色调的视觉疲劳。

飞利浦 256E7QDSA6 色彩还原能力出众,色彩艳丽,饱满,广色域显示效果相当不错,外观设计漂亮,机身超薄,颜值高,价格亲民。

(7)鑫谷战斧 500 背线版电源拥有三重滤波电路设计,全面兼容 Intel 与 AMD 全系列产品,额定功率为 400W,稳定性强。外观采用 SECC,搭配独特设计的风扇空造型,选用黑色超静音风扇,最大限度减少了噪声。作为游戏电源,自然支持背部走线。接口方面也十分丰富,1 个主板(20+4PIN)、1 个 CPU(4+4PIN)、1 个 PCI-E(6+2 PIN)、2 个大 4PIN 供电接口,3 个 SATA 供电接口。

(8)鑫谷 Gank 奇袭侧透版机箱外观游戏气息十足,尤其是前面板的设计前卫独特,让人一眼就能记住。

(9)精灵雷神 G7 游戏键鼠套装是雷神 K7 游戏键盘与雷神 X3 游戏鼠标的组合,是一款高性价比的背光游戏外设产品。键盘采用欧式 104 键布局,长回退、倒 L 形回车的设计,左右两侧设计有 8 个多媒体按键,不仅可以满足游戏玩家的使用需求,还可以在日常使用时,为普通用户提供更多的便利。

精灵雷神 G7 游戏键鼠套装中的鼠标,采用右手人体工学造型,尺寸为 120mm×76mm×39.5mm,较为符合国内用户的使用习惯。精灵 X3 游戏鼠标尾部的小狮子 Logo,则可以进行高达 1600 万色的呼吸渐变效果。华丽的外观,适中的性能,可以让入门级游戏玩家无须花太多的钱,即可享受到背光游戏外设带来的超酷感受。

本装机配置选用了最新的 Kaby Lake 架构的 i5-7500 处理器,搭配价格实惠的微星 B250M BAZOOKA 主板,选择中档七彩虹战斧 GTX 1050Ti-4GD5 显卡和希捷 Firecuda 1TB 7200r/min 64MB 混合硬盘,提高了整体运行效率和游戏性能,可轻松应对各类学习、办公、游戏之需求。

2.4.3　入门级装机

入门级装机主要用于普通的办公、学习、上网、娱乐等需求。总价一般在 3000 元左右,部件选购注重性价比,一般不配置独立显卡,使用 CPU 中的核显。表 2-24 是入门级装机一例(2017 年 8 月)。

表 2-24　入门级装机配置单

部 件 名 称	型　　　号	价格/元
CPU	AMD A10-7850K(盒)	609
主板	铭瑄 MS-A88FU3 Pro	568
内存	金邦黑金龙系列 8GB DDR3 1600 C11×2	516
硬盘	希捷 Firecuda 1TB/7200r/min/64MB(ST1000DX002)	539
显示器	航嘉 D2461WHU/DK	899
电源	游戏悍将魔兽 RA300 静音版	179
机箱	先马领军	159
键鼠	双飞燕 KR-8572 圆角舒键鼠套装	82
总价		3551

这套配置选用 AMD 平台,AMD APU 核显是强项。AMD APU A10-7850K 是 4 核心 4 线程,主频为 3.7GHz,最大睿频为 4GHz,集成 AMD Radeon R7 核芯显卡,支持 AMD FreeSync 技术。铭瑄 MS-A88FU3 Pro 主板是采用 AMD A88X 芯片组的全尺寸大板,支持 FM2 和 FM2＋两代 APU,拥有 4 条内存插槽,2 条 8GB 内存构成 16GB 双通道。航嘉 23.8in 广视角显示器拥有超薄金属机身,边框窄,色域覆盖宽,色彩还原度高,色温观看舒适。希捷 Firecuda 1TB/7200r/min/64MB 混合硬盘是 2017 年新品,读/写性能接近 SSD。游戏悍将魔兽 RA300 为静音版电源,300W 功率,静音效果好。先马领军机箱外观酷炫。双飞燕 KR-8572 人体工程学键盘,具有防水功能。整套配置性价比高。

2.5　总　结　提　高

把计算机各部件一件一件组装成一台计算机,称为"攒机"。DIY 爱好者们都喜欢攒机。攒机不仅充满乐趣,更是学习计算机硬件的有效方法。在攒机过程中,需要不断学习硬件知识,比较同类硬件之间的微小特性差异,还要了解市场行情,这些都能帮助我们提高对计算机硬件的鉴别能力。

　　中关村在线网站(http://www.zol.com.cn/)是计算机硬件专业网站,是学习计算机硬件知识的好场所。网站内容量大面广,信息更新及时,经常访问中关村在线将受益匪浅。中关村在线为初学者提供了模拟攒机练习,网址:http://zj.zol.com.cn/(见图2-55),用法很简单,一看就会。你的装机配置单完成后还可以发布,看看专家、网友对你的配置有什么建议和评论,这对自己提高装机能力很有帮助。

图 2-55　模拟攒机

项目二　组装计算机

本项目介绍组装一台计算机的全过程,包括组装计算机的准备事项、组装方法及装机中常见错误与处理。

任务 3　组装计算机

3.1　任　务　描　述

根据实训室里给定的计算机部件,在教师的指导下,动手组装一台计算机。

3.2　任　务　分　析

装机并不难,但对于初学者来说,必须了解装机前应做的准备工作,装机过程中要严格执行操作规程及注意事项,以免损坏硬件。组装计算机要遵循一定的顺序,这个顺序并不是一成不变的,要以便于组装为原则,新手与老手可以不一样,不同的部件组装也可以不一样。初学者学习装机,必须明白部件安装的先后顺序,避免返工。

3.3　相关知识点

3.3.1　装机必备工具

一般来说,组装一台计算机只需螺丝刀、尖嘴钳、散热硅酯和一张宽大绝缘的工作台面。

3.3.2　装机注意事项

(1) 防静电。在装机之前,一定要释放掉身上的静电,以防止损坏计算机部件。具体做法是摸一摸水管或者洗洗手。有条件的建议戴上防静电护腕。

(2) 计算机部件要轻拿轻放,板、卡尽量拿边缘,不要用手触摸金手指和芯片。

(3) 固定螺丝钉的时候,不要拧得太紧,防止螺丝钉滑丝或板卡变形;用力要适度,固定无松动即可。

（4）禁止带电插拔，以免造成部件损坏。

（5）注意部件装配前后顺序，原则是便于安装操作和不返工。

3.4 任务实施

3.4.1 安装 CPU、散热器、内存

1. 安装 CPU 和散热器

CPU 是整台计算机的核心部件，安装不正确将影响整台计算机的正常使用。不同类型的 CPU 虽然接口不同，但安装方法大体一样。下面以 LGA 接口的 CPU 安装为例来介绍。

（1）注意 CPU 左下角金色三角形及左右边的两个凹口，如图 3-1 所示。安装时，两个凹口要与 CPU 插座（见图 3-2）边上的凸起对准。

图 3-1 CPU 边上的三角形标志与凹口

图 3-2 CPU 插座边的凸起

（2）拉起 CPU 插座边的拉杆，掀起保护盖子，按正确方位装入 CPU，然后盖上保护盖，压回拉杆，如图 3-3 所示。

图 3-3 安装 CPU

（3）取少量硅酯，均匀涂抹于安装好的 CPU 上面，以利于导热，如图 3-4 所示。

（4）不同的散热器安装有点不同，本例的散热器需要先安装圆形底盘，然后将散热器扣在底盘上，如图 3-5 所示。

图 3-4　涂抹硅酯

图 3-5　安装散热器

（5）在主板上靠近 CPU 的地方，找到 CPU-FAN 字样的 3PIN 插座，将风扇电源线按正确方向插入，如图 3-6 所示。

2．安装内存条

将内存条从包装盒里拿出，用手抓住边缘，不要用手接触金手指，以免造成表面氧化引起接触不良。在主板上找到内存插槽，用手轻轻将两边的卡子向外掰开。将内存条上缺口对准插槽中的凸起，垂直压入内存插槽中，双手在内存条两端均匀用力，使得两边卡子能自动牢牢卡住内存，能听到"咔嚓"一声，如图 3-7 所示。

图 3-6　连接散热器电源线

图 3-7　安装内存条

3.4.2　安装电源

先将电源放进机箱后部安装电源的位置，将电源上的螺孔与机箱上的螺孔对正，拧上 4 颗螺丝钉。拧电源螺丝钉时，第一颗螺丝钉不要拧紧，这样可以方便后 3 颗螺丝钉的顺利安装，在所有螺丝钉都安装好时再拧紧第一颗螺丝钉，保证 4 颗螺丝钉都安装牢固，如图 3-8 所示。

图 3-8　安装电源

3.4.3　安装主板

1.固定螺柱

平放机箱,将主板小心地放入机箱进行比照,看看需要在机箱哪些位置安装固定金属螺柱。按照比照结果,将机箱附带的金属螺柱固定好,如图 3-9 所示。

2.嵌入挡板

将主板随带的机箱后边 I/O 挡板嵌入,如图 3-10 所示。

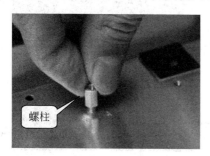

图 3-9　固定螺柱

图 3-10　嵌入挡板

3.固定主板

将主板上面的安装孔对准机箱上边已经固定好的螺柱或塑料定位卡,然后在相应安装螺钉的位置拧紧螺丝钉,如图 3-11 所示。紧固螺丝钉时要适度用力,不可拧死,以防止主板变形。

图 3-11　固定主板

3.4.4　安装硬盘

硬盘一般固定在机箱内 3.5in 支架上,先在机箱找一个位置合适的支架,将硬盘小心插入支架(插入的位置以不影响主板使用和容易固定为原则),通过支架旁边的条形孔,用螺丝钉将硬盘固定好,如图 3-12 所示。

3.4.5 安装显卡

1.取防尘片

在主板上找到显卡插槽,卸下机箱上和这个插槽对应的防尘片上的螺丝钉,取下防尘片,如图 3-13 所示。

图 3-12 安装硬盘　　　　　　　　图 3-13 取防尘片

2.安装显卡

按下显卡插槽末端的防滑扣,将显卡的金手指小心地插入显卡插槽,然后压下显卡,使之紧密插入显卡插槽,如图 3-14 所示。再用螺丝钉将显卡金属挡板顶部的缺口固定在机箱条形窗口的螺丝孔上。

图 3-14 安装显卡

3.4.6 连接各种电源线、数据线、面板线

1.连接主板电源线

主板供电是双排 24PIN 插口,CPU 供电是 4PIN 或 8PIN 插口,显卡供电是 6PIN 或 8PIN 插口,插口均采用防呆设计,只能从一个方向插入。将插头上有挂钩的一侧对准插口上有凸出卡口的一边,向下插入即可,如图 3-15 所示。

图 3-15　连接主板电源线和 CPU 供电线

2. 连接硬盘电源线和数据线

将硬盘电源线和数据线插头插入硬盘对应接口,连接时注意方向,均匀用力插入,如图 3-16 所示。

3. 连接面板线

将各种面板线插头插入主板上对应插针上,注意正负极性,如图 3-17 所示。

图 3-16　连接硬盘电源线和数据线　　　　　　　　图 3-17　连接面板线

3.4.7　连接外部设备

将显示器插头插入显卡输出接口上,拧紧两边的螺丝钉。将键盘、鼠标插头插入对应的 PS/2 或 USB 接口上,紫色 PS/2 口接键盘,绿色 PS/2 口接鼠标。将电源接口插在机箱电源插口上,如图 3-18 所示。

图 3-18　连接显示器、键盘、鼠标、电源

所有项目安装完成后,再仔细检查一遍,看看有没有遗漏或接错的地方,最后请教师检查。经教师同意后,方可开机试机。

　　开机后,要仔细观察主机和显示器的反应,如果出现异常声响、冒烟、有烧焦味等情况应立即关闭电源,防止硬件损坏扩大。如果开机之后无反应,要先断电源,再仔细检查部件连接情况。如能正常点亮,说明装机成功,盖上机箱侧板。再将网线水晶头 RJ-45 插在网络接口上。有音响的话,将音频线连接到主板 I/O 对应插孔上。

3.5　总　结　提　高

　　组装计算机表面上看是属于技术人员才能完成的工作。事实上,只要按照一定的程序步骤多加练习,人人都能成为装机高手。装机操作要做到胆大心细,切忌蛮干。计算机接口都有防呆设计,如果插不进去,说明操作有问题,要么不匹配,要么方向反了,此时用力蛮干,定会损坏部件。装机操作要按照一定的步骤进行,这样便于安装,不返工,熟练以后可以遵循怎样有利于安装就怎样安装。

　　如果计算机无法正常开机,或开机时发出报警声音,说明计算机安装有问题,需要关机检查。主要检查电源线、数据线、面板线有没有漏接、接错或连接不到位,CPU、内存、显卡安装是否到位,键盘鼠标是否接反,显示器是否接错位置等。

　　拆机步骤与装机刚好相反,先拆外部设备,再拆机箱内部。拆卸部件和接口时,要注意卡扣,必须按下卡扣才能拔下。拆下的部件要正确放置,有序排放,确保部件安全。

项目三　安装软件系统

计算机系统由硬件系统和软件系统构成,软件系统包括系统软件和应用软件。系统软件是指控制和协调计算机及外部设备、支持应用软件开发和运行的系统,是无须用户干预的各种程序的集合,主要功能是调度、监控和维护计算机系统,负责管理计算机系统中各种独立的硬件,使它们能协调工作。系统软件包含操作系统、程序语言设计、数据库管理程序及系统辅助程序等,其中最重要的是操作系统,每台计算机至少安装一种操作系统。常见的操作系统有 DOS、Windows、UNIX、Linux、Mac OS。应用软件是为满足用户不同领域、不同问题的应用需求而提供的软件,它可以拓展计算机系统的应用领域,扩大硬件的功能,Office 办公软件是典型的应用软件。

计算机硬件系统安装完毕后,接下来要做的事就是安装软件系统。本项目包含的内容有 BIOS 设置、制作 U 盘启动盘、硬盘分区与格式化、安装 Windows 操作系统、安装设备驱动程序、应用软件安装等。

任务 4　BIOS 设置

4.1　任务描述

设置开机密码和改变启动顺序,需要在 BIOS 里进行操作。BIOS 设置程序提供了对计算机软硬件相关参数进行查看和修改的功能。为此,读者要学会进入 BIOS 设置的方法、了解 BIOS 的主要功能、掌握 BIOS 参数设置的具体方法。

4.2　任务分析

BIOS 是固化在主板上一块芯片里的重要软件,计算机每次启动都需要它引导。但是,普通用户很少直接与它打交道,感觉陌生,再加上传统的 BIOS 为英文界面,往往使人感到畏惧。所以,初学者必须有克服困难的决心,努力学习,争取学会弄懂。

4.3 相关知识点

4.3.1 BIOS

BIOS(Basic Input/Output System,基本输入/输出系统)是一组固化在计算机主板上一块 ROM 芯片上的程序,由计算机基本输入/输出程序、系统设置程序、开机加电自检程序和系统自启动程序组成。其主要功能是为计算机提供底层的、最直接的硬件设置和控制。

每次启动计算机,首先运行的是 BIOS。开机自检程序首先对硬件系统进行加电自检(Power-On Self Test,POST),检测系统中关键设备是否存在和能否正常工作。如果关键设备缺失或不能正常工作,BIOS 就会发出报错声音,声音的长短和次数代表了错误的类型。自检完成后,BIOS 根据用户指定的启动顺序,从硬盘、U 盘或光驱等设备启动,加载操作系统。如果 BIOS 被破坏,就开不了机。

常用的 BIOS 主要有 Award、Phoenix 和 AMI 等厂商的产品。Award BIOS 主要用在台式机上,目前 Award 已经并入 Phoenix 公司,称为 Phoenix-Award BIOS;Phoenix BIOS 一般用在笔记本电脑上;AMI BIOS 主要用在国外品牌的计算机上。习惯上把写有 BIOS 的芯片称为 BIOS 芯片,如图 4-1 所示。有的 BIOS 芯片上贴有一张标签,表示写入的 BIOS 是那家的产品。

图 4-1 BIOS 芯片

4.3.2 BIOS 和 CMOS

说到 BIOS,往往会提到 CMOS(Complementary Metal Oxide Semiconductor,互补金属氧化物半导体)。CMOS 在集成电路制造领域用来制作 RAM,它的特点是功耗低。BIOS 与 CMOS 的区别和联系如下。

1. 区别

(1) 采用的存储材料不同。CMOS 是在低电压下可读/写的 RAM,需要靠主板上的电池进行不间断供电,电池没电了,其中的信息都会丢失。而 BIOS 芯片采用 ROM,不需要电源,即使将 BIOS 芯片从主板上取下,其中的程序仍然存在。

(2) 存储的内容不同。CMOS 中存储着 BIOS 修改过的系统的硬件和用户对某些参数的设定值,而 BIOS 芯片中始终固定保存计算机正常运行所必需的基本输入/输出程序、系统设置程序、开机加电自检程序和系统自启动程序。当然,用户使用特殊手段也可以升级 BIOS。

2．联系

（1）CMOS 是存储芯片（原来为独立芯片，目前整合到其他芯片中），其功能是用来保存数据，只能起到存储的作用，要更改其中的数据必须通过专门的设置程序。现在厂商将 CMOS 参数设置程序固化在 BIOS 芯片中，在开机的时候进入 BIOS 设置程序，即可对系统参数进行设置。

（2）BIOS 中的系统设置程序是完成 CMOS 参数设置的手段，而 CMOS RAM 是存放这些设置数据的场所，它们都与计算机的系统参数设置有着密切的关系，所以有"CMOS 设置"和"BIOS 设置"两种说法，完整的说法是"通过 BIOS 设置程序对 CMOS 参数进行设置"。

4.3.3　进入 BIOS 的方法

只有在开机时，按下某个特定键，才能进入 BIOS 设置程序。如设置了密码，则提示输入密码，密码正确才能进入。常见按键如下。

Award BIOS：按 Delete 键进入。

AMI BIOS：按 Delete 键或 Esc 键进入。

Phoenix BIOS：按 F2 键进入。

4.3.4　UEFI

UEFI（Unified Extensible Firmware Interface，统一可扩展固件接口）是传统 BIOS 的继任者。UEFI 在概念上非常类似于一个低级的操作系统，功能上比传统 BIOS 更多、更强。Windows 8、Windows 10 已经全面支持 UEFI，当前所有主板厂商都采用 UEFI，作为主板的标准配置之一。当然，为了保持对传统 BIOS 的兼容性，使用 UEFI 技术的主板仍然支持传统 BIOS 启动功能。

UEFI 是基于 EFI 标准发展起来的。2000 年 12 月 12 日，Intel 正式发布 EFI 1.02 标准，随后 EFI 一直作为代替传统 BIOS 的先进标准而存在，拥有权在 Intel 手中。2007 年，Intel 将 EFI 标准的改进与完善工作交给 Unified EFI Form（UEFI 联盟）国际组织进行全权负责，并将 EFI 标准正式更名为 UEFI。

UEFI 是一种详细描述类型接口的标准，可以让计算机从预启动的操作环境加载到操作系统上。UEFI 主要由初始化模块、驱动执行环境、驱动程序、兼容性支持模块、UEFI 应用和 GUID 磁盘分区组成，其中初始化模块和驱动执行环境是 UEFI 的运行基础，通常被整合在主板的闪存芯片中，这点与传统 BIOS 类似。开机的时候初始化模块首先得到执行，负责 CPU、主板芯片及存储设备的初始化工作，完成后则载入驱动执行环境，即 Driver eXecution Environment，简称 DXE。

DXE 载入完成后，UEFI 就可以进一步加载硬件的 UEFI 驱动程序，DXE 通过枚举的方式加载各种总线及设备的驱动，而这些驱动程序可以放置在系统的任意位置，只要确保其可以按顺序被正确枚举即可。硬件的 UEFI 驱动一般是放置在硬盘的 UEFI 专用分区中，只要系统正确加载了这个分区，对应的驱动就可以正常读取并应用。

另外，UEFI 内置图形驱动功能，可以提供一个高分辨率的图形化界面，用户进入后完全可以像在 Windows 操作系统下那样使用鼠标进行设置和调整,操作上更为简单、快捷。同时由于 UEFI 使用的是模块化设计,在逻辑上可分为硬件控制与软件管理两部分,前者属于标准化的通用设置,而后者则是可编程的开放接口,因此主板厂商可以借助后者的开放接口在自家产品上实现各种丰富的功能,包括截图、数据备份、硬件故障诊断、脱离操作系统进行 UEFI 在线升级等。

从使用角度来看,UEFI 与传统 BIOS 比较,具有以下特点。

(1) 提供多种语言选择,支持中文界面。

(2) 支持鼠标操作,图形化界面与 Windows 一样,易上手。

(3) 抛去了传统 BIOS 长时间自检问题,缩短了启动时间和从休眠状态恢复时间。

(4) 支持容量超过 2.2TB 的硬盘。

(5) 支持硬盘管理和启动管理,在未进入操作系统下可以对计算机进行维护。

(6) 无需硬盘和操作系统就可以实现网络连接。

(7) 通过保护预启动或预引导进程,抵御 BootKit 攻击,从而提高安全性。

4.4　任 务 实 施

4.4.1　进入 BIOS

本任务以 Phoenix-Award BIOS 为例,来说明 BIOS 设置程序的使用方法。开机或重启计算机后,系统将会开始 POST(加电自检)过程,当屏幕上出现 TO ENTER SETUP BEFORE BOOT. PRESS < DEL > KEY 时,按 Delete 键就可以进入 BIOS 的设置界面,如图 4-2 所示。

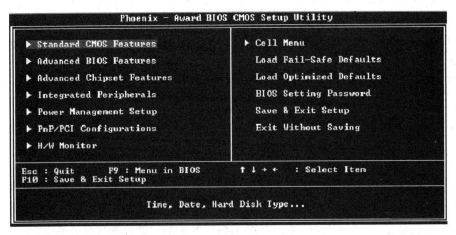

图 4-2　Phoenix-Award BIOS 设置程序主界面

4.4.2　BIOS 设置程序的主要功能

图 4-2 所示的主菜单中共提供了 11 种设定功能和 2 种退出选择。用户可通过方向键选择功能项目,按 Enter 键可进入子菜单。菜单前有 ▶ 符号的,表示还有下级菜单。

Standard CMOS Features(标准 CMOS 特性)——使用此菜单可对基本的系统配置进行设定,如时间、日期。

Advanced BIOS Features(高级 BIOS 特性)——使用此菜单可以对系统的高级特性进行设定。

Advanced Chipset Features(高级芯片组特性)——使用此菜单可以修改芯片组寄存器的值,优化系统的性能表现。

Integrated Peripherals(综合周边设置)——使用此菜单可对周边设备进行特别的设定。

Power Management Setup(电源管理设置)——使用此菜单可以对系统电源管理进行特别的设定。

PnP/PCI Configurations(PnP/PCI 配置)——此项仅在系统支持 PnP/PCI 时才有效。

H/W Monitor(硬件监测)——此菜单显示了 CPU、风扇的状态和全部系统状态的警告。

Cell Menu(核心菜单)——使用此菜单可以进行频率和电压的特别设定。

Load Fail-Safe Defaults(载入故障安全默认值)——使用此菜单载入默认值作为稳定的系统参数使用。

Load Optimized Defaults(载入高性能默认值)——使用此菜单载入最好的性能但有可能影响稳定的默认值。

BIOS Setting Password(设置密码)——使用此菜单可以设置管理员密码和用户密码。

Save & Exit Setup(保存后退出)——保存对系统参数的修改,然后退出 BIOS 设置程序。

Exit Without Saving(不保存退出)——放弃对系统参数的修改,然后退出 BIOS 设置程序。

需要注意的是,不同的 BIOS 之间虽然界面形式上有所不同,但其功能与设置基本上都是大同小异的,所需的设置项目也差不多,不同的是项目的一些增减或改变一下名称。

4.4.3　设置系统参数

进入 BIOS 设置后,可以用方向键移动光标选择 BIOS 设置程序界面的选项,然后按 Enter 键进入子菜单,按 Esc 键来返回主菜单,按 PageUp 键和 PageDown 键或↑、↓键来选择具体选项,按 Enter 键确认选择,按 F10 键保留并退出 BIOS 设置。BIOS 设置控制键功能见表 4-1。

表 4-1　BIOS 设置控制键功能

控　制　键	功　　能	控　制　键	功　　能
↑	移到上一个选项	PageDown	改变设定状态,或减少栏目中的数值内容
↓	移到下一个选项	F1	显示目前设定项目的相关说明
←	移到左边的选项	F5	装载上一次设定的值
→	移到右边的选项	F6	装载最安全的值
Esc	回到主画面,或从主画面中结束 Setup 程序	F7	装载最优化的值
PageUp	改变设定状态,或增加栏目中的数值内容	F10	储存设定值并离开 BIOS 设置程序

1. Standard CMOS Features(标准 CMOS 特性)

图 4-3 所示为标准 CMOS 特性设置界面。

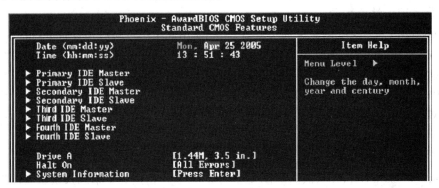

图 4-3　标准 CMOS 特性设置界面

1）Date(日期)

日期的格式为"< Weekday > < Month > < Day > < Year >"。

（1）Weekday：星期，从 Sun.（星期日）到 Sat.（星期六），由 BIOS 定义，只读。

（2）Month：月份，从 Jan.（1 月）到 Dec.（12 月）。

（3）Date：日期，从 1～31，可用数字键修改。

（4）Year：年，用户设定年份。

2）Time(时间)

时间的格式为"< Hour > < Minute > < Second >"。

（1）Hour：小时，从 0～24，可用数字键修改。

（2）Minute：分，从 0～60，可用数字键修改。

（3）Second：秒，从 0～60，可用数字键修改。

3）Primary/Secondary/Third/Fourth IDE Master/Slave(主/第二/第三/第四 IDE 通道主/从盘)

按＋或－键选择硬盘类型。根据选择硬盘类型将出现在屏幕右边。按 Enter 键进入子菜单并出现如图 4-4 所示的界面。

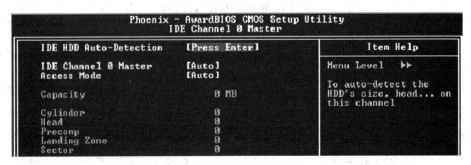

图 4-4　IDE 设备设置界面

选择 IDE HDD Auto-Detection(IDE HDD 自动侦测)，按 Enter 键可自动侦测硬盘的容量、磁头和通道中的其他信息。

Access Mode 设定值有 CHS、LBA、Large、Auto。

（1）Capacity：存储设备格式化后的大小。

（2）Cylinder：柱面数。

（3）Head：磁头数。

（4）Precomp：硬盘写预补偿。

（5）Landing Zone：磁头停放区。

（6）Sector：扇区数。

4）Drive A（软盘 A）

此项可设置已安装的软驱类型。设定值有 Disabled；360KB，5¼；1.2MB，5¼；720KB，3½；1.44MB，3½；2.88MB，3½。

5）Halt On（中断）

此项决定了系统侦测到错误是否要停止,可选项如下。

① All Errors：只要侦测到错误,系统就中断。

② No Errors：无论侦测到什么错误,系统都不中断。

③ All,But Keyboard：侦测到键盘错误,系统不中断。

④ All,But Diskette：侦测到硬盘错误,系统不中断。

⑤ All,But Disk/Key：侦测到硬盘错误或关键错误,系统不中断。

6）System Information（系统信息）

按 Enter 键进入子菜单并出现如图 4-5 所示的界面。

图 4-5　系统信息设置界面

此项显示了 BIOS 版本、总内存容量、CPU 类型等相关内容（只读）。

2. Advanced BIOS Features（高级 BIOS 特性）

图 4-6 所示为高级 BIOS 特性设置界面。

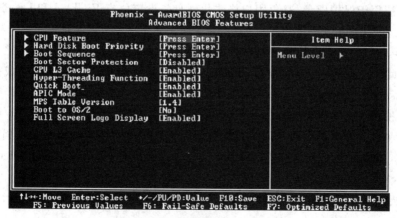

图 4-6　高级 BIOS 特性设置界面

1）CPU Feature

选择 CPU Feature(CPU 特性)选项,按 Enter 键进入子菜单,如图 4-7 所示。

（1）Delay Prior to Thermal(超温优先延迟)。设定值有 4Min、8Min、16Min 和 32Min。

（2）Thermal Management（温度管理）。设定值有 Thermal Monitor 1 和 Thermal Monitor 2。

2）Hard Disk Boot Priority(硬盘启动优先级)

按 Enter 键以进入子菜单。然后可以使用方向键(↑、↓)选择所要的设备,然后按＋、一或 PageUp、PageDown 键,在硬盘启动优先级列表中上下移动。如果要用 USB 设备装系统,则要把该项设备排在最前面。

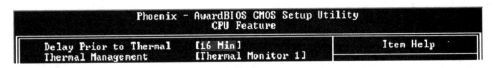

图 4-7 CPU 特性设置界面

（1）Boot Sequence(引导顺序)。按 Enter 键进入子菜单,如图 4-8 所示。计算机通常从硬盘中装入操作系统启动,如要从光驱启动安装系统,则把 CD-ROM 设置在 1st Boot Device 中。1st/2nd/3rd Boot Device(第一/第二/第三启动设备),设置 BIOS 要载入操作系统的启动设备的顺序。

```
        Phoenix - AwardBIOS CMOS Setup Utility
                     Boot Sequence
┌─────────────────────────────────────────┬──────────────────┐
│ 1st Boot Device      [Floppy]            │    Item Help     │
│ 2nd Boot Device      [Hard Disk]         │                  │
│ 3rd Boot Device      [LS120]             │ Menu Level  ▶▶   │
│ Boot From Other Device [Enabled]         │                  │
└─────────────────────────────────────────┴──────────────────┘
```

图 4-8 引导顺序设置界面

（2）Boot From Other Device(从其他设备启动)。此项设置为 Enabled,可让系统从第一/第二/第三设备启动失败后,从其他设备启动。设定值有 Enabled 和 Disabled。注意,根据所安装的启动装置的不同,在 1st/2nd/3rd Boot Device 选项中所出现的可选设备有相应的不同。例如,如果没有安装软驱,在启动顺序菜单中就不会出现 Floppy 设置。

3）Boot Sector Protection（引导扇区保护）

此项功能用于保护硬盘,避免用户格式化硬盘。设定值有 Enabled 和 Disabled。

4）CPU L3 Cache

CPU 第 3 级缓存,是微处理器与内存之间、内置于主板上的缓存。L3 缓存比 L1、L2 缓存的速率慢。此项一般开启。设定值有 Enabled 和 Disabled。目前 L3 Cache 也集成在 CPU 中。

5）Hyper-Threading Function(超线程功能)

处理器使用 Hyper-Threading 技术以提升传输速率,减少用户响应时间。此技术把处理器中的两个核心作为两个可同时执行指令的逻辑处理器。因此系统性能大幅提高。若关闭此项功能,处理器将使用一个核心来执行指令。设定值有 Enabled 和 Disabled。

6）Quick Boot(快速启动)

此项设置为 Enabled 将允许系统在 5s 内启动,而跳过一些检测项目。设定值有

Enabled 和 Disabled。

7）APIC Mode（APIC 模式）

此项控制 APIC（高级可编程中断控制器）。由于遵循了 PC2001 设计指南，此系统可在 APIC 模式下运行。启用 APIC 模式将为系统扩充可用的 IRQ。设定值有 Enabled 和 Disabled。

8）MPS Table Version（MPS 版本）

此项允许选择操作系统所使用的 MPS（多处理器规范）版本。需要选择操作系统所支持的 MPS 版本。要了解所使用的版本，咨询操作系统的经销商。设定值有 1.4 和 1.1。

9）Boot to OS/2

允许在 OS/2 操作系统下使用大于 64MB 的 DRAM。选择 No 时，不能在内存大于 64MB 时运行 OS/2 操作系统；选 Yes 时则可以。设定值有 Yes 和 No。

10）Full Screen Logo Display（全屏 Logo 显示）

此项可控制系统在启动时，全屏显示公司 Logo 标志。设定值如下。

（1）Enabled 在启动时显示静态的 Logo 图片。

（2）Disabled 在启动时显示 POST（自检）信息。

3. Advanced Chipset Features（高级芯片组特性）

图 4-9 所示为高级芯片组特性设置界面。

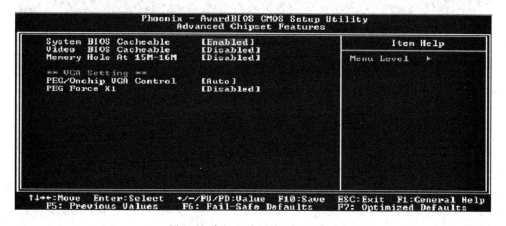

图 4-9　高级芯片组特性设置界面

1）System BIOS Cacheable（系统 BIOS 缓存）

选择 Enabled 可开启 F0000h～FFFFFh 的系统 BIOS ROM 缓存，使系统性能提升。但若有任何程序写入此内存区域，系统将出错。设定值有 Enabled 和 Disabled。

2）Video BIOS Cacheable（视频 BIOS 缓存）

选择 Enabled 可开启 C0000h～C7FFFh 的视频缓存，使视频性能提升。但若有任何程序写入此内存区域，系统将出错。设定值有 Enabled 和 Disabled。

3）Memory Hole（内存洞）

为了提高性能，内存中的某些空间可以为 ISA 设备预留。此内存洞必须被映射到地址小于 16M 的内存。当此项被预留，此内存洞不能高速缓存。设定值有 Disabled 和 15M-16M。

4) PEG/Onchip VGA Control(PEG/板载 VGA 控制)

此项决定了系统 RAM 是否要内存分配给板载视频控制器。设置为 Enabled 可最多分配 128MB 系统 RAM 到板载视频控制器。设定值有 Onchip VGA 和 PEG Port、Auto。

5) PEG Force X1

此项决定了是否要使用 PCI Express X16 显示卡。当此项设置为 Enabled,分配的带宽最高为 X16,最低为 X1。设定值有 Enabled 和 Disabled。

4. Integrated Peripherals(综合周边设置)

图 4-10 所示为综合周边设置界面。

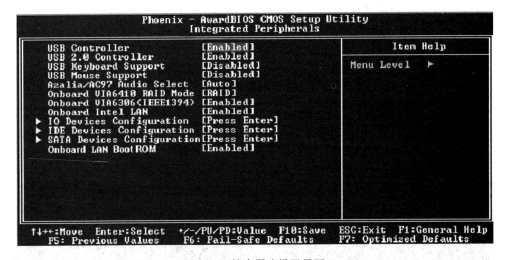

图 4-10　综合周边设置界面

1) USB Controller(USB 控制器)

此项可开启或关闭板载 USB 主机控制器。设定值有 Enabled 和 Disabled。

2) USB 2.0 Controller(USB 2.0 控制器)

设置是否在不支持或无 USB 2.0 驱动的操作系统中使用 USB 2.0 设备。例如,设置为 Enabled 可支持 DOS 系统。要使用除了 USB 鼠标以外的其他 USB 设备,须选择 Disabled。设定值有 Enabled 和 Disabled。

3) USB Keyboard/Mouse Support(USB 键鼠支持)

在不支持 USB 或未安装 USB 驱动程序的系统中,如 DOS 和 SCO UNIX,若要使用 USB 键盘/鼠标,请设定此项为 Enabled。设定值有 Enabled 和 Disabled。

4) Azalia/AC97 Audio Select(选择 Azalia/AC97)

此项可选择 Azalia 音频或 AC97 音频。设定值有 Enabled 和 Disabled。

5) Onboard VIA 6410 RAID Mode(板载 VIA 6410 RAID 模式)

此项可决定 VIA 6410 芯片组,以支持 IDE 或 IDE RAID。设定值有 IDE、RAID 和 Disabled。

6) Onboard VIA 6306〈IEEE 1394〉(板载 VIA 6306)

此项用于开启/关闭板载 VIA 1394 控制器。设定值有 Enabled 和 Disabled。

7) Onboard Intel LAN(板载 Intel LAN)

此项可开启/关闭板载 LAN 设备。设定值有 Enabled 和 Disabled。

8) IO Devices Configuration(I/O 设备配置)

按 Enter 键进入子菜单,如图 4-11 所示。

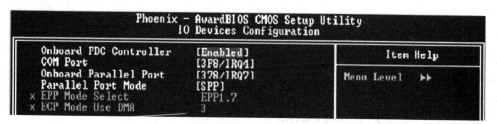

图 4-11　I/O 设备配置界面

(1) Onboard FDC Controller(板载 FDC 控制器)。若系统装有软盘控制器(FDC)且需要使用它,可选择 Enabled。若无软驱设备,可选择 Disabled。设定值有 Enabled 和 Disabled。

(2) COM Port(COM 端口)。这些选项规定了主板串行端口的基本 I/O 端口地址和中断请求号。选择 Auto 允许 BIOS 自动判断适当的基本 I/O 端口地址。设定值有 3F8/IRQ4、2F8/IRQ3、3E8/IRQ4、2E8/IRQ3 和 Disabled。

(3) Onboard Parallel Port(板载并行端口)。板载超级 I/O 芯片组中内置并行端口,提供了 SPP、ECP 和 EPP 等特性。若使用板载并行端口仅为标准并行端口,可选择 SPP;要同时使用板载并行端口于 EPP 模式,则选择 EPP;若选择 ECP,则此并行端口仅用于 ECP 模式;选择 Normal 允许同时使用标准并行端口与双向模式。

9) IDE Devices Configuration(IDE 功能设置)

按 Enter 键进入子菜单,如图 4-12 所示。

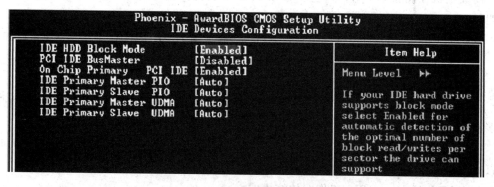

图 4-12　IDE 功能设置界面

(1) IDE HDD Block Mode(IDE HDD 块模式)。块模式也称为块传输,多命令或多扇区读/写。如果 IDE 硬盘设备支持块模式(多数的新设备支持),选择 Enabled 以自动侦测驱动设备可支持的每个扇区的块读/写的最佳数值。设定值有 Enabled 和 Disabled。

(2) PCI IDE BusMaster(PCI IDE 总线控制)。此项设置为 Enabled 可指定 PCI 本地总线中的 IDE 控制器具有总线控制功能。设定值有 Enabled 和 Disabled。

(3) On Chip Primary PCI IDE(板载第一 PCI IDE)。此整合周边控制器包含一个支持

IDE 通道的 IDE 界面。选择 Enabled 可分别激活每条通道。设定值有 Enabled 和 Disabled。

（4）IDE Primary Master/Slave PIO(IDE 第一主/从 PIO)。4 个 IDE PIO(可编程的输入/输出)允许设置 PIO 模式(0~4)。Mode 0~Mode 4 可提高性能。在 Auto 模式下,系统将自动决定每个设备的最佳模式。设定值有 Auto、Mode 0、Mode 1、Mode 2、Mode 3 和 Mode 4。

（5）IDE Primary Master/Slave UDMA(IDE 第一主/从 UDMA)。Ultra DMA/33 执行仅当 IDE 硬盘设备支持,且操作环境包含一个 DMA 驱动器。如果硬盘设备和系统软件都支持 Ultra DMA/33、Ultra DMA/66 和 Ultra DMA/100,选择 Auto 以启用 BIOS 支持。设定值有 Auto 和 Disabled。

10) SATA Devices Configuration(SATA 设备配置)

按 Enter 键进入子菜单,如图 4-13 所示。

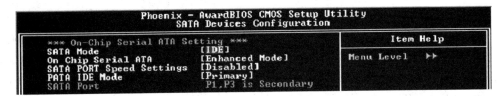

图 4-13　SATA 设备设置界面

（1）SATA Mode(SATA 模式)。此项可选择 SATA 配置。设定值如下。

① IDE：无 AHCI,无 RAID;

② SATA：开启 AHCI,开启 RAID;

③ AHCI：开启 AHCI,无 RAID。

高级主机控制接口（AHCI）包括系统软件和主机控制器硬件之间的硬件/软件接口说明。

（2）On Chip Serial ATA（板载 Serial ATA）。此项用于指定 SATA 控制器。设定值如下。

① Disabled：关闭 SATA 控制器;

② Auto：系统自动检测;

③ Combined Mode：在具有 SATA 和 PATA 设备的情况下,使用 IDE 通道,每条通道最多支持 2 台设备(最多支持 4 台设备);

④ Enhanced Mode：开启 SATA 和 PATA 设备,最多支持 6 台设备(最多支持 4 台 SATA 设备);

⑤ SATA Only：SATA 工作在传统模式。

（3）SATA PORT Speed Settings(SATA 端口速率设置)。此项可选择 SATA 端口的速率。设定值如下。

① Disabled：关闭此项功能;

② Force GEN I：传输速率 1.5Gb/s;

③ Force GEN II：传输速率 3.0Gb/s。

（4）PATA IDE Mode/SATA Port(PATA IDE 模式/SATA 端口)。此项可设置并行 IDE 和 SATA 端口的工作模式。设定值有 Primary 和 Secondary。

11) Onboard LAN Boot ROM(板载 LAN Boot ROM)

此项可决定是否要调用板载 LAN 芯片中的 Boot ROM。设定值有 Enabled 和 Disabled。

5. Power Management Setup(电源管理设置)

图 4-14 所示为电源管理设置界面。

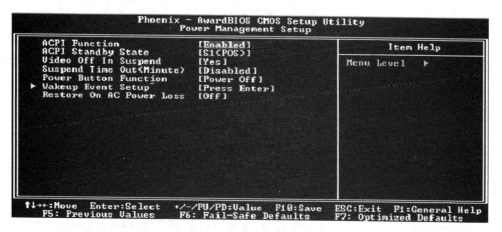

图 4-14　电源管理设置界面

1) ACPI Function(ACPI 功能)

此项启用 ACPI(高级配置和电源管理界面)功能。若操作系统支持 ACPI,可选 Enabled。设定值有 Enabled 和 Disabled。

2) ACPI Standby State(ACPI 备用状态)

此项设定 ACPI 功能的节电模式。如果操作系统支持 ACPI,通过此项的设定选择进入休眠模式 S1(POS)或者 S3(STR)模式。S1(POS)休眠模式是一种低能耗状态,在此状态下,系统内容不会丢失,硬件(CPU 或芯片组)保留所有的系统内容;S3(STR)休眠模式是一种低能耗状态,在此状态下,仅对主要部件供电,比如主内存和可唤醒系统设备,并且系统内容将被保存在主内存中。一旦有"唤醒"事件发生,存储在内存中的这些信息被用来将系统恢复到以前的状态。

3) Video Off In Suspend(挂起时视频关闭)

此项可决定挂起模式中视频是否要被关闭。设定值有 Yes 和 No。

4) Suspend Time Out〈Minute〉(挂起时间,分钟)

经过一段时间的休眠后,除了 CPU 以外的所有设备都自动关闭。设定值有 Disabled、1min、2min、4min、8min、12min、20min、30min、40min、1hour。

5) Power Button Function(电源按钮功能)

此项设置了电源按钮的功能,设定值如下。

(1) Power Off。电源按钮功能作为普通的电源按钮。

(2) Suspend。当按下电源按钮,此计算机会进入挂起/睡眠模式,但若按下此按钮超过4s,计算机将关机。

6) Wakeup Event Setup(唤醒事件设置)

按 Enter 键进入子菜单,如图 4-15 所示。

图 4-15 唤醒事件设置界面

(1) Resume by PCI Device (PME♯)。当此项设置为 Enabled,此项可让系统根据 PCI 设备的活动从节电模式通过 PME(电源管理事件)唤醒。设定值有 Enabled 和 Disabled。

(2) Resume From S3 by USB(用 USB 从 S3 唤醒)。此项可让系统根据 USB 设备的活动,从 S3(挂起到 RAM)状态唤醒。设定值有 Enabled 和 Disabled。

(3) Resume by RTC Alarm。此项可控制系统在设定的日期时间从 S3/S4/S5 节电模式唤醒。设定值有 Disabled 和 Enabled。

(4) Date⟨of Month⟩Alarm。此项指定了 Resume by RTC Alarm 的日期。设定值为 0~31。

(5) Time⟨hh:mm:ss⟩Alarm。此项指定了 Resume by RTC Alarm 的时间。

(6) POWER ON Function(开机功能)。此项可指定 PS/2 鼠标或键盘如何开机。设定值有 Password、Hot KEY、Mouse Left、Mouse Right、any KEY、BUTTON ONLY、Keyboard 98。

(7) KB Power ON Password(键盘密码开机)。若 POWER ON Function 设置为 Password,可在此项设置 PS/2 键盘的开机密码。

(8) Hot Key Power ON(热键开机)。若 POWER ON Function 设为 Hot KEY,可设置 PS/2 键盘系统开机的组合键。设定值有 Ctrl+F1~Ctrl+F12。

7) Restore On AC Power Loss(断电之后)

此项决定着开机时意外断电之后,电力供应再次恢复时系统电源的状态。设定值如下。

(1) Off。保持机器处于关机状态。

(2) On。保持机器处于开机状态。

(3) Last State。将机器恢复到掉电或中断发生之前的状态。

6. PnP/PCI Configurations(PnP/PCI 配置)

图 4-16 所示为 PnP/PCI 设置界面。

此部分是系统对 PCI 总线和 PnP(即插即用)的配置,用户一般不需更改默认设置。

1) Init Display First(图像适配器的优先权)

此项规定了哪个 VGA 卡是主要图形适配器。主要设定值如下。

(1) PCI Ex。系统首先初始化 PCI Express 显卡。若 PCI Express 显卡不可用,它将初始化 PCI 显卡。

(2) PCI Slot。系统首先初始化 PCI 显卡。若 PCI 显卡不可用,它将初始化 PCI Express 显卡。

2) PCI Slot 1~3 IRQ Assignment

此项规定了每个 PCI 插槽的中断请求。设定值有 3、4、5、7、9、10、11、12、14、15 和 Auto。

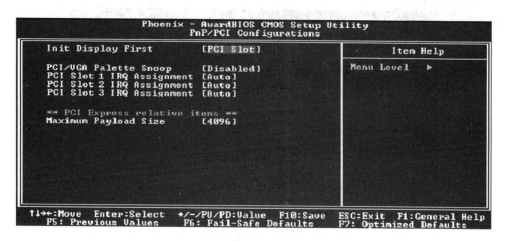

图 4-16 PnP/PCI 设置界面

选择 Auto 允许 BIOS 自动为每个 PCI 插槽分配中断请求。

3) Maximum Payload Size

此项可设置 PCI Express 设备的最大 TLP(传输层数据包)有效负载值。设定值有
128、256、512、1024、2048 和 4096。

7. H/W Monitor(硬件监测)

图 4-17 所示为硬件监测设置界面。目前计算机主板上有硬件监控芯片,负责对计算机
自身硬件状态的监测,包括 CPU、风扇、系统状态等。

1) Chassis Intrusion Detect(机箱入侵侦测)

此项是用来启用或禁用机箱入侵监视功能,并提示机箱曾被打开的警告信息。仅当主
板具有 JCI1 跳线时有效。将此项设为 Reset 可清除警告信息。之后,此项会自动恢复到
Enabled 状态。设定值有 Enabled、Reset 和 Disabled。

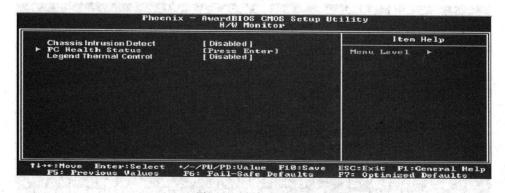

图 4-17 硬件监测界面

2) PC Health Status(PC 健康状态)

按 Enter 键进入子菜单,如图 4-18 所示。

此项显示了所有被侦测的硬件设备或组件的当前状态,如系统温度、CPU 温度、风扇转
速及各个设置供电情况。

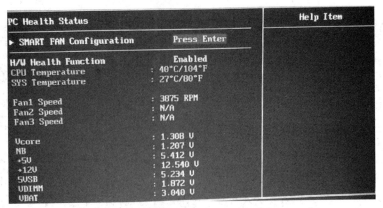

图 4-18　PC 健康状态界面

3) Legend Thermal Control

此项可根据当前温度自动控制风扇转速,使温度保持在一个指定的范围内。可选择开
启或关闭。

8. Cell Menu(核心菜单)

图 4-19 所示为 Cell Menu(核心菜单)设置界面。

1) Current CPU/FSB/DRAM Clock(当前 CPU/FSB/DRAM 时钟频率)

此项显示了 CPU/FSB/DRAM 的当前时钟频率,只读。

2) CPU Ratio Unlock(CPU 倍频解锁)

此项显示 CPU 倍频没有锁定。

3) High Performance Mode(高性能模式)

此项选择 DDR 的参数。选择 Optimized,可根据 SPD 自动侦测 Adjust DDR Memory
Frequency;选择 Manual,可手动设置这些参数。设定值有 Optimized 和 Manual。

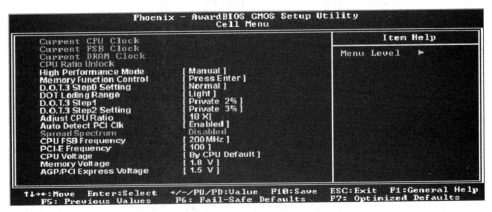

图 4-19　核心菜单界面

4) Memory Function Control(内存功能控制)

按 Enter 键进入子菜单,如图 4-20 所示。

(1) DRAM Timing Selectable(DRAM 周期选择)。此项选择 DRAM 时钟设置。设置
为 Auto 可根据 SPD 自动开启 Max Memclock(MHz);选择 Manual 可手动设置这些参数。

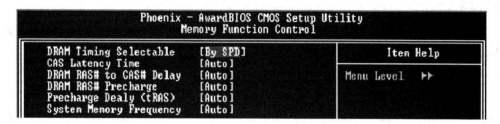

图 4-20　内存功能控制界面

（2）CAS Latency Time（CAS 延迟时间）。此项控制了 CAS 延迟，它决定了在 SDRAM 在接收指令后开始读取的延迟时间（在时间周期中）。设定值有 2.0、2.5 和 3.0。

（3）DRAM RAS♯ to CAS♯ Delay（DRAM RAS♯ 至 CAS♯ 的延迟）。此项允许设定在向 DRAM 写入/读出/刷新时，从 CAS（Column Address Strobe）脉冲信号到 RAS（Row Address Strobe）脉冲信号之间延迟的时钟周期数。更快的速率可以增进系统的性能表现。设定值有 4、3 和 2。

（4）DRAM RAS♯ Precharge（DRAM RAS 预充电）。此项用来控制 RAS（Row Address Strobe）预充电过程的时钟周期数。如果在 DRAM 刷新前没有足够时间给 RAS 积累电量，刷新过程可能无法完成而且 DRAM 将不能保持数据。此项仅在系统中安装了同步 DRAM 才有效。设定值有 4、3 和 2。

（5）Precharge Delay（tRAS）（预充电延迟，tRAS）。此项用来控制 DRAM 从激活状态进行预充电的时钟周期数。设定值有 7、6 和 5。

（6）System Memory Frequency（系统内存频率）。此项设置 DRAM 的总线频率。设定值有 Auto、400MHz、533MHz 和 667MHz。

5）D. O. T. 3 Step0 Setting（D. O. T. 3 步骤 0 设置）

设置此项为 Normal，可开启 D. O. T. 3 功能。Dynamic Overclocking Technology 3 动态超频技术具有自动超频功能，包含在 MSITM 全新的 CoreCellTM 技术中。它是用来侦测 CPU 在处理应用程序时的负荷状态，以及自动调整 CPU 的最佳频率。当主板检测到 CPU 正在运行程序，它会自动为 CPU 提速，可以更流畅、更快速地运行程序。在 CPU 暂时处于挂起或在低负荷状态下，它就会恢复默认设置。通常，动态超频技术 3 只有在用户的 PC 需要运行大数据量的程序，如 3D 游戏或视频处理时，才会发挥作用，此时 CPU 频率的提高会增强整个系统的性能。

6）DOT Loading Range（DOT 负荷范围）

此项可根据系统负荷条件，设置 DOT 起点。设定值如下。

（1）Light。CPU 负荷小于 PCI-E 负荷。

（2）Middle：CPU 负荷等于 PCI-E 负荷。

（3）Heavy：CPU 负荷大于 PCI-E 负荷。

7）D. O. T. 3 Step1 和 D. O. T. 3 Step2 Setting（D. O. T. 3 步骤 1 和步骤 2 的设置）

根据系统负荷，启动相应动态超频技术步骤。

8）Adjust CPU Ratio（调整 CPU 倍频）

此项用于调整 CPU 倍频的。设置范围为 8X～50X。

9) Auto Detect PCI Clk(自动侦测 PCI 时钟)

此项用于自动侦测 PCI 插槽。当设置为 Enabled,系统将移除(关闭)闲置的 PCI 插槽时钟,以最小化电池干扰(EMI)。设定值有 Enabled 和 Disabled。

10) Spread Spectrum(频展)

当主板上的时钟震荡发生器工作时,脉冲的极值(尖峰)会产生 EMI(电磁干扰)。频率范围设定功能可以降低脉冲发生器所产生的电磁干扰,所以脉冲波的尖峰会衰减为较为平滑的曲线。如果没有遇到电磁干扰问题,将此项设定为 Disabled,可以优化系统的性能表现和稳定性。但是如果被电磁干扰问题困扰,开启此项,这样可以减少电磁干扰。但如果超频使用,必须将此项禁用。因为即使是微小的峰值漂移(抖动)也会引入时钟速率的短暂突发,这样会导致超频的处理器锁死。

11) CPU FSB Frequency(CPU FSB 频率)

此项指定了 CPU 前端系统总线(FSB)时钟频率。可以通过此项进行超频。设定值为最大值 265MHz 到最小值 200MHz 之间的 DEC 值。

12) PCI-E Frequency(PCI-E 频率)

此项可决定 PCI-E 频率与 CPU 时钟是同步或异步。

13) CPU Voltage(CPU 电压)

此项用于调整 CPU 核心电压。

14) Memory Voltage(内存电压)

调整 DDR 电压可以提高 DDR 速率。但这样的调整会影响系统的稳定性,建议不要改变默认设置作为长期使用。

15) AGP/PCI Express Voltage(AGP/PCI Express 电压)

调整 AGP/PCI Express 电压可以提高 AGP/PCI Express 速率。但这样的调整会影响系统的稳定性,建议不要改变默认设置作为长期使用。

9. Load Fail-Safe Defaults(载入故障安全默认值)

从主菜单中选择该选项,按 Enter 键之后,将显示"Load Fail-Safe Defaults(Y/N)?N"的提示信息,这里主要是询问是否载入 BIOS 的安全预设值。如果系统出现了问题之后,可以先试试该选项,看载入系统提供的最稳定状态模式之后是否能恢复。

10. Load Optimized Defaults(载入高性能默认值)

从主菜单中选择该选项,按 Enter 键之后,将显示"Load Optimized Defaults(Y/N)?N"的提示信息。如果需要对 BIOS 的设置进行优化,又不想进行具体的设置的话,可以选择 Y,系统就载入系统提供的最佳化性能状态模式。

11. BIOS Setting Password(设置密码)

输入密码,最多 8 个字符,然后按 Enter 键。要清除密码,只要在弹出输入密码的窗口时按 Enter 键。一旦使用密码功能,会在每次进入 BIOS 设定程序前,要求输入密码。这样可以避免任何未经授权的人改变系统的配置信息。

此外,启用系统密码功能,还可以使 BIOS 在每次系统引导前都要求输入密码。这样可以避免任何未经授权的人使用计算机。用户可在高级 BIOS 特性设定中的 Security Option（安全选项）项设定启用此功能。如果将 Security Option 设定为 System，系统引导和进入 BIOS 设定程序前都会要求密码。如果设定为 Setup 则仅在进入 BIOS 设置程序前要求密码。

12. Save & Exit Setup（保存后退出）

该项的作用是在完成所有系统参数设置之后，覆盖原有的系统参数设置。当完成系统参数设置操作之后，通过这个选项使得新的系统参数生效并退出 BIOS 设置程序。

13. Exit Without Saving（不保存退出）

该项的作用是在完成所有系统参数设置之后，不覆盖原有的系统参数设置，即不修改系统原有的系统参数设置并退出 BIOS 设置程序。

4.4.4 CMOS 放电

如果不小心忘记了开机密码，可以通过对 CMOS 放电来清除 BIOS 中的设置，从而达到清除密码的目的。其实，对 CMOS 进行放电操作，还可以解决一些疑难的黑屏故障。CMOS 放电一般用以下两种方法。

1. 使用 CMOS 放电跳线

大多数主板都设计有 CMOS 放电跳线，以方便用户进行放电操作，这是最常用的 CMOS 放电方法。该放电跳线一般为 3PIN，位于主板 CMOS 电池插座附近，并附有放电说明。在主板的默认状态下，会将跳线帽连接在标识为 1 和 2 的引脚上，从放电说明上可以知道为 Normal，即正常的使用状态。

要使用该跳线来放电，首先用镊子或其他工具将跳线帽从 1 和 2 的引脚上拔出，然后再套在标识为 2 和 3 的引脚上将它们连接起来，由放电说明上可以知道此时状态为 Clear CMOS，即清除 CMOS，如图 4-21 所示。经过短暂的接触后，就可清除用户在 BIOS 内的各种手动设置，而恢复到主板出厂时的默认设置。

对 CMOS 放电后，需要再将跳线帽由 2 和 3 的引脚上取出，恢复到原来的 1 和 2 引脚上。如果没有将跳线帽恢复到 Normal 状态，则无法启动计算机并会有报警声提示。

图 4-21 CMOS 跳线

2. 取出电池

CMOS 需要不间断供电才能保存参数，主板上的纽扣电池就是计算机关机后为 CMOS 供电的，所以也称 CMOS 电池。如果主板上找不到 CMOS 放电的跳线，可以把电池取下来达到 CMOS 放电的目的。因为 CMOS 失去供电，其中用户自行设置的参数也就消失了。

在主板上找到 CMOS 电池插座，接着将插座上用来卡住供电电池的卡扣压向一边，此时 CMOS 电池会自动弹出，将电池取出，如图 4-22 所示。

接下来用镊子或螺丝刀短接电池插座正负极,这样 CMOS 彻底放电了,如图 4-23 所示。记得放电后还得将电池装回去。当然,在有 CMOS 放电跳线的主板上,也可以使用这种方法。

图 4-22　CMOS 电池

图 4-23　短接 CMOS 放电

4.4.5　BIOS 的升级

计算机的硬件技术一日千里,新的硬件和技术层出不穷,对主板的 BIOS 进行升级,可以修正以前版本中的 Bug,提供对新硬件、新技术的支持,用极小的代价换取整机性能上的提升和功能上的完善。但是,升级主板 BIOS 有一定的风险,一旦升级失败,将开不了机。所以升级 BIOS 需要用户具备相应的硬件知识,在进行 BIOS 升级前必须做足功课,准备充分,弄清楚具体操作步骤,最好在有经验者的指导下进行操作。

4.4.6　UEFI 设置

Intel 在 6 系列主板中就已经配置 UEFI。目前新主板已全部使用 UEFI,完全取代传统的 BIOS。UEFI 使用图形化界面,与 Windows 一致,支持多种语言,支持鼠标操作,大大降低了操作的难度。下面以 ASRock(华擎)B150M-HDV 主板为例,介绍 UEFI 设置方法。

1. ASRock UEFI 主界面

华擎 B150M-HDV 主板使用 AMI UEFI BIOS,开机按下 F2 键或 DEL 键,进入 ASRock UEFI 主界面,如图 4-24 所示。ASRock UEFI 分为"主画面""超频工具""高级""工具""硬件监视器""安全""引导""退出"8 个菜单。主画面简要列出 UEFI 版本、CPU 类型、主频、缓存大小、内存等信息。最下方有"语言"按钮,单击会弹出语言列表框,选择"简体中文",切换到中文界面。右边显示日期时间,还有一个二维码,扫一扫可以获取更多帮助信息。

2. "超频工具"菜单

"超频工具"菜单如图 4-25 所示。上部分列出了 CPU、缓存、外频和内存当前的工作频率。中间有 3 个子菜单:CPU 配置、DRAM 配置、电压配置,这里是超频设置的地方,超频玩家在此进行操作,不想超频则保持默认设置。下方列出 5 个用户超频配置,Empty 表示用户配置为空。另外,可以将用户的 UEFI 配置信息以文件的形式保存到硬盘上,或将硬盘上的用户 UEFI 配置文件进行加载。

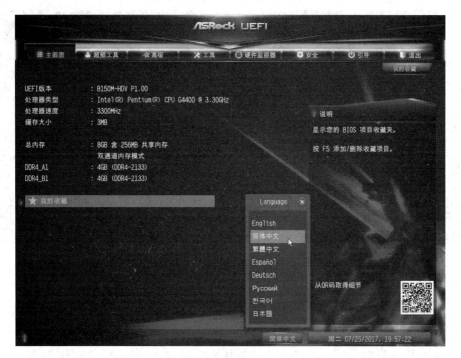

图 4-24　ASRock UEFI 主界面

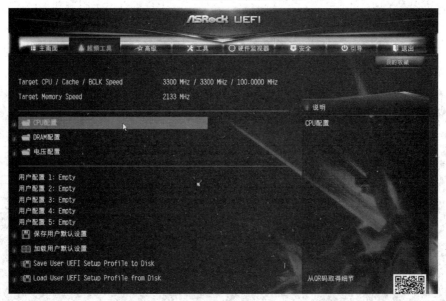

图 4-25　"超频工具"菜单

1) CPU 配置

CPU 配置界面如图 4-26 所示,共有 4 项配置,右侧说明框是对选中的配置项做出的说明。

(1) Intel SpeedStep 技术。启用或禁用,默认启用。这项技术可以让 CPU 工作在多个不同的频率上。如计算机繁忙时,自动提高 CPU 频率,提升性能;反之,则降低频率,节能。

(2) 长时间功耗限制。配置封装功率限制 1W。超过此限制时,在一段时间后,CPU 倍频会降低。较低限制可保护 CPU 和节能,较高限制时可提高性能。用户可以设定限制功

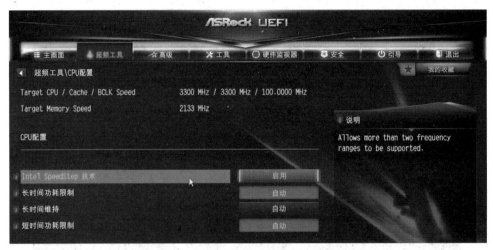

图 4-26 "超频工具"→"CPU 配置"子菜单

率数,默认自动。

(3)长时间维持。配置超过长时间功率限制时,经过多长时间 CPU 倍频被降低。用户可以设定时间长度,默认自动。

(4)短时间功耗限制。配置封装功率限制 2W,超过此限制时,CPU 倍频将立即降低。较低限制可保护 CPU 和节能,较高限制时可提高性能。用户可以设定限制功率数,默认自动。

2)DRAM 配置

DRAM 配置界面如图 4-27 所示,这里是设置内存超频的地方,内容比较多,拖动中间的滚动条即可显示全部内容。

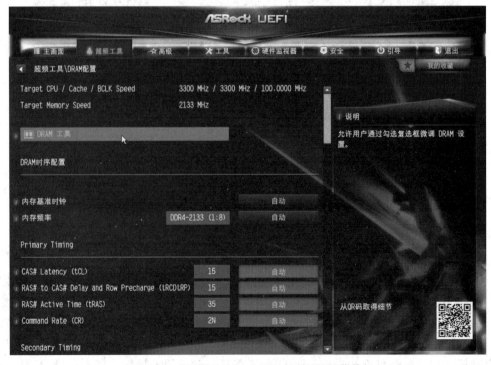

图 4-27 "超频工具"→"DRAM 配置"子菜单

DRAM工具用来微调内存设置。

DRAM时序配置包括内存基准时钟、内存频率以及内存时序设置。

（1）内存基准时钟。"自动"、100MHz、133MHz，默认为"自动"。

（2）内存频率。"自动"及各规格内存频率，默认为"自动"。选择"自动"时，主板检测内存，并自动分配相应的频率。如当前内存为DDR4-2133，分配频率为2133MHz。

（3）内存时序设置。项目很多，没特殊需求，保持自动即可。

3）电压配置

电压配置界面如图4-28所示，这里是微调各供电电压的地方，有内存电压、CPU核心电压、主板芯片组电压以及CPU内部的内存控制器、核显、I/O模块电压等，默认为"自动"。如要人工调节，双击相应电压的按钮，在弹出的对话框中选择电压即可。

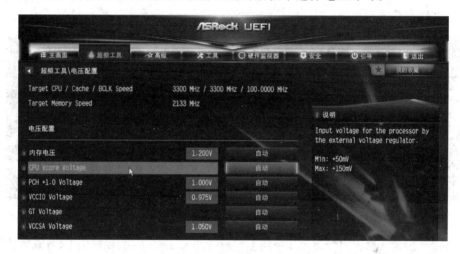

图4-28　"超频工具"→"电压配置"子菜单

3. "高级"菜单

"高级"菜单如图4-29所示，包括CPU配置、芯片组配置、存储配置、超级IO配置、ACPI配置、USB配置6个子菜单及UEFI配置。

图4-29　"高级"菜单

（1）CPU 配置。主要包括启用 CPU 内部温度控制器以防 CPU 过热、启用 Intel 虚拟化技术、启用自动预取 CPU 的数据和代码等配置。

（2）芯片组配置。主要配置 PCI-E 插槽连接速率、设定核芯显卡的内存大小、开启板载网卡和声卡、断电恢复后计算机开机还是关机等。

（3）存储配置。主要包括启用 SATA 控制器、开启硬盘 S. M. A. R. T 技术、设置 SATA 硬盘类型（机械硬盘还是固态硬盘）以及是否允许热插拔等配置。

（4）超级 IO 配置。用于开启或关闭串行端口等。

（5）ACPI 配置。这是电源管理方面的设置，提供了多种开机方式，如图 4-30 所示。其中"PCIE 设备开机"用于设置用 PCI-E 接口的设备或网络唤醒系统；"振铃开机"用于设置由板载 COM 端口的调制解调器的振铃信号来唤醒系统；"定时开机"用于设置用户指定时间开机或由操作系统来处理；"USB 键盘/远程开机"用于设置用遥控器唤醒系统。

图 4-30　"高级\ACPI 配置"子菜单

（6）USB 配置。启用或禁用操作系统对 USB 2.0 设备的支持，以解决 USB 兼容性问题。

（7）UEFI 配置。选择 UEFI 初始画面和显示分辨率。

4."工具"菜单

"工具"菜单如图 4-31 所示，主要有 Internet 访问宵禁设置、华擎云服务支持、引导管理器、网络配置及 UEFI 更新等。

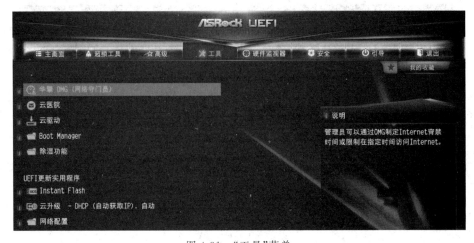

图 4-31　"工具"菜单

（1）华擎 OMG（网络守门员）。通过 OMG 制定 Internet 宵禁时间或限制在指定时间里访问 Internet。

（2）云医院。如果计算机有什么故障或需要什么技术支持，在这里可以将相关信息提交给 ASRock Tech Service，华擎技术服务会将反馈信息发送到用户指定的邮箱里。使用这一功能前，要设置好网络配置。

（3）云驱动。UEFI 中有一个 Easy Driver Installer 工具，它可以通过 USB 存储设备将 LAN 驱动程序安装到计算机中，然后自动下载和安装其他驱动程序。

（4）Boot Manager。用于开启或关闭引导管理器、设置引导管理器超时秒数、设置默认引导盘、改变引导顺序、添加或删除引导盘。

（5）除湿功能。启用这一功能的话，当计算机进入 S5（关机）状态后自动开启对系统除湿。空气湿度大，对主板是有害的。通过对主板进行微加热来排出湿气。

（6）UEFI 更新实用程序。用来更新 UEFI，需要一个 FAT32 格式的 U 盘或硬盘，单击"云升级"下载 UEFI 更新实用程序并安装。

（7）网络配置。设置 Internet 连接模式和选择 UEFI 下载服务器。

5．"硬件监视器"菜单

"硬件监视器"菜单如图 4-32 所示，上部列出了当前 CPU 温度、主板温度、CPU 风扇转速、CPU 核心电压、＋12V 电压、＋5V 电压、＋3.3V 电压；下部为风扇转速设置。

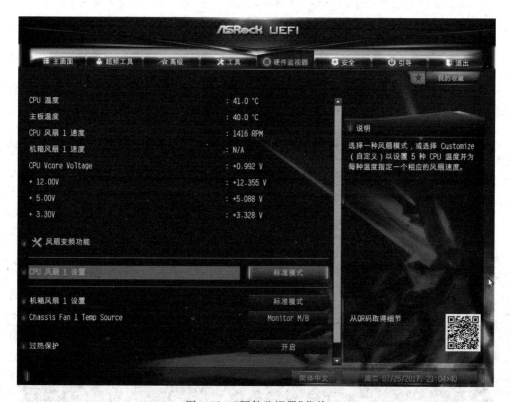

图 4-32 "硬件监视器"菜单

（1）风扇变频功能。用于为 CPU 风扇和机箱风扇详细设置转速，如图 4-33 所示。图表的横轴为温度，纵轴为风扇转速百分比，100％为全速。使用键盘或鼠标移动折线滑点，可调整风扇转速随温度而变化。

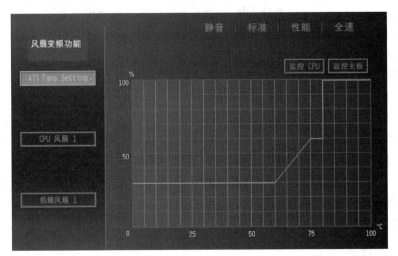

图 4-33　风扇变频功能设置

（2）CPU 风扇设置。选择一种风扇模式，有静音、标准、性能、全速、自定义 5 种。

（3）Chassis Fan 1 Temp Source。机箱风扇温控源，有 CPU 和主板两种选择。

（4）过热保护。启用时，系统会在 CPU 或主板过热时自动关闭。

6．"安全"菜单

"安全"菜单如图 4-34 所示，主要用于密码设置和安全引导。超级用户即管理员，有权更改 UEFI 中的设置，普通用户则没有这个权限。

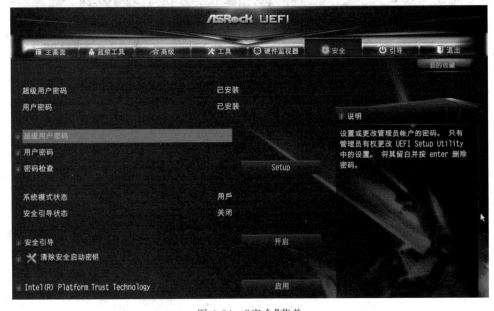

图 4-34　"安全"菜单

（1）密码检查。有 Setup 和"始终"两个选项。设置为 Setup 时，进入 UEFI Setup Utility 时检查密码，正常启动计算机不检查密码；设置为"始终"时，每次引导时都要检查密码。

（2）安全引导。有"开启"和"关闭"两个选项。开启时支持 Windows 8 /10 安全引导。

（3）清除安全启动密码。强制系统进入设置模式，清除所有安全启动变量。重新启动后更改生效。

（4）Intel(R) Platform Trust Technology。启用或关闭 Intel 平台信任技术。

7."引导"菜单

"引导"菜单如图 4-35 所示，主要是引导选项优先级设置和引导有关项目设置。例如，如要设置 U 盘引导，则要将 U 盘的优先级设置为在硬盘之前。

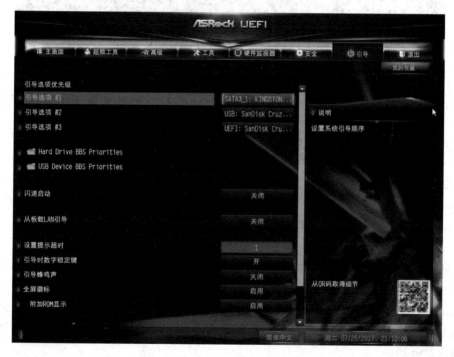

图 4-35　"引导"菜单

（1）闪速启动。闪速启动可使计算机启动时间最小化。在闪速启动模式中，不能从 USB 存储设备中启动。超快启动模式只有 Windows 8/10 支持。在超快启动模式中，进入 UEFI Setup Utility 的唯一方式是清除 CMOS 或在 Windows 中重新启动 UEFI Setup Utility。

（2）从板载 LAN 引导。开启或关闭板载网卡远程引导。

（3）设置提示超时。配置等待 UEFI 实用程序的秒数。

（4）引导时数字锁定键。开启或关闭引导时数字锁定键。

（5）引导蜂鸣声。若开启，需要主板连接蜂鸣器才能发声。

（6）全屏徽标。开启或关闭引导时是否显示全屏徽标。

（7）附加 ROM 显示。开启或关闭引导时是否显示附加的 ROM 信息。

（8）Boot Failure Guard Message。开启时，如果计算机多次引导失败，则系统会自动恢复默认设置。

8."退出"菜单

"退出"菜单如图 4-36 所示,可设置退出方式、加载 UEFI 和更改启动顺序。保存更改并退出可以按 F10 键,放弃更改并退出可以按 Esc 键,放弃更改可以按 F7 键。如果 UEFI 设置更改后反而出现问题,可以加载 UEFI 默认值。下方的 Boot Override 列出了当前引导顺序,在此也可以更改。

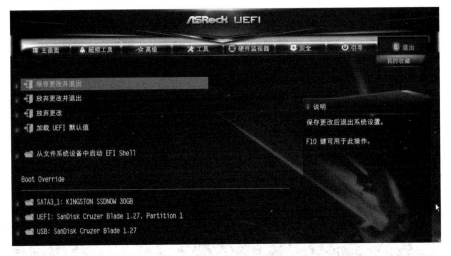

图 4-36 "退出"菜单

4.5 总结提高

本任务主要学习了 BIOS 设置方法。读者必须亲手操作,掌握其中的要领,举一反三,融会贯通。特别是密码设置、密码清除、启动顺序设置、USB 接口设置、外频设置、电压调节等常见操作必须掌握。不同主板、不同品牌的 BIOS 界面会有所不同,但基本功能差不多,操作也基本一致。如果有些项目设置不是很清楚,可以咨询主板客服,也可以上网搜索,或向有经验者请教。

目前的新主板多采用 UEFI,有简体中文界面,Windows 风格,支持鼠标操作,大大降低了操作的难度。UEFI 功能强大,可以看作一个小巧的操作系统,能联网、下载驱动、收发邮件、自动更新等。但不同主板 UEFI 界面有所不同,初学者应多接触不同主板的 UEFI,提高 UEFI 设置能力。

任务5 制作U盘启动盘

5.1 任务描述

任选一款 U 盘启动盘制作工具,将一个 U 盘制作成启动盘,用于安装操作系统或作为系统维护盘。

5.2 任 务 分 析

制作 U 盘启动盘需要一款 U 盘启动盘制作工具和一个 U 盘。U 盘容量最好大于 4GB。U 盘启动盘制作工具可以从网上下载,然后安装、运行,单击"一键制作 USB 启动盘"按钮。待启动文件写入 U 盘后,U 盘启动盘就制作完成。

5.3 相关知识点

5.3.1 U 盘启动

正常使用计算机时,一般是从硬盘启动进入操作系统。U 盘启动则是从 U 盘引导,执行 U 盘里的启动文件实现启动计算机,与硬盘里的系统无关。U 盘启动盘集成了一些常用工具软件,常用来安装操作系统或进行系统维护,特别在系统崩溃时能起到很大的作用。U 盘启动后也可以运行 U 盘里的 Windows PE 系统。Windows PE 即 Windows Pre-installation Environment(Windows 预安装环境)是带有限服务的最小 Win32 子系统,包括运行 Windows 安装程序及脚本、连接网络共享、自动化基本过程以及执行硬件验证所需的最小功能。

U 盘比光盘小巧,便于携带,使用方便,再加上现在大部分计算机都支持 U 盘启动,所以 U 盘启动盘成为最佳的系统维护工具。

5.3.2 U 盘启动盘制作工具

U 盘启动盘制作工具就是用来制作 U 盘启动盘的软件。制作工具很多,如 U 盘启动大师、大白菜超级 U 盘启动盘制作工具、电脑店 U 盘启动盘制作工具、老毛桃 U 盘启动盘制作工具、茄子万能 U 盘启动盘制作装机工具、通用 U 盘启动盘制作工具、U 易 U 盘启动盘制作工具、U 盘之家启动制作工具、U 启动 U 盘启动盘制作工具、U 大侠一键 U 盘装系统工具、U 卫士超级 U 盘启动盘制作工具、天意 U 盘启动盘制作工具等。各制作工具性能大同小异,如果一个制作工具制作的 U 盘启动盘不适合你的计算机,可以换一个试试。

U 盘启动盘制作工具一般具有以下功能。

(1) 一键制作启动 U 盘,所需操作只是单击一下鼠标,操作简单。

(2) 启动系统集成 Windows PE 系统、一键装机、硬盘数据恢复、密码破解等程序。

(3) U 盘启动区自动隐藏,防病毒感染破坏,剩余空间可以正常使用,无任何影响。

5.4 任 务 实 施

5.4.1 安装大白菜超级 U 盘启动盘制作工具

本任务以大白菜超级 U 盘启动盘制作工具为例,介绍 U 盘启动盘的制作方法。

登录大白菜官网 http://www.winbaicai.com/,单击首页上的"装机版 & UEFI"下载链接,下载大白菜超级 U 盘启动盘制作工具,文件名为 dabaicai_v5.2uefi.exe,大小为 641.53MB。

下载后运行文件 dabaicai_v5.2uefi.exe 进行安装,完成后在桌面上有"大白菜超级 U 盘启动盘制作工具 V5.2 "图标。

5.4.2　U 盘启动盘制作

运行"大白菜超级 U 盘启动盘制作工具 V5.2",如图 5-1 所示。插入 U 盘,单击"一键制作 USB 启动盘"按钮,弹出警告对话框,如图 5-2 所示,单击"确定"按钮,启动盘制作工具开始往 U 盘写入文件,数分钟后,U 盘启动盘就制作完成,如图 5-3 所示。

图 5-1　大白菜超级 U 盘启动盘制作工具 V5.2

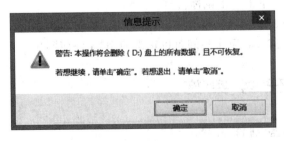

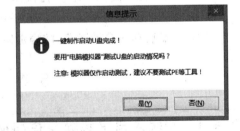

图 5-2　警告信息　　　　　　　　　　图 5-3　U 盘启动盘制作完成

大白菜启动盘制作有 3 种模式:默认模式、ISO 模式和本地模式。默认模式是最常用的,这种模式下制作的 U 盘启动盘,能引导计算机进入 Windows PE,既可安装系统也可系统维护。ISO 模式是将 Windows ISO 原生系统文件写入 U 盘中,用 U 盘启动直接运行安装文件。本地模式是将启动文件写在硬盘里,无需 U 盘。

在用默认模式制作 U 盘启动盘中,U 盘会自动识别,除非有多个 U 盘插在计算机上,这时需要用户选择。U 盘"模式"只能选 HDD-FAT32;"分配"选项保持默认;"升级修复 U 盘"用来升级或修复已经做好的 U 盘启动盘;"归还 U 盘空间"用来格式化 U 盘,删除启动文件,释放空间,使它重新成为一个普通 U 盘。"模拟启动"用来测试一下启动盘是否制作成功。另外,U 盘启动盘制作工具在安装、制作 U 盘启动盘过程中,反病毒软件会误以为有害程序,干扰正常运行,故在制作 U 盘启动盘时,应关闭反病毒软件。

在微软官网或其他资源网站上下载 Windows 10 安装文件,解压后复制到 U 盘启动盘里,为下一个任务安装系统做好准备。

5.5　总　结　提　高

用大白菜超级 U 盘启动盘来启动计算机,看看能否成功,如果不能启动计算机,找一找原因。其他 U 盘启动盘制作工具操作过程也类似,大家可自行尝试。

任务 6　安装 Windows 操作系统

6.1　任　务　描　述

新组装的计算机或旧计算机全新安装 Windows 操作系统,安装前需要对硬盘进行分区格式化。

6.2　任　务　分　析

安装 Windows 操作系统的方法很多,本任务选择最实用的 U 盘启动全新安装法。U 盘启动盘任务 5 已经制作完成,Windows 映像文件(.iso 文件)可以从微软官网或其他相关资源网站上下载,下载后解压到 U 盘启动盘里。硬盘分区格式化可以使用 Windows 安装文件来进行,也可以使用 U 盘启动盘里的专用工具来对硬盘进行分区格式化。

6.3　相关知识点

6.3.1　硬盘分区表

将一块硬盘的存储空间分成若干份,每一份即为一个分区,用 C:、D: 等驱动器符来表示。新硬盘必须经过低级格式化、分区和高级格式化 3 个步骤处理后,才能用来存储数据。其中硬盘的低级格式化通常由生产厂家完成,主要是划定硬盘可供使用的扇区和磁道并标记有问题的扇区,用户只须使用操作系统所提供的硬盘工具或其他硬盘工具对硬盘进行分区和格式化即可。硬盘分区表记载着硬盘本身的相关信息以及硬盘各个分区的大小及位置等数据,这些数据在硬盘分区操作时写入,计算机每次开机访问硬盘时必须读取。硬盘分区表若遭到破坏,系统将无法访问硬盘。常用硬盘分区表有两种:MBR 和 GPT。

1. MBR

MBR(Master Boot Record,硬盘主引导记录)存储在硬盘的主引导扇区,位于硬盘的 0 柱面 0 磁头 1 扇区(扇区编号从 1 开始),大小为 512B(字节)。在主引导记录中仅包含一个 64B 的硬盘分区表,而一个分区信息需要 16B,所以最多只能标识 4 个主分区(Primary Partition)。所谓主分区,是指标识为由操作系统使用的一部分物理硬盘空间,当然也可以存储数据。为了解决驱动器符(盘符)不足的问题,MBR 允许有 1 个扩展分区,但扩展分区与主分区的总和仍不能超过 4 个。扩展分区不能直接使用,要在扩展分区里再划分一个或多个逻辑分区,即逻辑盘。图 6-1 所示为 MBR 分区表基本磁盘,磁盘 0 为 MBR 分区形式,C、D 为主分区,E、F、H、I、J、K 为逻辑分区(逻辑盘),位于扩展分区内。

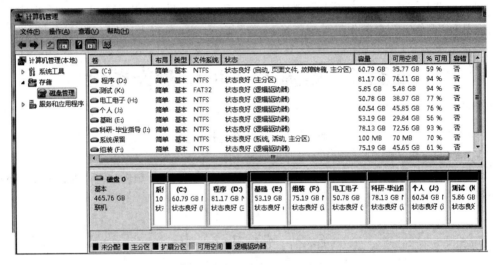

图 6-1　MBR 分区表基本磁盘

MBR 是硬盘问世以来一直使用的硬盘分区模式。MBR 分区至少有 1 个主分区,最多有 4 个主分区,硬盘的容量等于各主分区容量加扩展分区容量,扩展分区容量等于所有逻辑分区的容量。MBR 最大分区容量为 2TB,最大支持 2TB 容量的硬盘(这里按 $1K = 2^{10}$ 进行换算),超过 2TB 部分无法识别。

2. GPT

GPT(GUID Partition Table,GUID 分区表)是物理硬盘分区表的结构布局标准。从 Windows Vista 时代开始,为了解决硬盘限制的问题,微软和 Intel 在 EFI 方案中开发了 GPT 分区形式。GUID 是 Globally Unique Identifier 的缩写,即全局唯一标识。

在 GPT 分区表的开头,出于兼容性考虑仍然存储了一份传统的 MBR,用来防止不支持 GPT 的磁盘管理工具错误识别并破坏硬盘中的数据,这个 MBR 也叫作保护 MBR。GPT 分区表开头部分定义了硬盘的可用空间以及组成分区表的项的大小和数量,位于硬盘的第二个扇区上。接下来是 GPT 分区表,标准没有给出数量限制,但至少要求提供 128 个分区(Windows 最多允许 128 个分区),每个分区信息占 128B。

一个分区表项的前 16B 是分区类型 GUID,例如,EFI 系统分区的 GUID 类型是 {C12A7328-F81F-11D2-BA4B-00A0C93EC93B},接下来的 16B 是该分区唯一的 GUID,再接下来是分区起始和末尾的 64 位扇区编号,以及分区的名字和属性。由于 GPT 分区表采用 8B 即 64 位来标识扇区,因此最大可支持 2^{64} 个扇区。按 512B 每扇区计算,理论上最大支持硬盘容量可达 8ZB(1ZB = 1024EB,1EB = 1024PB,1PB = 1024TB),远远突破了 MBR 2TB 的限制。

Windows 操作系统对 GPT 分区支持情况见表 6-1。目前,新购计算机预装 Windows 10 64 位操作系统的,硬盘分区采用 GPT 形式。当采用 Windows 10 64 位操作系统格式化硬盘时,系统会提示用户选择 MBR 还是 GPT,如图 6-2 所示。MBR 与 GPT 可以通过磁盘工具进行相互转化。

表 6-1　操作系统对 GPT 分区的支持情况

操作系统	数据盘	系统盘
Windows XP 32 位	不支持	不支持
Windows XP 64 位	支持	不支持
Windows Vista 32 位	支持	不支持
Windows Vista 64 位	支持	支持,需要 UEFI
Windows 7/8/10 32 位	支持	不支持
Windows 7/8/10 64 位	支持	支持,需要 UEFI
Linux	支持	支持,需要 UEFI

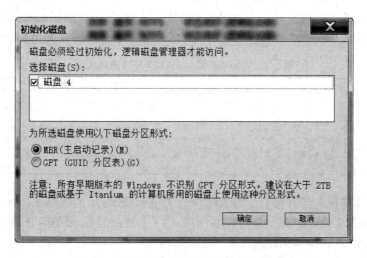

图 6-2　初始化磁盘时选择 MBR 还是 GPT

GPT 与 MBR 相比,有以下优点。

(1) MBR 硬盘最多有 4 个主分区。在 Windows 下,GPT 硬盘最多可划分 128 个分区(1 个系统保留分区及 127 个用户定义分区)。

(2) GPT 可管理硬盘分区大小达到了 18EB,突破了 MBR 分区 2TB 的极限。

(3) GPT 分区表提供了备份和循环冗余校检(CRC)保护,更加安全可靠。

（4）GPT 支持唯一的硬盘标识符和分区标识符（GUID）。

6.3.2　文件系统

分区是存储文件的地方，需事先格式化，以便操作系统能够管理磁盘文件和文件夹。Windows 文件系统主要有两种：FAT32 和 NTFS。

1. FAT32

FAT（File Allocation Table，文件分配表）是一种由微软公司发明并拥有部分专利的文件系统，供 MS-DOS 和 Windows 等操作系统使用。FAT32 采用 32 位的文件分配表，理论上最大可以支持 2TB 分区，最大支持文件大小为 4GB。FAT32 主要应用于 Windows 98 及后续的 Windows 操作系统，支持长文件名。由于 FAT32 使用时间较长，适合需要使用较老版本软件的场合。

FAT32 有一个严重缺点：FAT32 不会将文件整理成完整片段后再写入，长期使用后会使文件变得分散，形成碎片，从而减慢了读/写速率，解决方法是定期对硬盘进行碎片整理。

采用 FAT32 对分区进行格式化操作时，主要是建立分区启动记录、文件分配表 FAT、文件目录表 FDT 和文件数据区。文件目录表是用于登记管理磁盘文件的详细信息，一个文件占一条目录，包括文件名、扩展名、属性（档案、目录、隐藏、只读、系统、卷标）、创建日期和时间、文件/目录数据第一个簇的地址、文件/目录的大小等。

文件分配表是用来标识磁盘文件的空间分配信息。此表包含所有可使用的空间（未用簇）、不能使用的空间（坏簇）以及已被使用的空间（已用簇）等信息。操作系统是以簇为单位给文件分配磁盘空间的，也就是说，簇是磁盘空间分配的最小单位，即使极小的文件也要分配一个簇。每个簇在磁盘中由若干个相邻的扇区构成，所以一个簇是扇区的整数倍，具体数值依据硬盘分区大小和格式而异。Windows 默认 FAT32 分区的簇大小见表 6-2。

表 6-2　Windows 默认 FAT32 分区的簇大小

分区大小/GB	簇大小/KB	扇区数/个
1～8	4	8
8～16	8	16
16～32	16	32
>32	32	64

每个磁盘文件在文件分配表中的表项是一个单向链表，从文件目录表中获取磁盘文件的首簇号，再根据文件分配表中的偏移地址，得到下一簇的簇号，依次不断查找，直到遇到文件结束标志，即可找到全部文件内容。

FAT 表与 FDT 表一同管理整个磁盘文件，当文件写入磁盘时，操作系统在 FAT 表中寻找未用簇，依照文件大小分配一个或多个簇用来存储文件，同时在 FDT 表中添加该文件的各个目录项。当文件被删除时，操作系统在 FDT 表中将该文件目录项的首字节改为 E5，同时在 FAT 表中释放被删除文件所占用的簇。FAT 表或 FDT 表若受损，文件将无法使用，甚至会造成计算机无法启动。

2. NTFS

NTFS(New Technology File System,新技术文件系统)是 Microsoft Windows NT 的标准文件系统,也用于后续 Windows 操作系统,是目前普遍使用的分区格式。NTFS 在磁盘上的结构大致上可以分为引导区、MFT 区、MFT 备份区、数据区、DBR(DOS Boot Record)备份扇区几个部分。

引导区位于分区的头 16 个扇区,包括 DBR 和自举代码,这些数据可以使系统找到 MFT。

MFT(Master File Table,主文件分配表)是 NTFS 的核心,位于分区的前部。MFT 由一个或几个 MFT 项(文件记录)组成,每个 MFT 项占用 1024B。每个 MFT 项的前部几十个字节有着固定的头结构,用来描述本 MFT 项的相关信息,后面的字节用来存放"属性"。每个文件和目录信息都包含在 MFT 中,每个文件和目录在 MFT 中至少有一个 MFT 项。除引导区外,访问其他任何一个文件和目录前都要先访问 MFT,在 MFT 中找到该文件的 MFT 项,根据 MFT 项中的记录信息找到内容并对其进行访问。

数据区是用户存储文件和文件夹的磁盘空间。MFT 在磁盘分区的中部为其保存一份备份;DBR 在分区的最后一个扇区保存了一份备份。

与 FAT32 相比,NTFS 主要有以下几点特性。

(1) 容错性。NTFS 可以自动修复磁盘错误而不会显示出错信息。Windows 向 NTFS 分区中写文件时,会在内存中保留文件的一份备份,然后检查磁盘中所写的文件是否与内存中的一致。如果两者不一致,Windows 会重新向磁盘上写文件,确保两者一致。

(2) 安全性。NTFS 能对用户的操作进行记录,通过对用户权限进行非常严格的限制,使每个用户只能按照系统赋予的权限进行操作,充分保护了系统与数据的安全。NTFS 有许多安全性能方面的选项,可以在本机上和通过远程的方法保护文件、目录,以阻止没有授权的用户访问文件。

(3) 使用 EFS 提高安全性。EFS 提供对存储在 NTFS 分区中的文件进行加密的功能。EFS 加密技术是基于公共密钥的,作为集成的系统服务运行,具有管理容易、攻击困难、对文件所有者透明等优点。

(4) 文件压缩。NTFS 支持对文件和文件夹压缩功能。任何基于 Windows 的应用程序对 NTFS 分区上的文件进行读/写时,自动完成压缩和解压缩,无须由其他程序事先进行处理。

(5) 可恢复性。NTFS 通过使用标准的事务处理日志和恢复技术来保证分区的一致性。发生系统失败事件时,NTFS 使用日志文件和检查点信息自动恢复文件系统的一致性。

(6) 磁盘配额。硬盘配额允许系统管理员为各用户所能使用的硬盘空间进行配额限制,每一用户只能使用最大配额范围内的硬盘空间。设置硬盘配额后,可以对每一个用户的硬盘使用情况进行跟踪和控制,通过监测可以标识出超过配额报警阈值和配额限制的用户,从而采取相应的措施。

另外,NTFS 在默认情况下,簇的大小都是 4KB,能有效率地提高硬盘空间的利用率。NTFS 先进的数据结构为系统提供了更好的性能,在使用中不易产生文件碎片。NTFS 最大支持分区为 2TB,最大支持文件仅受到分区大小的限制。

6.3.3 动态磁盘

动态磁盘是磁盘属性的一种,在 Windows 2000 操作系统中开始引入,而常用的磁盘属性是基本磁盘。在基本磁盘上,只允许同一磁盘上的连续空间划分为一个分区。在动态磁盘上,没有"分区"的概念,而是以"卷"命名。一个卷可以跨越多达 32 个物理磁盘,这在服务器上是非常实用的功能,而且卷还可以提供多种容错功能。动态磁盘属性在硬盘分区格式化时选择。在图 6-3 中,磁盘 0 为动态磁盘,磁盘 1 为基本磁盘。

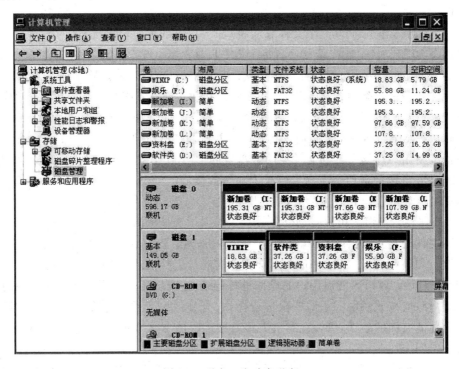

图 6-3　磁盘 0 为动态磁盘

1. 动态磁盘卷的类型

（1）简单卷。它是物理磁盘的一部分,但工作时就好像是物理上的一个独立单元。简单卷相当于 Windows NT 4.0 及更早版本中的主分区的动态存储。当只有一个动态磁盘时,只能创建简单卷。

（2）跨区卷。将来自多个动态磁盘的未分配空间合并到一个逻辑卷中,这样可以更有效地使用多个磁盘系统上的所有空间和所有驱动器号。当向跨区卷里存放数据时,系统先将一个磁盘上的该卷空间写满,再将剩余数据写入下一磁盘上的该卷空间里。

（3）带区卷。将两个或更多磁盘上的可用空间区域合并到一个逻辑卷中,数据存储时各磁盘同时进行,从而提高了硬盘数据传输速率。换句话说,带区卷使用了 RAID 0,RAID 0 连续地分割数据并并行地读/写于多个磁盘上。带区卷不能被扩展或映像,也不提供容错。如果包含带区卷的其中一个磁盘出现故障,则整个卷无法工作。所以,当创建带区卷时,最好使用相同容量、型号和同一制造商的磁盘。

（4）映像卷。它是具有容错能力的卷,通过使用卷的两个副本或映像复制存储在卷上的数据从而提供数据冗余性。写入映像卷上的所有数据都被写入位于独立的物理磁盘上的两个映像中。如果其中一个物理磁盘出现故障,则该故障磁盘上的数据将不可用,但是系统可以使用未受影响的磁盘继续操作。当映像卷中的一个映像出现故障时,则必须将该映像卷中断,使得另一个映像成为具有独立驱动器号的卷。然后可以在其他磁盘中创建新映像卷,该卷的可用空间应与之相同或更大。当创建映像卷时,最好使用容量、型号和制造商都相同的磁盘。

(5) RAID 5 卷。它是数据和奇偶校验间断分布在 3 个或更多物理磁盘的容错卷。如果物理磁盘的某一部分失败,可以用余下的数据和奇偶校验重新创建磁盘上失败的那一部分上的数据。对于多数活动由读取数据构成的计算机环境中的数据冗余来说,RAID 5 卷是一种很好的解决方案。

2. 动态磁盘与基本磁盘比较

(1) 兼容性。基本磁盘是一种使用时间较久、应用较广泛的磁盘类型,兼容性好,适用于所有操作系统;动态磁盘支持 Windows 2000 及以后的版本,一些第三方软件可能不支持动态磁盘,具有较强的扩展性、可靠性。

(2) 容量调节。动态磁盘能在计算机不重启的情况下更改卷的容量,且不会丢失数据;而基本磁盘分区一旦创建,就无法更改容量,除非借助于特殊的磁盘工具软件。

(3) 空间限制。动态磁盘可被扩展到磁盘中包括不连续的磁盘空间,还可以创建跨物理磁盘的卷,将几个磁盘合为一个大卷;基本磁盘必须是同一磁盘上的连续的空间才可分为一个区,分区最大容量不超过物理磁盘的容量。

(4) 卷集或分区数。动态磁盘上可创建的卷集个数没有限制;基本磁盘上最多有 4 个 MBR 主分区,或最多 128 个 GPT 分区。

(5) 配置信息。动态磁盘配置信息存放在磁盘上,可以被 RAID 容错系统复制到其他动态磁盘上继续使用;基本磁盘配置信息存放在磁盘引导分区中,如果使用了 RAID 容错功能,则保存在注册表中,因此 RAID 磁盘移动到其他计算机上会丢失信息。

3. 动态磁盘与基本磁盘转换

在 Windows 2000/XP/2003/2008/Vista/7/8/10 上都可以很轻松地将一个基本磁盘转换成动态磁盘。但要想将动态磁盘转回基本磁盘,就没有这么简单了。一般方法是把动态磁盘上的有用数据全部复制出来,然后删除动态硬盘上所有卷,再重新分区格式化。另外,也可以使用专用动态磁盘转换器软件。

6.3.4 常用磁盘分区格式化工具介绍

磁盘分区格式化工具很多,除了 Windows 自带的磁盘管理工具外,还有很多第三方开发的磁盘管理工具,如 DiskGenius、PQMagic、PartitionMagic、DM 等,用户可根据自身需求或个人爱好灵活选用。

1. Windows 自带的磁盘管理工具

Windows 自带的磁盘管理工具具有新建/删除分区(卷)、新建/删除扩展分区、新建/删除逻辑驱动器、格式化分区(卷)、更改驱动器号和路径,以及分区(卷)属性查看等功能。以 Windows 7 为例,右击"计算机"图标,选择"管理"命令,就打开了"计算机管理"窗口。单击 "磁盘管理"按钮,就会显示本机中的所有磁盘分区信息,如图 6-1 所示。右击分区,打开的 快捷菜单如图 6-4 所示,选择所需命令进行操作。如选择"格式化"选项,则弹出格式化分区 (卷)的对话框,如图 6-5 所示。

图 6-4 分区(卷)的快捷菜单

图 6-5 格式化分区(卷)

Windows 操作系统自带的 diskpart 命令也是一个分区管理工具,功能强大,且效率高。 只不过 diskpart 是 Windows 环境下的以命令窗口形式运行,适合熟悉 DOS 操作的用户 使用。

2. 第三方开发的磁盘管理工具

1) DiskGenius

DiskGenius 是一款磁盘分区及数据恢复软件。除了具备基本的分区建立、删除、格式 化等磁盘管理功能外,还提供了强大的丢失分区搜索、误删除文件恢复、误格式化及分区被 破坏后的文件恢复、分区映像备份与还原、分区复制、硬盘复制、整数分区、分区表错误检查 与修复、坏道检测与修复、基于磁盘扇区的文件读/写等功能。支持对 GPT 磁盘的分区操 作,支持 VMware、Virtual PC、VirtualBox 虚拟硬盘格式,支持 IDE、SCSI、SATA 等各种类 型的硬盘,支持 U 盘、USB 硬盘、存储卡(闪存卡),支持 FAT12/FAT16/FAT32/NTFS/ EXT3 文件系统,是一款不可多得的工具软件。

2) PQMagic

PQMagic 是一款非常优秀的磁盘分区管理软件,支持大容量硬盘,采用图表、数据、文 字等方式使用户操作一目了然。PQMagic 可以非常方便地实现分区的创建、删除、拆分、合 并、移动、隐藏、格式化,还能在不损失磁盘数据下调整分区大小,轻松实现 FAT32 和 NTFS 分区相互转换。PQMagic 可复制整个硬盘资料到分区,恢复丢失或者删除的分区和数据,无须恢复受到破坏的系统就可以将磁盘数据恢复或复制到其他磁盘。PQMagic 能够优化磁盘使应用程序和系统速度变得更快,能够管理和安装多操作系统,实现多 C 盘引导功能。

3）PartitionMagic

PartitionMagic 是老牌的硬盘分区管理工具。其最大特点是允许在不损失硬盘中原有数据的前提下对硬盘进行重新设置分区、分区格式化以及复制、移动、格式转换和更改硬盘分区大小、隐藏硬盘分区以及多操作系统启动设置等操作。PartitionMagic 从其面世以来好评不断,其他同类产品在易用性和功能上更无出其右。更可以通过 BootMagic 来方便管理多操作系统,使得一台计算机上安装和管理多个操作系统不再需要非常专业的计算机知识。

4）DM

DM(Disk Manager)是 Ontrack 公司开发的一款老牌的硬盘管理工具,主要用于硬盘的初始化,如低级格式化、分区、高级格式化和系统安装等,是一款深受用户喜爱的硬盘维护工具。DM 支持大硬盘分区,分区速度快,能对硬盘进行低级格式化及快速低级格式化硬盘,还可以将一块硬盘同时分区成多格式多用途硬盘,便于安装多个操作系统。DM 虽然是英文界面,但图形化结构和人性化设计还是使操作者容易上手的。

6.3.5　Windows 操作系统安装方法

操作系统安装方法甚多,以下列出的仅是 Windows 常用安装方法,前提是遵守软件版权保护法规。

1. 在线升级安装法

微软在 Windows 新版发行时,会在其官网上提供 Windows 正版软件在线升级服务。用户只要登录微软官网,在升级页面单击"购买"或"立即升级"之类的链接,下载 Windows 升级助手。Windows 升级助手会检测用户计算机是否可运行 Windows 新版本,若可以运行新版本则显示购买页面,用户购买成功后会显示产品密钥,同时发一封邮件到用户的邮箱中。下载完毕 Windows 安装文件后,Windows 升级助手就会自动进入安装过程。

微软推出 Windows 10 后,宣布在一年内,对 Windows 7 及以上的 PC 授权用户和 8in 以下的小尺寸设备系统实行免费升级,这些计算机会自动下载 Windows 10,下载完成后会提示用户安装。

2. 光盘安装法

光盘安装法是最经典、兼容性最好、最简单易学的安装方法。可升级安装,也可全新安装(安装时可选择格式化旧系统分区),安装方式灵活,不受原有系统限制,可灵活安装 Windows 的 32/64 位操作系统。前提是计算机要有光驱,还要有张 Windows 系统安装盘。安装过程很简单,只要从光盘引导启动,按照向导操作即可,但安装时间较长。

3. 虚拟光驱安装法

虚拟光驱安装法适合没有光驱的计算机安装系统。安装操作简单,安装速度也快,但限制较多,用于多操作系统的安装比较合适。首先在现有系统下安装一款虚拟光驱软件,再将系统 ISO 文件复制在不安装系统的分区里。用虚拟光驱程序加载系统 ISO 文件,进入安装界面,接下来操作与光盘安装类似。如果是升级安装,C 盘要留有足够的空间;多系统安装要把新系统安装到新的空白分区里。

4.硬盘安装法

一种简单的硬盘安装法是把系统 ISO 文件解压到非系统安装分区,运行 Setup.exe 文件,按相应的步骤操作就行。此方法的限制和缺点与虚拟光驱安装法相同,适合多系统的安装。

使用 nt6 hdd installer 安装,可以格式化 C 盘安装成纯净的系统,也可以安装成多系统,且原 32 位系统也能安装 64 位系统,前提是原系统要能运行。nt6 hdd installer 使用方法如下:首先,将 Windows 安装文件复制到硬盘非系统分区的根目录下,然后下载 nt6 hdd installer 并运行,如图 6-6 所示。选择推荐模式(模式 1 或模式 2)。重启后在启动菜单中选择重启前选择的模式就可以启动安装程序,接下来的步骤和光盘安装相同。

图 6-6 nt6 hdd installer 界面

5.U 盘安装法

利用 U 盘启动盘引导计算机,在功能菜单里选择进入 Windows PE 后,运行 Setup.exe 文件安装,也可以直接选择功能菜单里的"安装原版 Windows 系统",注意事先要把 Windows 安装文件复制到 U 盘或硬盘的非安装分区。U 盘安装法与光盘安装的优点相似,但不用刻盘,无需光驱,且安装速度比光盘快。另外,U 盘携带比光盘更方便,一次制备,多次安装,不用了随时可删除。有新版了,更新文件即可。U 盘启动盘还可以当急救盘,万一系统因各种原因崩溃造成系统启动不了,那就可以用 U 盘启动排除故障或重装系统。

本方法同样适用于读卡器和移动硬盘,特别是移动硬盘可以进一步提高安装速度。

6．Ghost 安装法

Ghost 安装法是普遍采用的安装方法。利用 Ghost 工具，将系统映像文件（Ghost 版）直接恢复到硬盘里，实现快速安装。系统安装完成后还会自动安装所有硬件的驱动程序和常用的软件，包括 Office、WinRAR 等必备软件，非常方便。

6.3.6　Windows 10 简介

2015 年 7 月 29 日，微软发布 Windows 10。首先推出的是 PC 版，Windows 10 推送当日全面开启，Windows 7、Windows 8、Windows 8.1 用户可以升级到 Windows 10，零售版于2015 年 8 月 30 日起售。Windows 10 分为 7 个发行版本，分别面向不同用户和设备。

（1）Windows 10 Home（家庭版）。家庭版面向使用 PC、平板电脑和二合一设备的消费者。它拥有 Windows 10 的主要功能：Cortana 语音助手（选定市场）、Edge 浏览器、面向触控屏设备的 Continuum 平板电脑模式、Windows Hello（脸部识别、虹膜、指纹登录）、串流Xbox One 游戏的能力、微软开发的通用 Windows 应用（Photos、Maps、Mail、Calendar、Music 和 Video）。

（2）Windows 10 Professional（专业版）。专业版面向使用 PC、平板电脑和二合一设备的企业用户。除具有 Windows 10 家庭版的功能外，它还使用户能管理设备和应用，保护敏感的企业数据，支持远程和移动办公，使用云计算技术。另外，它还带有 Windows Updatefor Business，该功能可以降低管理成本、控制更新部署，让用户更快地获得安全补丁软件。

（3）Windows 10 Enterprise（企业版）。企业版以专业版为基础，增添了大中型企业用来防范针对设备、身份、应用和敏感企业信息的现代安全威胁的先进功能，供微软的批量许可（Volume Licensing）客户使用，用户能选择部署新技术的节奏，其中包括使用 WindowsUpdate for Business 的选项。作为部署选项，Windows 10 企业版将提供长期服务分支（Long Term Servicing Branch）。

（4）Windows 10 Education（教育版）。教育版以 Windows 10 企业版为基础，面向学校职员、管理人员、教师和学生。它将通过面向教育机构的批量许可计划提供给客户，学校将能够升级 Windows 10 家庭版和 Windows 10 专业版设备。

（5）Windows 10 Mobile（移动版）。移动版面向尺寸较小、配置触控屏的移动设备，如智能手机和小尺寸平板电脑，集成有与 Windows 10 家庭版相同的通用 Windows 应用和针对触控操作优化的 Office。部分新设备可以使用 Continuum 功能，因此连接外置大尺寸显示屏时，用户可以把智能手机用作 PC。

（6）Windows 10 Mobile Enterprise（移动企业版）。企业移动版以 Windows 10 移动版为基础，面向企业用户。它将提供给批量许可客户使用，增添了企业管理更新，以及及时获得更新和安全补丁软件的方式。

（7）Windows 10 IoT Core（物联网版）。物联网版面向小型低价设备，主要针对物联网设备。

目前，功能更强大的设备，如 ATM、零售终端、手持终端和工业机器人，都在运行Windows 10 企业版和 Windows 10 移动企业版。

Windows 10 按 CPU 位数分为 32 位和 64 位。32 位版软件丰富、软件兼容性好；64 位版运行速度较快,但兼容性较 32 位差。Windows 10 对计算机硬件要求如下。

(1) 1GHz 以上主频的 CPU(32 位),支持 SSE2、PAE、NX 处理。

(2) 1GB 以上的内存(32 位)或者 2GB 以上的内存(64 位)。

(3) 16GB 可用硬盘空间(32 位)或者 20GB(64 位)。

(4) 支持 WDDM 1.0 或者 DirectX 9 及以上的显卡。

(5) 如果要运行 Metro 模式应用,需要 1024 像素×768 像素以上的分辨率。

Windows 10 对计算机硬件要求并不高,与 Windows 8 一样,近几年购买的计算机都能安装 Windows 10,但硬件性能低的会影响运行流畅度。

6.4　任　务　实　施

本任务包含以下内容:用 U 盘启动计算机、对硬盘进行分区格式化、安装 Windows 10 操作系统、安装设备驱动程序、Windows 10 激活。

6.4.1　用 U 盘启动计算机

这里采用任务 5 中已经制作完成的大白菜超级 U 盘启动盘。

将大白菜超级 U 盘启动盘插入需要安装系统的计算机中,在 BIOS 中设置成 U 盘启动。较老的计算机将 USB-HDD 设为第一引导,较新的计算机从引导硬盘中选 U 盘优先,按 F10 键保存退出。重启计算机,由 U 盘引导,大白菜 U 盘启动界面如图 6-7 所示。

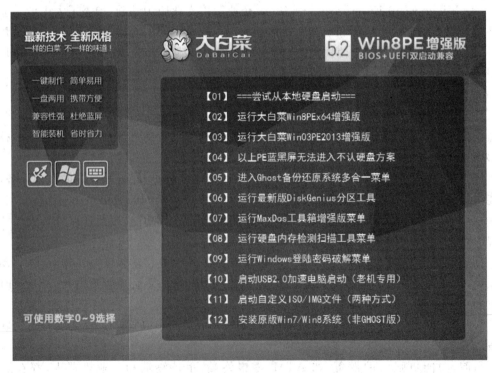

图 6-7　大白菜 U 盘启动界面

6.4.2　对硬盘进行分区格式化

在大白菜 U 盘启动菜单中,选择"【06】运行最新版 DiskGenius 分区工具"选项,打开 DiskGenius 窗口,如图 6-8 所示。DiskGenius 为全中文界面,与 Windows 窗口风格一致,从上到下依次为窗口标题、菜单栏、常用工具栏、图形化磁盘分区、磁盘及分区列表(左)、分区详细信息等。

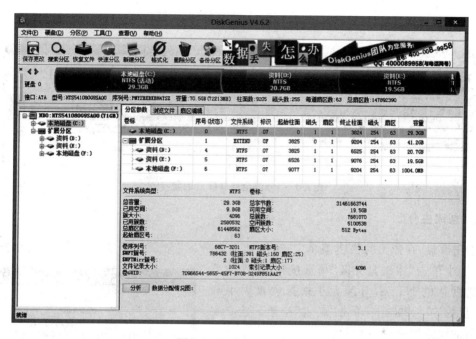

图 6-8　DiskGenius 窗口

1. 删除分区

由于本例使用的是旧硬盘,所以已有主分区 C 及扩展分区里面的逻辑盘 D、E、F。要删除分区,右击分区,在弹出的快捷菜单中选择"删除当前分区"命令,如图 6-9 所示。在确认对话框中单击"是"按钮,如图 6-10 所示。扩展分区只有逻辑分区全部删除了后才能删除,图 6-11 所示为已经删除全部分区,相当于一个新硬盘。

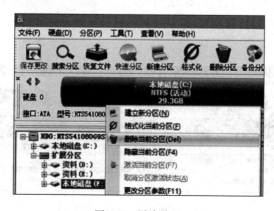

图 6-9　删除分区

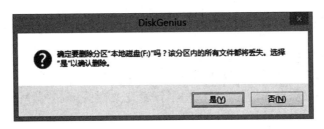

图 6-10　删除分区确认

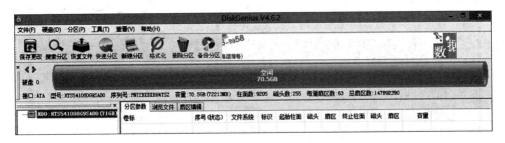

图 6-11　分区全部删除后的硬盘

2. 创建主分区

右击硬盘,在弹出的快捷菜单中选择"建立新分区"命令,在"建立新分区"对话框(见图 6-12)中单击"主磁盘分区"单选按钮,文件类型一般选默认的 NTFS,分区大小根据硬盘大小确定,一般为 50～200GB,单击"确定"按钮。建立主分区后的硬盘如图 6-13 所示。

3. 创建扩展分区

如果不想安装多系统,那么硬盘的剩余空间都可以分配给扩展分区。右击硬盘的剩余部分,在弹出的快捷菜单中选择"建立新分区"命令,在"建立新分区"对话框(见图 6-14)中,默认单击"扩展磁盘分区"单选按钮,分区大小设为默认值,单击"确定"按钮。扩展分区建立后的硬盘空闲部分由灰色变为绿色。

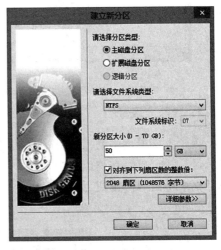

图 6-12　建立主分区

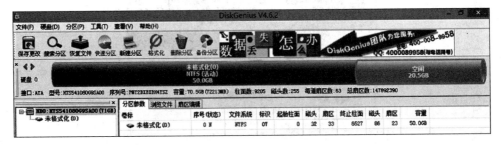

图 6-13　建立主分区后的硬盘

图 6-14　建立扩展分区

4．创建逻辑分区

逻辑分区必须创建在扩展分区中，数量根据用途和个人喜好自行确定。操作方法与上述类似，图 6-15 所示为建立两个逻辑分区后的硬盘。

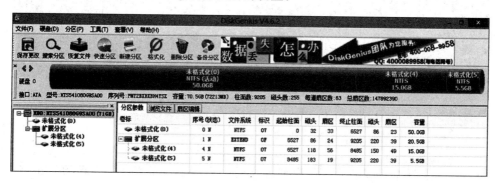

图 6-15　主分区及逻辑分区

5．格式化分区

分区建立完毕，单击"保存更改"按钮，弹出如图 6-16 所示的对话框，单击"是"按钮。接着提示是否要格式化分区（见图 6-17）。单击"是"按钮，DiskGenius 按默认设置格式化分区。对分区操作还有分区拆分、调整分区大小、隐藏分区、备份分区、激活分区等，大家自行操作。

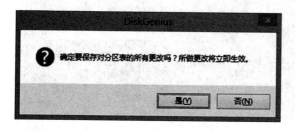

图 6-16　保存更改

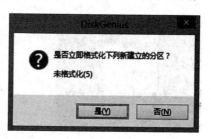

图 6-17　提示是否格式化分区

6.4.3 安装 Windows 10 操作系统

硬盘分区格式化完成后,重启计算机,仍由 U 盘引导。当屏幕显示大白菜 U 盘启动界面(见图 6-7)时,选择"【12】安装原版 Win7/Win8 系统(非 GHOST 版)"选项,随即打开二级菜单,如图 6-18 所示。选择"【04】进 Win8 PE 安装 Win7/8/10(可点 setup 安装)"选项,运行 Windows 8 PE,启动完毕打开 U 盘,运行里面的 Setup.exe 文件,开始安装 Windows 10。

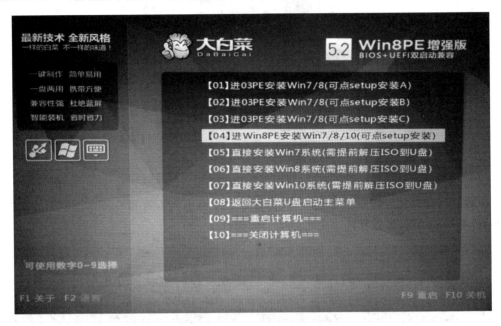

图 6-18　大白菜二级菜单

接下来是 Windows 10 的安装过程,需要数分钟或几十分钟的时间。下面是安装过程中的部分显示信息。

图 6-19 所示为启动安装后首先出现的画面;图 6-20 所示为随后出现的 Windows 10 安装界面,要求用户选择语言和输入法,一般保持默认,单击"下一步"按钮。

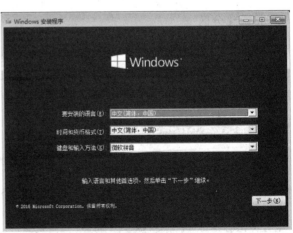

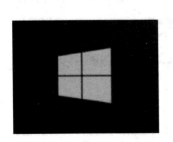

图 6-19　安装开始画面　　　　　图 6-20　设置语言和输入法

图 6-21 所示为界面显示"现在安装",单击"现在安装"按钮,屏幕显示"安装程序正在启动",如图 6-22 所示。

图 6-21 "现在安装"界面

图 6-22 安装程序正在启动

图 6-23 所示为输入产品密钥,正版用户在此输入密钥,则系统安装完成时 Windows 10 已经被激活,不想在此输入产品密钥也行,这样安装完成后再去激活 Windows 10。图 6-24 所示为选择安装版本,Windows 10 专业版或家庭版。

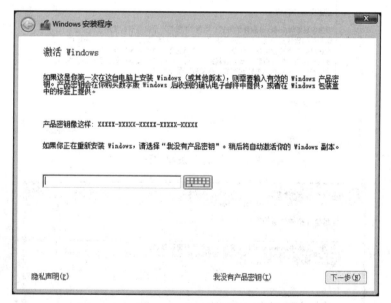

图 6-23 输入产品密钥

图 6-25 所示为"许可条款"对话框,只能勾选左下角的"我接受许可条款"选项,否则不能继续安装。单击"下一步"按钮,出现如图 6-26 所示的安装类型选择:升级和自定义。一般选择"自定义安装",升级安装会覆盖当前的操作系统,比如在 Windows 8 状态下运行 Windows 10 安装程序,那么选择"升级",安装完毕系统则变成 Windows 10,不再保留 Windows 8,但系统盘中的其他文件和应用程序会被保留下来。

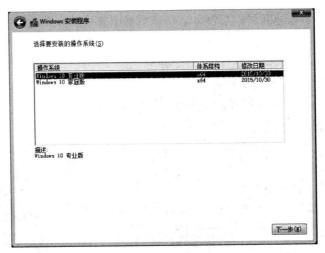

图 6-24　选择安装版本

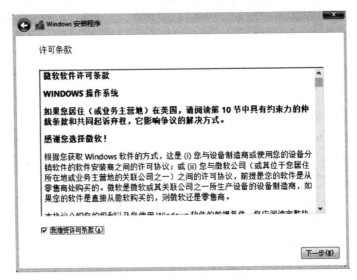

图 6-25　"许可条款"对话框

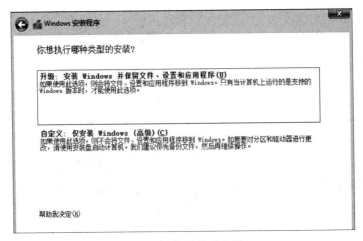

图 6-26　安装类型选择

图 6-27 所示为选择自定义安装后,要求用户选择安装分区。将 Windows 10 安装在非当前系统分区里成双系统。在这里安装程序可以对磁盘进行新建分区、删除分区、调整分区大小、格式化等操作。注意这样操作的话,整个硬盘原有数据会全部丢失,所以事先有用数据要做好备份,然后全新安装 Windows 10。单击"下一步"按钮就进入 Windows 10 的安装文件复制阶段了。

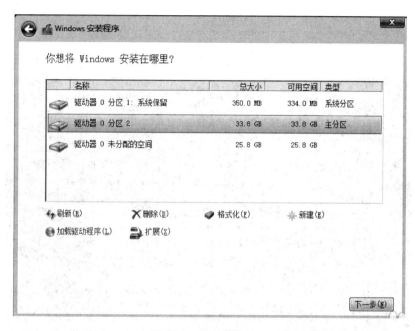

图 6-27　选择安装分区

图 6-28 所示为安装进程。安装完成后提示重启计算机,如图 6-29 所示。

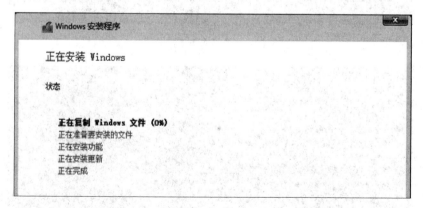

图 6-28　正在安装

图 6-30 所示为计算机重启后进入 Windows 10 设置阶段,可以单击右下角的"使用快速设置"按钮,也可以单击左下角的"自定义设置"按钮。单击"自定义设置"链接就可以打开"自定义设置"对话框,如图 6-31 所示,对个性化项目进行设置。接下来安装程序提示创建账户和密码,如图 6-32 所示。所有项目设置完成后,稍等片刻,屏幕上出现 Windows 10"开始"菜单,如图 6-33 所示。至此,Windows 10 安装基本完成。

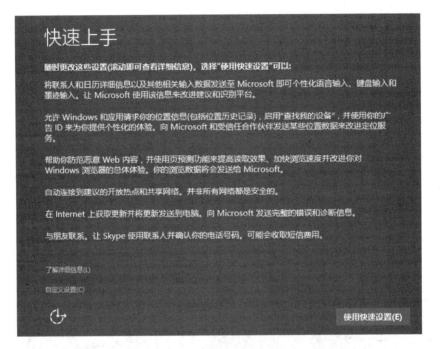

图 6-29 重启计算机

图 6-30 快速上手提示

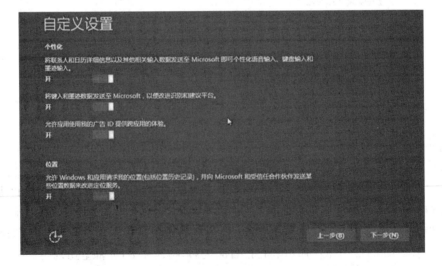

图 6-31 自定义设置

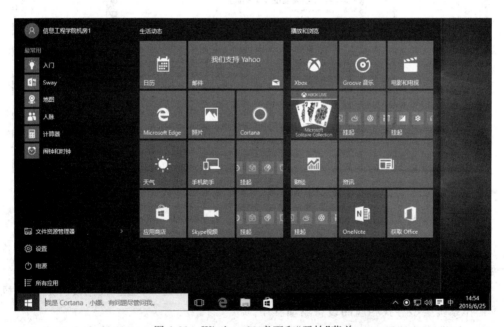

图 6-32　创建账户

图 6-33　Windows10 桌面和"开始"菜单

6.4.4　安装设备驱动程序

设备驱动程序(Device Driver)是允许高级计算机软件与硬件交互的程序,这种程序创建了硬件与硬件或硬件与软件沟通的接口。软件经由主板上的总线或其他沟通子系统与硬件形成连接,从而使硬件设备与软件的数据交换成为可能。操作系统通过这个接口控制硬件设备的正常工作,发挥硬件相应的性能和功能。假如某设备驱动程序未安装或未正确安装,该硬件设备就不能正常工作。因此,操作系统安装完成之后,必须安装设备驱动程序。

由于从 Windows 98 以来，微软在 Windows 中逐步集成了主流硬件驱动程序，让 Windows 对尽可能多的设备实现"即插即用"，所以在安装完 Windows 操作系统后，会发现很多硬件设备被 Windows 自动识别，直接可以使用，只有极少的设备需要手动安装驱动程序。那么，怎样知道哪些设备未安装驱动程序呢？很简单，打开设备管理器，看看系统是否识别了硬件设备。如图 6-34 所示，系统未识别的设备，会显示在设备管理器的"其他设备"栏下面，有个"未知设备"，还有个黄色感叹号，表示该设备未被系统识别，需要安装设备驱动程序。

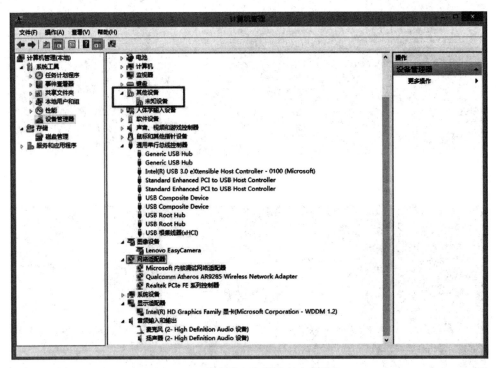

图 6-34　查看未安装驱动程序的设备

1. 获取设备驱动程序

（1）新购买的部件（如显卡）或新购买的计算机，如果有附带光盘，其设备驱动程序就在光盘里。

（2）登录硬件设备厂商网站或品牌计算机官网或驱动之家网站，根据硬件或计算机型号及操作系统类型寻找相应的设备驱动程序。

（3）使用驱动精灵、驱动人生、鲁大师等驱动管理软件，自动智能检测系统中驱动安装有误或尚未安装驱动的设备，自动联网下载匹配的设备驱动程序。

（4）使用 Windows Update 安装设备驱动程序。硬件厂商会将硬件的驱动程序提交给微软公司，用户通过微软 Windows Update 下载安装。

2. 安装设备驱动程序举例

图 6-34 所示为联想 U310 超极本安装 Windows 8 后的设备管理器截图。从图 6-34 中可以看到，Realtek 声卡、Intel 酷睿 i 系列处理器的 HD3000 核芯显卡、无线网卡、以太网卡、

原生的 USB 3.0 驱动程序都自动识别和安装上了。在"其他设备"栏下面,还有一个设备未被 Windows 8 识别出来,需要手动安装驱动程序。

　　这里使用访问品牌笔记本官网获取设备驱动程序。登录联想主页(见图 6-35),光标指向"专业服务与支持"栏,单击左侧"Lenovo 服务"下面的"更多",进入联想产品支持页面(见图 6-36)。单击"笔记本",进入确认产品型号页面(见图 6-37),在产品大类中选择"笔记本"选项,产品系列中选择 IdeaPad U,产品型号中选择 IdeaPad U310,单击"确认选择"按钮。显示下一页面(见图 6-38),单击"驱动下载",进入如图 6-39 所示页面。在操作系统列表框中选择 Windows 8 32-bit,单击"一键下载全部驱动"按钮,弹出下载对话框(见图 6-40),选择下载位置后,单击"下载"按钮。驱动文件下载完毕,运行 Setup.exe 即可。

图 6-35　联想主页

图 6-36　联想产品支持页面

图 6-37　选择产品型号

图 6-38　显示选定的产品

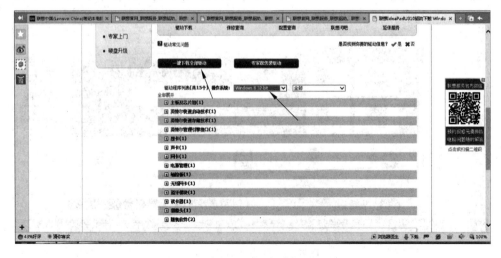

图 6-39　驱动列表

图 6-40　下载驱动文件对话框

6.4.5　Windows 10 激活

如果在安装 Windows 10 过程中，已经输入了产品密钥，则安装完成后直接激活。右击桌面上的"此电脑"图标，选择"属性"命令，打开"系统"窗口，如图 6-41 所示，可以看到"Windows 已激活"。另外，Windows 7、Windows 8、Windows 8.1 授权用户升级安装 Windows 10，也是直接激活。对于预置 Windows 10 的笔记本电脑用户，重新安装 Windows 10 操作系统也是直接激活。这是因为微软已将用户的激活信息保留在专有的服务器中，用户重装系统或是升级系统后，微软都将会记住激活状态，无需提供产品密钥。

图 6-41　"系统"窗口

对于 Windows 10 未激活的系统，需要人工激活。操作方法：依次单击"开始"→"设置"→"更新和安全"→"激活"图标，打开"激活"窗口，如图 6-42 所示。然后单击"更改产品密钥"，打开"输入产品密钥"对话框，如图 6-43 所示，输入产品密钥，单击"下一步"按钮后，单击"激活"按钮，稍等片刻，系统联网验证之后就激活了 Windows 10 操作系统（见图 6-44）。

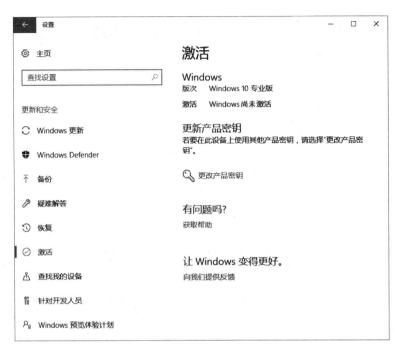

图 6-42 "激活"窗口

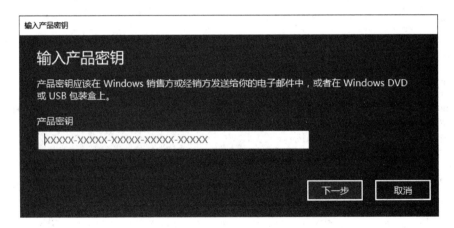

图 6-43 输入产品密钥

图 6-44 Windows 已激活

6.5　总　结　提　高

通过本任务的学习,同学们基本掌握了 Windows 操作系统的一般安装方法。有条件的话,可以进一步学习操作系统各种安装法,如光盘安装法、虚拟光驱安装法、硬盘安装法、U 盘安装法、在线升级安装法、Ghost 安装法、虚拟机安装法等。其中 U 盘安装法是系统安装的首选方法,必须熟练掌握。

目前在用的 Windows 操作系统有 Windows Vista/XP、Windows 7、Windows 8/8.1、Windows 10。Windows Vista 和 XP 微软公司已终止提供技术支持,但我国使用 Windows XP 的用户还不少,原因之一是在 Windows XP 环境下开发的应用软件数量多,兼容性好。Windows 7 还有相当一部分用户在使用,部分喜欢追求时尚的用户已经将 Windows 7 升级到 Windows 10。由于 Windows 10 推出时间不长,兼容性相对较差,有些软件无法安装或者安装后无法正常使用,甚至有些硬件找不到 Windows 10 驱动程序。但是,Windows 10 总体性能优于 Windows 7、Windows 8,再加上微软大力推送,Windows 10 很快会成为主流。

新购买的计算机建议安装 64 位 Windows 10 操作系统,它支持 4GB 以上内存,能充分发挥硬件性能。Intel 公司从 6 系列主板开始使用 UEFI,这些主板支持系统盘使用 GPT 分区形式。64 位 Windows 10 支持硬盘 GPT 分区,可管理硬盘分区大小达到了 18EB,突破 MBR 2TB 的限制,轻松使用 2TB 及以上的硬盘。GPT 还可以将硬盘最多划分 128 个分区,远超 MBR 4 个主分区的限制。如果想在数秒内实现 Windows 10 开机,可以搭配一块容量 64GB 以上的固态硬盘。固态硬盘用作系统盘,大容量机械硬盘用作数据盘,以达到最佳性价比。

旧计算机还在使用 Windows XP、Windows 7 操作系统,如果硬件条件允许,也可以升级到 Windows 10。如果某些应用程序必须在 Windows XP 或 Windows 7 下使用,同时又想使用 Windows 10,可以做成 Windows XP 或 Windows 7＋Windows 10 双系统。安装双系统一般先安装老系统,再安装新系统,两个系统分别安装在不同的主分区上。

操作系统安装完成后,要检查一下设备驱动程序安装情况,方法是打开资源管理器,看看有没有还未识别的设备。设备驱动程序未安装或安装不正确,该设备将不能正常工作。

计算机上唱主角的是各类应用程序。如果应用程序比较多,安装前要规划一下,分门别类安装在不同的分区上,这样既方便管理又便于使用。至于应用程序具体怎样安装,在此不再展开。大家可以自己试着安装一下 Office、360 安全卫士等,顺着安装向导一步一步走,大多不会有什么问题的。

项目四　测试计算机性能

用户在市场上完成装机后，往往有这样的疑问，新买的计算机部件是不是货真价实？性能到底怎样？要解决这些问题，只要用相关软件来测试一下即可。测试软件很多，有测试硬件指标的，也有测试性能的，性能包括单一部件性能和整机性能。

任务 7　部件测试

7.1　任务描述

用 AIDA64 测试软硬件系统信息；用 CPU-Z 测试 CPU 参数；用 GPU-Z 测试显卡参数；用 Super π 测试 CPU 性能；用 AS SSD Benchmark 测试固态硬盘性能；用 HD Tune 测试机械硬盘参数和性能；用 DisplayX 测试液晶显示器性能。

7.2　任务分析

测试软件可以从相关网站上下载，非绿色版需要安装后才能使用。对测试结果要进行对比分析，才能知道部件的真假和性能的优劣。

7.3　相关知识点

7.3.1　AIDA64

FinalWire 公司的 AIDA64 Extreme Edition 是一款测试软硬件系统信息的工具，前身是 EVEREST。AIDA64 在同类产品中具有准确的硬件检测能力，能详细显示计算机软硬件各个方面的信息。AIDA64 不仅提供了协助超频、硬件侦错、压力测试和传感器监测等多种功能，还可以对处理器、系统内存和磁盘驱动器的性能进行全面评估，以发现潜在的硬件故障和散热问题。AIDA64 兼容所有 32 位和 64 位 Windows 操作系统。

7.3.2　CPU-Z

CPU-Z 是一款 CPU 检测软件,用来查看 CPU 信息,如 CPU 名称、厂商、核心电压、L1/L2/L3 Cache、多媒体指令集、内核进程、内部和外部时钟等参数。CPU-Z 还能检测主板和内存的相关信息,如内存双通道检测功能。CPU-Z 支持的 CPU 种类全面,使用率高,除了 Intel 或 AMD 公司自己的检测软件外,平时使用最多的就数它了。

7.3.3　GPU-Z

GPU-Z 是一款 GPU 识别工具,如同 CPU-Z 一样,也是一款必备工具。GPU-Z 运行后即可显示显卡的相关信息,如 GPU 核心,以及运行频率、带宽等,对于多显卡交火及混合交火也能很好地识别。GPU-Z 绿色中文版免安装、界面直观,使用方便。

7.3.4　Super π

Super π 是一款计算圆周率 π 的软件,利用它可以判断 CPU 的浮点运算能力。使用时选择要计算 π 的位数,看看计算机需要多长时间把 π 计算出来,时间越短,CPU 运算能力越强。同时,Super π 也是一款测试 CPU 稳定性的软件,通过计算圆周率让 CPU 高负荷运行,以达到考验 CPU 计算能力与稳定性的作用。计算机运行一天 Word、Photoshop 都没有问题,但运行 Super π 就不一定能通过。

7.3.5　AS SSD Benchmark

AS SSD Benchmark 是一款来自德国的 SSD 专用测试软件,绿色免安装,解压即可使用。AS SSD Benchmark 可以测试 SSD 的连续读/写、4K 对齐、4KB 随机读/写和响应时间,并给出一个综合评分,能够直观地反映出 SSD 的读/写性能,对 4K 读取的测试专业准确。同时 AS SSD Benchmark 还自带一个 Compression Benchmark 项目,它可以给出一条曲线,描述随着数据模型中可压缩数据占有率(压缩比)的增高,性能的变化情况。AS SSD Benchmark 也支持测试普通硬盘。

7.3.6　HD Tune

HD Tune 是一款小巧易用的硬盘工具软件,其主要功能有硬盘传输速率检测、健康状态检测、磁盘监视器、磁盘错误扫描、随机存取、文件夹占用率、磁盘信息等。另外,还能检测出硬盘的固件版本、序列号、容量、缓存大小以及当前的 Ultra DMA 模式等。虽然这些功能其他软件也有,但难能可贵的是此软件把所有功能集于一身,非常小巧,速率又快,而且它还是免费软件。

7.3.7　DisplayX

DisplayX 是一个显示器测试工具,尤其适合测试液晶屏。其屏幕基本测试可以评测显示器的显示能力,还能查找 LCD 坏点,检查 LCD 的响应时间等。这款小小的软件在挑选液晶显示器时特别有用。

7.4 任 务 实 施

7.4.1 用 AIDA64 测试软硬件系统信息

AIDA64 运行后的主界面如图 7-1 所示,左边窗格为项目列表,右边窗格为项目内容,与 Windows 窗口风格一致。使用时,选取左边窗格中的项目,右边窗格列出相应的详细信息。

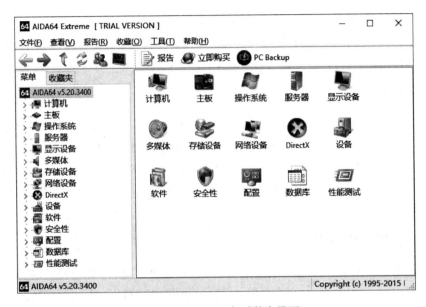

图 7-1　AIDA64 运行后的主界面

下面介绍几个常用功能。

1. 查看部件温度

单击图 7-1 左边窗格中的"计算机"→"传感器"节点,就可在右边窗格看到各部件的温度,如图 7-2 所示。图中显示的是笔记本电脑部件的温度,由于笔记本散热比台式机差,部件温度在夏天明显偏高。温度高低直接影响计算机的稳定性与响应速度。

2. 查看主板芯片

单击图 7-1 左边窗格中的"主板"→"芯片组"节点,就可以查看到主板的相关信息,如图 7-3 所示。主板北桥为 Intel Ivy Bridge-MB IMC,南桥没有识别出来,支持内存类型为 DDR3,有 16GB,图形控制器为 Intel HD Graphics 4000。

3. 查看显卡芯片信息

单击图 7-1 左边窗格中的"显示设备"→"图形处理器(GPU)"节点,可以查看显卡的参数,如图 7-4 所示。显示适配器为 Intel Ivy Bridge-MB-Integrated Graphics Controller(MB GT2),GPU 核心频率为 349MHz(original:648MHz),像素流水线为 4。

图 7-2　用 AIDA64 查看部件温度

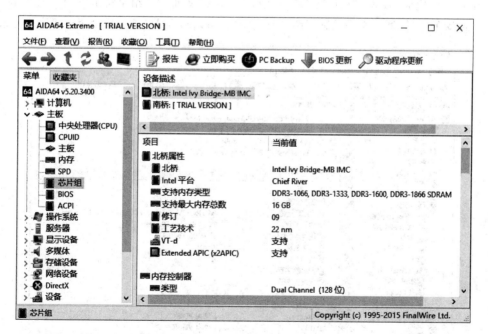

图 7-3　用 AIDA64 查看主板芯片组信息

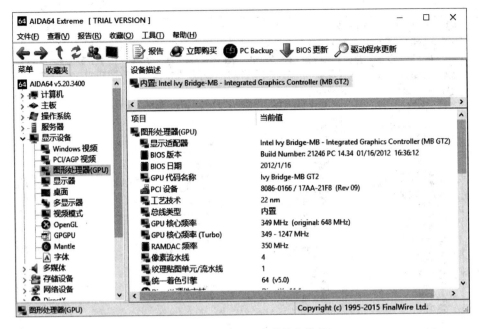

图 7-4　用 AIDA64 查看显卡信息

4．查看网卡信息

单击图 7-1 左边窗格中的"网络设备"→"Windows 网络"节点,查看网络设备信息,如图 7-5 所示。网络适配器为 1x1 11bgn Wireless LAN PCI Express Half Mini Card Adapter,硬件地址(MAC)为 20-16-D8-42-10-37。MAC 地址由 6 组字符组成,前 3 组字符是指定一个品牌的字符,后 3 组是品牌厂商自己确定的,可以对 MAC 地址后 3 组字符进行修改。

图 7-5　用 AIDA64 查看网络设备信息

7.4.2　用 CPU-Z 测试 CPU 参数

CPU-Z 1.8 中文版运行后的窗口如图 7-6～图 7-9 所示，有处理器、缓存、主板、内存、SPD 等选项卡。

图 7-6　CPU-Z 处理器

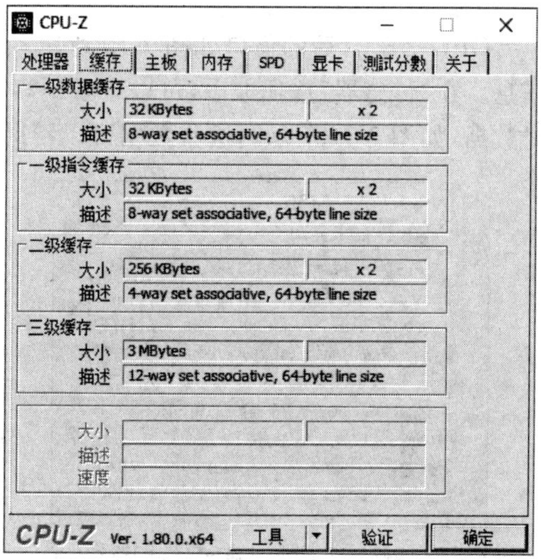

图 7-7　CPU-Z 缓存

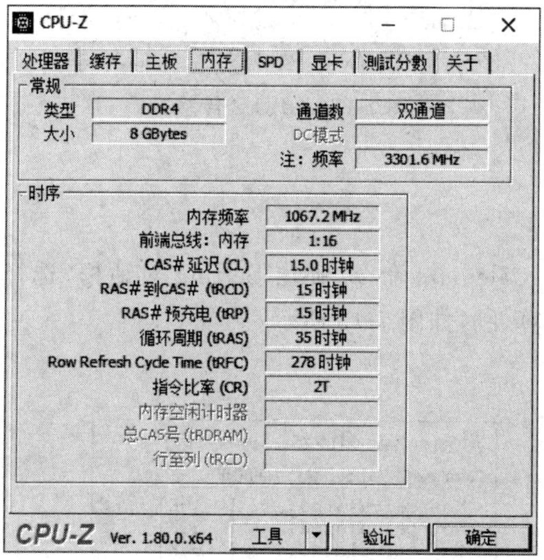

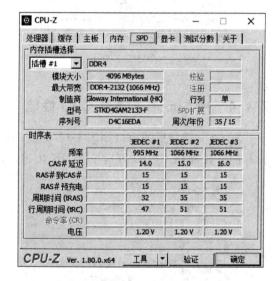

图 7-8　CPU-Z 内存

图 7-9　CPU-Z SPD

在 CPU-Z 处理器中，可以查看到关于 CPU 的全部信息，如 CPU 名称、代号、功率、插座类型、制造工艺、主频、倍频、总线频率、核心数、线程数、三级缓存等。

在 CPU-Z 缓存中，可以查看到 CPU 一级、二级数据缓存和指令缓存的大小以及三级缓存。

在 CPU-Z 内存中，可以查看到内存类型和容量，是否双通道以及内存工作时序。工作时序是衡量内存重要指标,要提高内存工作速率,可以适当减小时序值,但稳定性会降低。

在 CPU-Z SPD 中,可以查看到每条内存的详细信息,如内存类型、容量大小、最大带宽、品牌等。

7.4.3 用 GPU-Z 测试显卡参数

GPU-Z 运行后的窗口如图 7-10 所示。在"显卡"选项卡中可以查看到 GPU 和显存的信息。在"传感器"选项卡中,可以查看到 GPU 的核心频率、显存频率、GPU 温度、功耗等实时数据,如图 7-11 所示。这些数据可以帮助我们了解显卡的工作状况。

图 7-10　GPU-Z 显卡

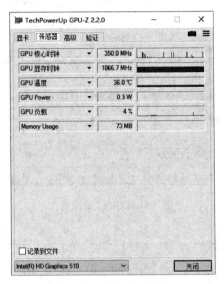

图 7-11　GPU-Z 传感器

7.4.4 用 Super π 测试 CPU 性能

Super π 运行后的窗口如图 7-12 所示,单击 Calculate 命令,弹出 Setting 对话框,选择计算的位数,如 1M(100 万),单击 OK 按钮。计算耗时如图 7-13 所示。

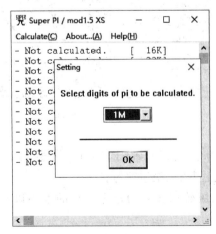

图 7-12　Super π 窗口

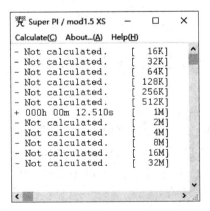

图 7-13　Super π 计算 1M(100 万)位 π 耗时

比较不同 CPU 计算相同位数 π 所需时间,可以判断 CPU 的优劣。时间越短,运算能力越强。

7.4.5　用 AS SSD Benchmark 测试固态硬盘性能

AS SSD Benchmark 运行后的窗口如图 7-14 所示。其功能是测试固态硬盘的读/写速率,使用时选择好盘符和测试文件大小(默认为 1GB),测试方式有顺序、4K、4K-64 线程、访问时间。单击"开始"按钮开始测试,测试结果显示在窗口中,最后还会计算出读/写得分和综合得分,比较这些数据就可知道固态硬盘的读/写性能。测试项目简要说明如下。

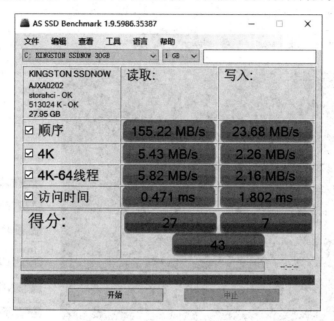

图 7-14　AS SSD Benchmark 窗口

(1)顺序:顺序读/写测试。AS SSD Benchmark 先以 16MB 为单位,持续向受测分区写入 1GB 的测试文件,然后再以同样的单位读取这个文件,最后计算平均读/写速率。

(2)4K:4K 随机读/写测试。AS SSD Benchmark 会以 512KB 为单位生成 1GB 大小的测试文件,然后在受测分区内以 4KB 为单位随机进行写入和读取测试,直到跑遍受测分区,最后计算平均读/写速率。

(3)4K-64 线程:4K 随机 64 线程测试。AS SSD Benchmark 会生成 64 个 16MB 大小的测试文件(共计 1GB),然后以 4KB 为单位,同时在这 64 个文件中进行写入和读取测试,最后计算平均读/写速率。

(4)访问时间:访问时间测试。AS SSD Benchmark 会以 4KB 为单位,随机读取整个盘符,写入则以 512B 为单位,随机写入空余空间 1GB 内,最后计算平均读/写速率。

7.4.6　用 HD Tune 测试机械硬盘参数和性能

HD Tune 运行后的窗口如图 7-15 所示,窗口中间有"基准""磁盘信息""健康状态""错误扫描""文件基准""磁盘监视器""随机存取"等多个选项卡,窗口上部有硬盘选择和硬盘温度显示。

下面介绍几个常用功能。

1. 磁盘基准测试

磁盘基准测试是指测试整个磁盘的读/写速率。在图 7-15 窗口中,右边有读取、写入选项,选择"读取"单选按钮,单击"开始"按钮开始测试。测试需要一段时间,测试结果如图 7-16 所示,在右边给出传输速率的最低、最高、平均及突发传输速率。

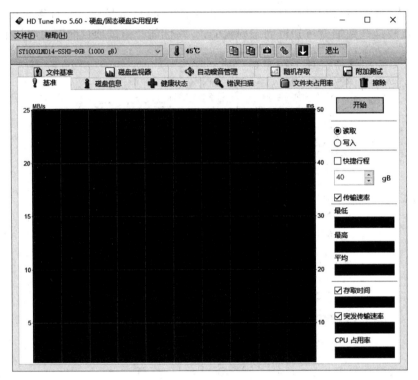

图 7-15　HD Tune 窗口

基准测试说明如下。

图表横坐标表示磁盘容量大小,从 0 开始到最大容量值。左边纵坐标为读/写速率,单位是 MB/s;右边纵坐标为存取时间,单位是 ms。测试从磁盘的外圈开始直到最内圈,由于外圈的读/写速率快,内圈的读/写速率慢,所以测试图线越往右边走越低。如果测试的是固态硬盘,则图线基本是持平的。

黄色小点表示寻道时间,测试从磁盘外圈到内圈,越往内圈寻道时间越长,故黄色小点逐渐走高。

突发传输是指计算机通过数据总线从硬盘内部缓存区中所读取数据的最高速率。这个速率与磁盘内部磁头读/写无关,只与主板芯片组和磁盘接口有关,其值要远高于磁盘内部读/写速率。

2. 磁盘文件基准测试

磁盘文件基准测试是指测试磁盘在不同文件大小下的实际传输速率。测试前选择一下盘符以及比较典型的小文件和大文件,如 1MB 和 128MB。单击"开始"按钮进行测试,如图 7-17 所示,测试所得数据越大,磁盘性能越好。

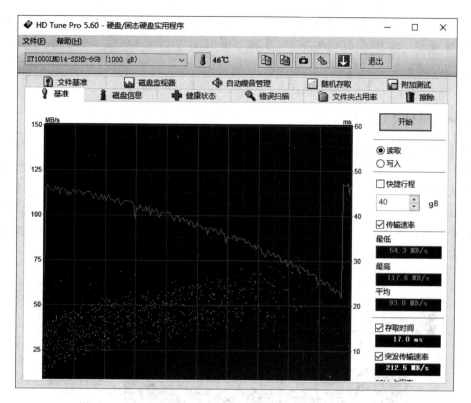

图 7-16　基准测试

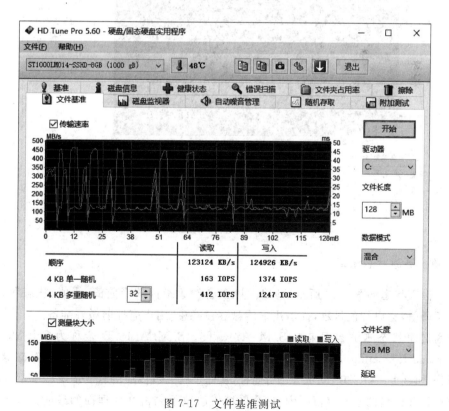

图 7-17　文件基准测试

文件基准测试也提供了顺序、4KB 单一随机、4KB 多重随机测试以及不同块大小下的文件读/写速率。图中蓝色表示读取(左边),黄色表示写入(右边),单位 IOPS(Input/Output Operations Per Second)即每秒读/写操作次数,用来衡量随机访问的性能。随着固态硬盘的普及,IOPS 可以非常直观地反映出 SSD 的随机存储能力。

3. 磁盘随机存取测试

磁盘随机存取测试是在整个磁盘内进行随机读/写测试。测试前选择"读"或"写",传输数据大小分为 512B、4KB、64KB,单击"开始"按钮进行测试,如图 7-18 所示。传输数值越大表示磁盘在随机访问上能力越强,而存取时间则是越小越好。随机存取测试结果具有重要参考价值,这是由于磁盘工作时盘片是高速旋转的,因此数据并不是顺序排列在盘片上的,而是随机存储在磁盘的各个位置,所以随机存取测试比较接近磁盘实际工作情况,测试结果比较真实反映磁盘的寻道能力。

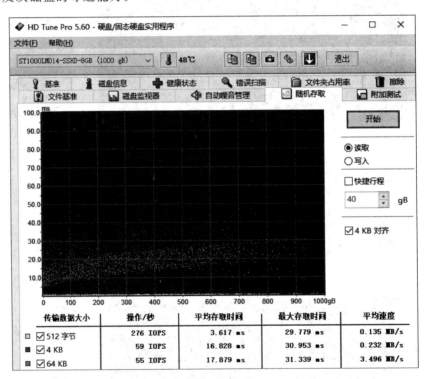

图 7-18　随机存取测试

4. 磁盘健康状态测试

磁盘健康状态如图 7-19 所示,列出了磁盘各健康指标的当前值、阈值、状态等,如果当前值小于阈值,会以红色显示,提示用户磁盘存在隐患,用户应提前做好准备。

磁盘健康状态测试数据来自 S.M.A.R.T.。S.M.A.R.T. 全称为 Self-Monitoring Analysis and Reporting Technology,是一项磁盘自我检测与分析的技术,能对磁盘的各个重要部分,如磁头、磁片和电动机等进行监控,从而了解磁盘体质的真实情况。S.M.A.R.T. 指标值保留在磁盘的系统保留区内,这个区域一般位于磁盘 0 物理面的最前面几十个物理

图 7-19　磁盘健康状态

磁道上,是由厂商来写入相关内部管理程序,不允许用户对信息进行修改,故数据真实可靠。

下面介绍几个磁盘健康重要指标项。

（1）重新映射扇区计数。S.M.A.R.T.发现一个读、写或校验错误扇区时,会将这个扇区重新映射并将数据转移到一个特殊保留的空闲区域,这些区域称为重新映射扇区。这个指标就是统计磁盘中重新映射扇区剩余个数,数值越低,说明磁盘中的错误扇区数量越多,从而降低磁盘读/写速率。

（2）当前待映射扇区计数。当前待映射扇区也就是"不稳定的"扇区。如果不稳定的扇区随后被读/写成功,这个值会降低,扇区也不会重新映射。如果读/写不成功,那么就将被映射到保留扇区中。这个指标可以和前面所说的重新映射扇区技术相结合进行判断。如果这个数值异常,很可能表明磁盘的不稳定扇区太多,即将报废。

（3）旋转重试计数。传统机械磁盘是采用电动机来驱动盘片进行高速旋转的。由于第一次启动并不能成功达到标准转速,所以就会重新启动电动机。这个指标存储的就是电动机为了达到标准转速而进行启动尝试的总计数。如果数值高可能电路或是磁盘的保留区有问题,说明磁盘的机械系统出现了问题。

（4）原始读取错误率。当磁盘从磁盘表面读取数据发生错误时,这个值就会变化。如果最差值很低的话,则磁盘多半有坏道。磁盘可能是被修复或屏蔽过坏道的产品,也可能是返修磁盘或者二手货。

（5）通电时间计数。统计磁盘累计通电时间,单位为小时。通常磁盘经过出厂检测,累计时间不应该超过 5 小时,如果新购买的磁盘这项数值明显偏高,那就说明这款磁盘很可能是翻新或者使用过的磁盘。

（6）启动/停止计数。记录磁盘的启动次数。该数值同通电时间计数一样,也能反映磁盘的新旧情况。

5．磁盘错误扫描

磁盘错误扫描功能用于检查磁盘上的坏道和坏扇区,如图 7-20 所示。磁盘错误扫描时间较长,宜在不用计算机时进行,可以全盘扫描,也可指定区域扫描。在窗口右边指定开始位置和结束位置,单位有 MB、GB、扇区和％,单击"开始"按钮进行扫描。扫描过程中可以看到灰色的格子逐渐变成了绿色或者红色。绿色表示正常,红色代表坏块。如果扫描后显示很多红色区块。说明磁盘坏道较多,需要考虑转移数据或修复坏道了。

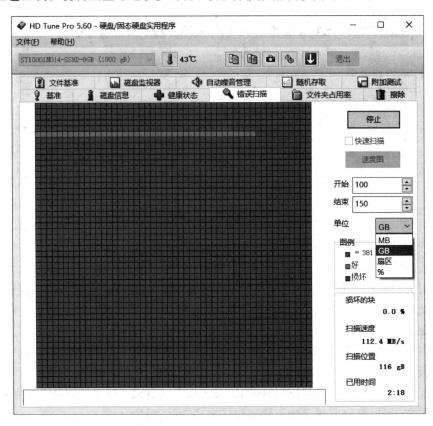

图 7-20　磁盘错误扫描

6．磁盘信息

磁盘信息如图 7-21 所示,窗口主要由 3 栏组成,最上面栏列出了各分区信息,如容量、文件系统等。中间栏列出了磁盘支持的特性。最下面栏列出了磁盘容量、接口标准等信息。

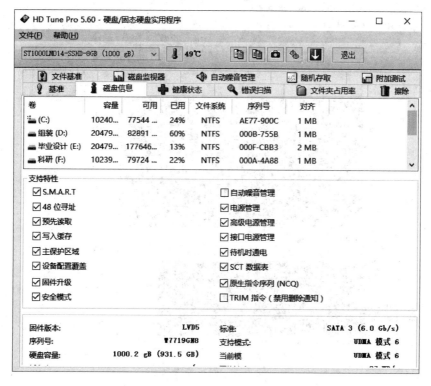

图 7-21　磁盘信息

7. 磁盘监视器

磁盘监视器可以实时监视磁盘的读取和写入状况。单击"开始"按钮启动,如图 7-22 所示。窗口上边显示读/写速率,右边显示即时读/写速率、最高速率、I/O 速率以及总计。下边图表分为"块大小""位置""程序""统计"4 个选项卡。"块大小"中可以显示不同大小块的读/写性能;"位置"中显示当前读/写的硬盘位置;"程序"中显示当前运行的程序名称、即时读/写数量和总计;"统计"中显示读/写总计传输数量、最大速率、最大 IOPS 以及不同块大小的中间速率等。

7.4.7　用 DisplayX 测试液晶显示器性能

DisplayX 运行后的窗口如图 7-23 所示,测试功能分为常规完全测试、常规单项测试、延迟时间测试和图片测试。

具体测试项目如下。

(1) 对比度。调节亮度,让色块都能显示出来并且亮度不同,注意确保黑色不要变灰,每个色块都能显示出来的好些。

(2) 对比度(高)。能够分清黑色和白色区域的显示器为上品。

(3) 灰度。测试显示器的灰度还原能力,看到的颜色过渡越平滑越好。

(4) 呼吸效应。单击鼠标时,画面在黑色和白色之间过渡时如能看到画面边界有明显的抖动,则不好,不抖动为好。

(5) 几何形状。调节几何形状以确保不会出现变形。

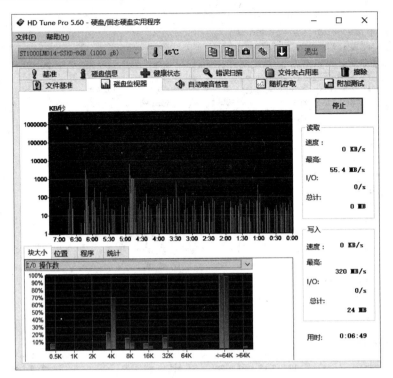

图 7-22　磁盘监视器

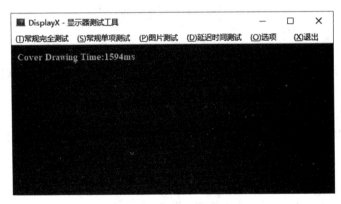

图 7-23　DisplayX 窗口

（6）纯色。主要用来检测 LCD 坏点。

（7）交错。用于查看显示效果干扰。

（8）锐利。好的显示器可以分清边缘的每一条线（主要用于大尺寸电视测试）。

7.5　总 结 提 高

　　测试软件可以帮助我们鉴别部件的真实性，了解部件的真实性能，从而正确使用部件。初学者务必亲手使用这些测试软件，了解各项测试项目的含义，比较同类部件之间的测试值的差异，合理选用部件。测试软件很多，使用一般也不难，读者可以从网上查找并下载有关测试软硬件，对各类部件进行测试。

任务8　整机测试

8.1　任务描述

用3DMark、PC Mark、鲁大师软件对计算机整机性能进行测试。

8.2　任务分析

3DMark、PC Mark是较具权威性的计算机性能测试软件,其测试结果获得广泛认同。两款软件都有中文版,使用很简单,检测完毕即给出综合评价得分。鲁大师是一款国产软件,免费使用,其特长是能精准检测计算机硬件,还能对计算机进行性能测试,测试完毕即输出测试结果和排名情况。

8.3　相关知识点

8.3.1　3DMark 11

3DMark是Futuremark公司(http://www.futuremark.com/)的一款专为测量显卡性能的软件,能衡量游戏显卡DirectX 11性能的高低。现已发行3DMark 99、3DMark 2001、3DMark 2003、3DMark 2005、3DMark 2006、3DMark Vantage、3DMark 11、3DMark for Windows。而现在的3DMark已不仅仅是一款测量显卡性能的软件,其已渐渐转变成了一款测量整机性能的软件。

3DMark 11最大的亮点是使用原生DirectX 11引擎,在测试场景中应用了包括Tessellation曲面细分、Compute Shader以及多线程在内的大量DirectX 11新特性。

3DMark 11包含4个图形测试项目,一个物理测试和一组综合性测试,并重新提供了Demo演示模式。该测试程序使用了Bullet物理引擎,支持新的在线服务,并在原有英文支持的基础上,加入了简体中文等语言的原生支持。

3DMark 11分为基本版、进阶版和专业版3个版本。基本版免费,只能进行性能级(Performance)预设测试,包括图片测试场景、物理测试场景、综合测试场景、音频视觉演示(分辨率固定于720dpi),可在线创建账户、查询和对比结果。进阶版可进行入门级(Entry)、性能级(Performance)、极限级(Extreme)3种预设的测试,允许自定义测试设置,音频视觉演示可自定义分辨率,允许离线测试结果管理和循环测试,在线结果保存无限制。专业版允许演示循环,附带画质工具,支持命令行自动运行。

8.3.2　PCMark 10

PCMark也是Futuremark公司的产品,主要用于检测系统整体性能,通过软件给出的综合评价分值评估系统的性能。PCMark 10是Futuremark公司2017年6月推出的新一代 PC 综合性能基准测试软件,专为 Windows 10 平台设计。

PCMark 10 拥有一整套性能测试流程,覆盖了当代 PC 环境的各种不同应用任务,既有此前版本测试的改进版,也有全新加入的,并提供高层、中层、低层 3 种不同测试成绩,UI 界面也进行了重新设计。PCMark 10 简化了测试方式,无须再像 PCMark 8 那样区分传统和加速测试,一键即可开始测试。检测结果可以上传到软件厂商的网站,存储的数据可以与其他已经在网站上存储的数据相比较,也可以与自己计算机下次检测时进行比较。

PCMark 10 分为 3 个版本:基本版、进阶版和专业版。PCMark 10 基本版继续免费,可以进行基础、办公、数字内容创作 3 个方面的测试。进阶版支持包括游戏在内的完整测试、自定义测试项目、硬件监视图表分析、测试结果排行、自动离线保存测试结果。专业版仅限商业用户,提供全部功能设置、技术支持,查看测试结果无须联网,可在命令行模式下测试,结果可导入微软 Excel,给予全面商业授权。

8.3.3 鲁大师

鲁大师(360 硬件大师)是一款专业、易用的硬件工具,提供国内领先的计算机硬件信息检测技术,包含最为全面的硬件信息数据库,支持最新的各种 CPU、主板、显卡等硬件。鲁大师准确的硬件检测,简洁、明了的测试报告,让计算机配置一目了然,可以协助用户辨别硬件的真伪。此外,鲁大师还有性能测试、温度管理、驱动检测、一键优化等功能。

鲁大师能定时扫描计算机的安全情况,提供安全报告,相关信息以悬浮窗形式显示,如 CPU 温度、风扇转速、硬盘温度、显卡温度等。关键部件实时监控预警,有效预防硬件故障。鲁大师虽然需要安装才能使用,但由于不依赖注册表,所以直接把鲁大师所在目录复制出来可得到鲁大师绿色版。

8.4 任 务 实 施

8.4.1 用 3DMark 11 测试显卡性能和整机性能

3DMark 11 基本版窗口如图 8-1 所示,共有 Basic(基本)、Advanced(高级)、"结果""帮助"4 个选项卡。Basic 中有"预置"和"运行"两栏。"预置"分 3 类:Entry、Performance 和 Extreme。Entry 适用于入门级计算机测试,包括大多数笔记本和平板电脑,支持低负载及 1023×600 分辨率。Performance(默认)适用于中高档计算机测试,如游戏计算机,支持中等级别负载及 1280×720 分辨率。Extreme 适用于顶级计算机测试,支持高负载及 1920× 1080 分辨率。"运行"分为完整 3DMark 11 体验(默认)、演示、基准测试 3 种。单击"运行 3DMark 11"按钮开始默认设置测试。

3DMark 11 的场景分为两种:演示场景和基准测试场景。演示场景分别是深海(Deep Sea)和神庙(High Templc)两大场景,其画面效果堪比 CG 电影,其中微星潜水艇以及安泰克越野车成了很多 DIY 们(除了画质外)津津乐道的话题。

3DMark 11 的基准测试分为 4 个图片测试、一个物理测试以及一个综合测试。4 个图形测试主要考验 DirectX 11 显卡的构图、细分曲面等渲染能力。物理测试考验 CPU 的构图能力。综合测试考验显卡与 CPU 的综合性能,华丽的 3D 构图加上大量的物理动作(石

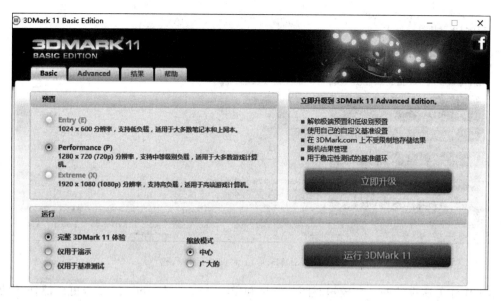

图 8-1　3DMark 11 窗口

柱倒塌的物理运算）为测试方式。

　　3DMark 11 经过数十分钟测试后，给出测试结果，如图 8-2 所示。图中 P892 是 3DMark 得分，P 指的是 Performance 测试，783 是图片测试得分，2300 是物理测试得分，1024 是综合测试得分。同时，给出受测计算机性能在排行榜中的情况，如图 8-3 所示。

图 8-2　3DMark 11 测试结果

8.4.2　用 PCMark 10 测试整机性能

　　PCMark 10 基本版窗口主页如图 8-4 所示。PCMark 10 共有"主页""基准测试""结果""选项"4 个选项卡。主页中有"运行""解锁更多测试""激活"3 个按钮，如图 8-5 所示，提供了语言选择、系统信息选择、获取帮助、产品注册、版本信息等。基准测试如图 8-6 所示，分为 3 种测试模式：PCMark 10 针对现代办公所设计的基准测试、PCMark 10 Express 针对

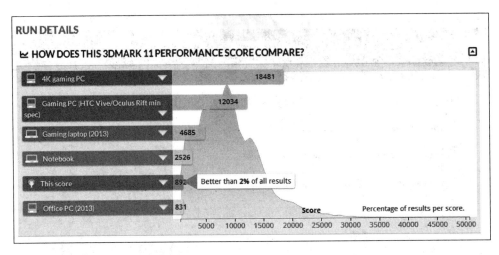

图 8-3　3DMark 11 测试结果排行榜

基本工作任务所设计的一个较短时间的测试和 PCMark 10 Extended 涵盖更广泛任务的一个较长的测试。单击"运行"按钮开始测试。

图 8-4　PCMark 10 主页

　　PCMark 10 基准测试通过基于现实生活中的任务和应用作为测试来衡量计算机性能，包括常用基本功能、生产力和数字内容创作测试组合。

　　常用基本功能测试组合涵盖了人们使用计算机最常见的方式。测试工作负载包括应用程序启动、视频会议和网页浏览（测量启动一系列应用程序所需的时间）。

　　生产力测试组合测量系统性能与日常办公应用程序。测试工作负载包括电子表格和编写。

　　数字内容创作测试组合反映数字内容和媒体操作的需求。测试工作负载包括照片编辑、渲染与视觉化和视频编辑。

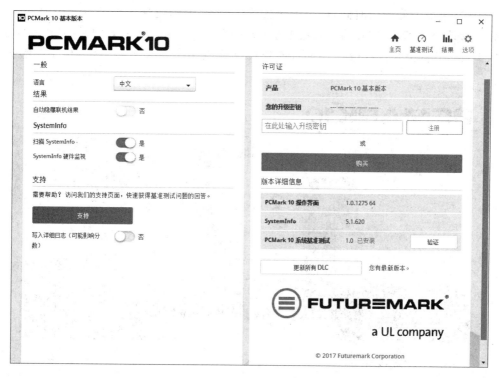

图 8-5　PCMark 10 选项

图 8-6　PCMark 10 基准测试

测试需要数十分钟的时间,最后列出各测试结果,并给受测计算机系统一个 PCMark 10 分数,如图 8-7 所示,较高的分数意味着更好的性能。测试分数有效的话,自动将分数列入 PCMark 10 的公共排行榜中,并可能有资格用于 Futuremark 名人堂和其他超频竞争中。

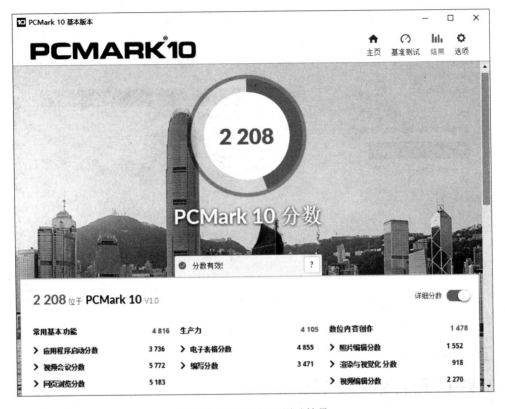

图 8-7　PCMark 10 测试结果

8.4.3　用鲁大师测试硬件参数和整机性能

鲁大师窗口如图 8-8 所示,共有"硬件体检""硬件检测""温度管理""性能测试""驱动检测""清理优化""装机必备""游戏库"8 个选项卡。在"硬件体检"选项卡中,单击"硬件体检"按钮进行硬件检测,完成后给出体检结果,如图 8-9 所示。如果体检中发现问题,会列出来提示用户修复。如要查看计算机硬件信息,选择"硬件检测"选项卡,单击"扫描"按钮,结果如图 8-10 所示,左边窗格列出硬件名称,右边窗格列出对于硬件的详细信息。

选择"性能测试"选项卡,单击"开始评测"按钮,鲁大师对计算机整机进行评测,最后结果如图 8-11 所示。共有计算机综合性能、处理器性能、显卡性能、内存性能、硬盘性能 5 个评分,分值越高性能越好。

处理器性能是鲁人师对用户计算机的处理器以及处理器与内存、主板之间的配合性能进行评估的结果。鲁大师 5.15 版调整了处理器异构计算能力评测方法,更全面、均衡地对处理器异构计算进行评估,从而更公平地反映处理器性能。为了更直观地反映不同处理器的性能,拉大性能强弱处理器之间的分值差距,鲁大师 5.15 版开始调整处理器跑分规则,新规则使性能较差的处理器跑分更低,性能较好的处理器跑分更高。

图 8-8　鲁大师窗口

图 8-9　硬件体检结果

　　显卡性能是鲁大师通过游戏模拟场景对显卡的 3D 游戏性能进行性能评估，3D 游戏性能是显卡好坏的重要指标。鲁大师 5.15 版调整了显卡跑分参数，加大了显卡的跑分压力。

　　综合性能主要通过处理器测评分数和显卡测评分数综合计算所得。

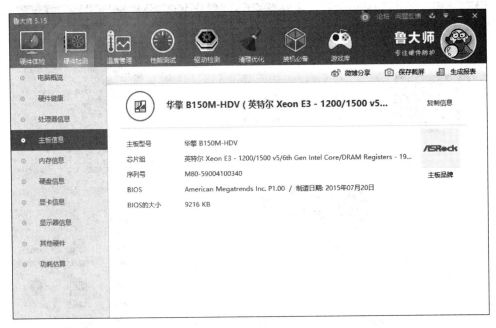

图 8-10　硬件检测结果

图 8-11　性能测试结果

鲁大师提供了综合性能排行榜、处理器排行榜、显卡排行榜,测试完成后单击相应排行榜可以查看自己计算机在综合性能排行榜中的位置。

8.5　总　结　提　高

3DMark 是 Futuremark 公司的一款专业测试显卡性能的软件,现在已经演变为测试整机性能的标准测试软件,3DMark 测试分是衡量计算机性能标志性的一个重要指标。PCMark 也是 Futuremark 公司测试计算机整机性能的软件,测试项目紧扣实际应用,并提供排行榜揭示受测计算机性能情况。鲁大师是一款国产软件,简单易用,其精准的硬件识别能力获得广大计算机爱好者称道。

计算机整机性能除了用专业测试软件外,还可以用实用工具软件或游戏软件来测试。由于影响计算机性能因素众多,若要比较不同计算机的性能差异,最好处在相对一致的环境下进行。

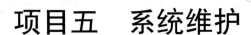

项目五 系统维护

操作系统会因安装、卸载软件产生大量垃圾,上网时也会产生大量临时文件,系统在使用时可能会遭受木马的潜入……系统使用过程中的多种因素都会让用户感觉操作系统不够强劲。为了使计算机系统的所有资源能协调一致地工作,用户在日常使用中必须对计算机系统进行必要的维护。

本项目从系统常规维护、杀毒软件使用、系统备份与恢复、数据恢复、刻录数据光盘、系统故障排除这几个方面介绍操作系统的维护方法。

任务 9 系统常规维护

9.1 任 务 描 述

Windows 操作系统是一个非常庞大的系统,使用不当就可能会运行不稳定。采取一定的措施,使系统保持在良好的运行状态是系统维护的主要目的。同时,计算机硬件系统的维护也是系统常规维护的重要部分。本任务主要是通过常规、实用的方法来维护计算机的硬件系统和软件系统。

9.2 任 务 分 析

计算机系统的维护方法是多种多样的,本任务主要是通过维护硬件系统、清理 C 盘的空间、整理分区磁盘碎片、设置虚拟内存、添加系统补丁、备份和恢复系统注册表等方法来维护与优化系统。

9.3 相 关 知 识 点

9.3.1 常用维护工具

(1)螺丝刀。应选用长把和短把带磁性的十字螺丝刀各 1 把,小一字螺丝刀 1 把。

(2)尖头镊子。可以用来夹持小物件,如螺丝帽和跳线等,应选用不锈钢镊子。

（3）扁嘴钳或尖嘴钳。用来固定主板的铜螺柱和拆卸机箱上铁挡片。

（4）毛刷、吹尘器或吸尘器。毛刷用来清扫计算机内部的灰尘，然后用吹尘器或吸尘器清除灰尘。

（5）无水酒精。用于易腐蚀部位的清洁。

（6）棉球。用来蘸取无水酒精后擦拭硬件。

（7）清洗盘。用来清洗光驱读/写头。

9.3.2　磁盘清理

默认情况下，Windows 7 开启了系统还原功能。只要正常使用机器，系统会每隔一段时间自动设置一个还原点，方便用户在系统出问题时恢复到当时的状况。系统还原点占用一定的磁盘空间，累积的还原点多了，会占用大量的磁盘空间。

每一次上网，系统都会将相应文件保存在用户的 Temporary Internet Files 目录下，并在 Cookies 目录有相应记录。其他常规操作也会创建一些临时文件及备份文件，所有这些文件占用的容量是不容忽视的。所以有必要在计算机使用了一段时间后，对系统磁盘进行清理，删去这些临时文件，使硬盘有更大的可用空间。

9.3.3　磁盘碎片

磁盘碎片应该称为文件碎片。在磁盘分区中，文件是被分散保存到磁盘的不同地方的，而不是连续地保存在磁盘连续的簇中。另外，在文件操作过程中，Windows 操作系统可能会调用虚拟内存来同步管理程序，这样就会导致各个程序对硬盘频繁读/写，从而产生磁盘碎片。

硬盘使用的时间长了，文件的存放位置就会变得支离破碎——文件内容将会散布在硬盘的不同位置上。这些"碎片文件"的存在不仅会降低硬盘的工作效率，还会增加数据丢失和数据损坏的可能性。碎片整理程序把这些碎片收集在一起，并把它们作为一个连续的整体存放在硬盘上。Windows 7 自带这样的程序，即磁盘碎片整理程序，还有一些专业的工具软件，如 Norton Utilities 和 Nuts&Bolts 等也可以很好地完成此项工作。

9.3.4　虚拟内存

虚拟内存是用硬盘空间作内存来弥补计算机 RAM 空间的缺乏，它是作为物理内存的"后备力量"而存在的，当实际 RAM 满时（实际上，是在 RAM 满之前），虚拟内存就在硬盘上创建了。虚拟内存实际在硬盘中表现为一个临时文件，用来保存程序运行时要用到但系统物理内存又没有足够空间存放的数据。在 Windows 7 操作系统的 C 盘根目录下有一个名为 pagefile.sys 的系统文件，它的大小经常自己发生变动，小的时候可能只有几百 MB，大的时候则有数个 GB，这就是虚拟内存的页面文件。

9.3.5　注册表

注册表可以说是操作系统用来存储计算机系统硬件、软件、用户环境以及系统运行状态信息的一个数据库。有了注册表，操作系统就知道了当前计算机拥有哪些硬件、各硬件的品牌、安装了哪些软件，从而能够很好地去控制这些硬件和软件。

注册表由用户配置文件和注册表文件两大部分组成。用户配置文件存放在安装操作系统的磁盘的根目录的 Documents and Settings 目录下的用户名目录中,包含两个隐藏文件 Ntuser.dat 和 Ntuser.int 以及日志文件 Ntuser.log。注册表文件一般存放于安装操作系统的磁盘的 Windows\system32\config 文件夹中,包含文件名为 Default、Sam、Security、Software、System 的扩展名为.log、.sav 等多个文件。

9.4　任　务　实　施

9.4.1　硬件设备的维护

本小节介绍各种硬件设备的一般维护方法,在开始拆卸计算机之前首先要导去身上的静电,这一点是和装机相同的。具体操作步骤如下。

1. 准备工作

拔下显示器、键盘、鼠标、电源等与主机的连线,然后打开机箱,断开机箱内部的各条数据线、电源线、信号线,接下来拆卸各种板卡、CPU 和内存。

2. 清洁机箱的内部

长期使用的计算机往往机箱内存有大量的灰尘,各种板卡的表面也会积有大量的灰尘。用拧干的湿抹布擦拭机箱,个别不易擦拭的角落可以使用毛刷清洁,然后将计算机放在容易晾干水分的地方。

各种板卡和内存条的金手指可能被氧化了,可以将板卡或内存条在各自的插槽中反复插拔几次,将金手指表面的氧化层磨去。主板或各种板卡可以用蘸取无水酒精后的棉球擦拭。

CPU 的风扇的灰尘或许是最多的,仍然可以用毛刷将风扇扇叶里的灰尘清除。

3. 清洁显示器

把湿抹布拧干,仔细擦拭显示器外壳,注意不要把水挤出来,否则流进散热孔里就麻烦了。如果污垢难以擦掉,可以用橡皮来擦,只是不要把碎屑掉进散热孔里。假如显示器外壳过脏,最好每个星期擦拭一次。

显示器屏幕表面涂合各种保护层,不能使用任何有机溶剂来擦拭。可以用拧干的湿抹布(也可以用脱脂棉或镜头纸)擦拭屏幕,擦拭时,从屏幕中央逐渐扩展到边框,力量要轻。擦完后水分一定要晾干,否则不能开机。

4. 清洁键盘和鼠标

键盘和鼠标也可以用湿抹布来清洁。键盘按键之间可能难以擦到,可以用棉签蘸水去擦。有的键盘是防水的,可以在自来水龙头下使用刷子刷干净,不过晾晒需要的时间长一些。

9.4.2　清理系统磁盘 C 分区

使用磁盘清理工具可以帮助用户释放硬盘驱动器空间,删除临时文件、Internet 缓存文件和安全删除不需要的文件，腾出它们占用的系统资源，以提高系统性能。

（1）依次单击"开始"→"控制面板"→"系统与安全"→"释放磁盘空间"→"磁盘清理"按钮，打开"磁盘清理：驱动器选择"对话框，如图 9-1 所示。

（2）在"磁盘清理：驱动器选择"对话框的"驱动器"下拉列表框中选择所要清理的 C 磁盘分区后，单击"确定"按钮，则弹出"（C:）的磁盘清理"对话框，如图 9-2 所示，在"磁盘清理"选项卡中选择要删除的文件。

图 9-1　选择驱动器

（3）在"（C:）的磁盘清理"对话框中单击"确定"按钮，则弹出一个确认对话框，如图 9-3 所示，单击"删除文件"按钮则开始磁盘清理，清理完成后自动关闭该磁盘清理工具软件。

图 9-2　清理选项设置　　　　　　　图 9-3　确认对话框

9.4.3　对系统磁盘 C 分区进行碎片整理

（1）依次单击"开始"→"控制面板"→"系统与安全"→"对硬盘进行碎片整理"按钮，打开"磁盘碎片整理程序"窗口，如图 9-4 所示。

（2）选择所要进行碎片整理的 C 磁盘分区，单击"分析磁盘"按钮，系统开始对 C 磁盘分区进行分析，最后得出 C 磁盘分区有多少比例的磁盘碎片，看是否有必要进行碎片整理，如图 9-5 所示。

（3）分析后得出需要对磁盘进行整理，单击"磁盘碎片整理"按钮，开始对 C 磁盘分区进行碎片整理。

> **提示**：在对磁盘进行碎片整理期间，最好关闭病毒防火墙等一些常驻内存的程序，并且不要运行其他应用程序，以保证碎片整理工作的正常进行。

图 9-4 "磁盘碎片整理程序"窗口

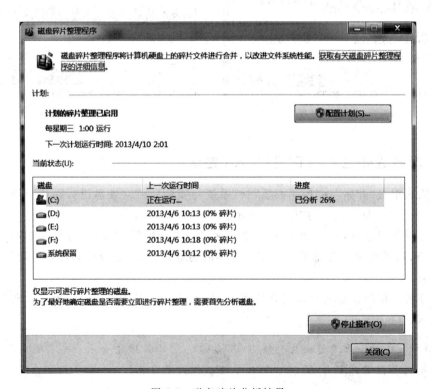

图 9-5 磁盘碎片分析结果

9.4.4　设置虚拟内存

（1）依次单击"开始"→"控制面板"→"系统与安全"→"系统"按钮，打开"系统属性"对话框的"高级"选项卡，如图 9-6 所示。

图 9-6　"高级"选项卡

（2）单击"性能"选项组中的"设置"按钮，打开"性能选项"对话框，如图 9-7 所示。

（3）单击"虚拟内存"选项组中的"更改"按钮，打开"虚拟内存"对话框，如图 9-8 所示，即可对虚拟内存进行设置。

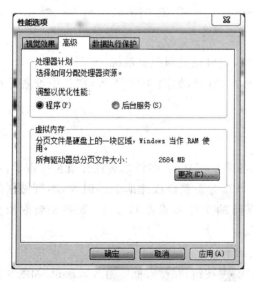

图 9-7　"性能选项"对话框

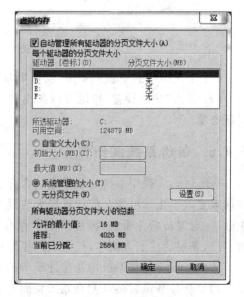

图 9-8　"虚拟内存"对话框

如何确定虚拟内存的大小呢？初学者可以选择"自动管理所有驱动器的分页文件大小"复选框，即由系统来自动管理虚拟内存的大小。如果要手动设置虚拟内存的大小，则首先取消选择"自动管理所有驱动器的分页文件大小"复选框，然后单击"自定义大小"单选按钮来设置虚拟内存容量的范围，在实际使用过程中按照实际内存容量的 1.5～3 倍来设置虚拟内存的大小。

9.4.5　添加系统补丁

Microsoft 提供重要更新，包括安全和其他重要更新，它们可以帮助保护计算机，防止遭受那些通过 Internet 或网络传播的新病毒和其他安全威胁的攻击。其他更新包含增强功能，如那些可以帮助计算机运行得更加平稳的升级程序和工具。

设置系统自动更新的具体操作步骤如下。

（1）依次单击"开始"→"控制面板"→"系统与安全"→Windows Update 按钮，在弹出的窗口中单击左侧的"检查更新"选项，如图 9-9 所示。

图 9-9　检查更新界面

（2）系统搜索到更新后单击"安装更新"按钮，则可以更新现有系统。

（3）单击"更改设置"按钮可以弹出"更改设置"窗口，如图 9-10 所示，在其中设置系统更新选项。

9.4.6　备份系统注册表

Windows 7 操作系统的注册表包含有复杂的系统信息，这些信息对计算机至关重要，对注册表更改不正确可能会使计算机无法操作。当真的需要修改注册表的时候，不管做任何更改，一定要备份注册表，将备份副本保存到保险的文件夹或者 U 盘中，如果想要取消更改，导入备份的注册表副本，就可以恢复原样了。

Windows 7 操作系统中备份注册表的方法如下。

（1）单击 Windows 7 操作系统桌面左下角的 按钮，在搜索框中输入 regedit，如图 9-11 所示，按 Enter 键或者单击搜索到的程序，即可打开"注册表编辑器"窗口。有时候系统会提示要求输入管理员密码或 UAC 确认。

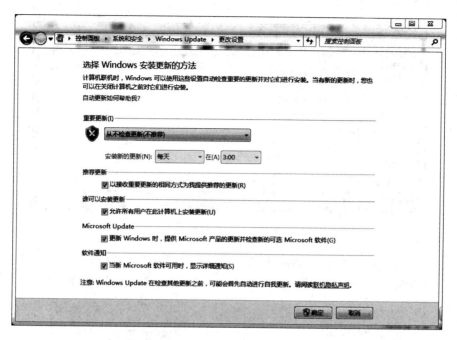

图 9-10　"更改设置"窗口

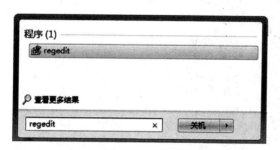

图 9-11　执行 regedit 命令

（2）找到注册表中需要备份的项或子项，单击选中，如图 9-12 所示。

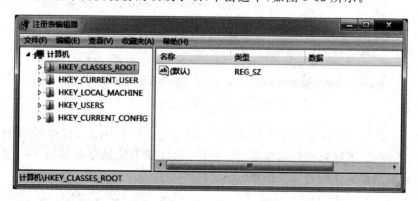

图 9-12　选择需要备份的项或子项

（3）选择"文件"→"导出"命令，如图 9-13 所示。如果需要导入注册表，就在这个界面的"文件"菜单中选择"导入"命令。

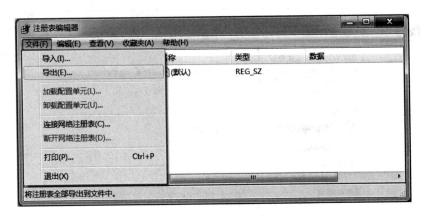

图 9-13 导出注册表

(4) 在"导出注册表文件"对话框的"保存在"下拉列表框中,选择要保存备份副本的文件夹位置,然后在"文件名"文本框中输入备份文件的名称,如图 9-14 所示。

图 9-14 保存注册表文件

(5) 单击"保存"按钮,当前注册表信息就会被保存在一个.reg 文件中,如果注册表发生什么错误或者问题,可以用相似的步骤,将保存好的注册表信息导入 Windows 7 操作系统中,就可以轻松地解决注册表错误导致的问题。

提示:必须以管理员身份登录才能导入完整的信息,如果不是以管理员身份登录,则仅能更改适用于当前用户账户的设置。另外,在编辑注册表之前,最好使用"系统还原"创建一个还原点。该还原点包含有关注册表的信息,可以使用该还原点取消对系统所做的更改。

9.5　总结提高

　　系统的常规维护主要有计算机硬件系统和软件系统的维护。硬件维护主要维护计算机的硬件部件,软件维护主要维护计算机的操作系统和用户软件。磁盘空间的清理可以清除系统运行过程中产生的垃圾文件和临时文件,让系统和用户有更多的运行空间。磁盘碎片整理和虚拟内存设置可以加快计算机系统的运行速度,为系统添加补丁则可以让操作系统更加安全、稳定、可靠。计算机用户应该养成定期对计算机系统进行日常维护的良好习惯。

任务10　杀毒软件使用

10.1　任务描述

　　操作系统是一个非常庞大、复杂的系统软件,尽管系统的设计之初就着重考虑了系统的健壮性和稳定性,但是系统的一些设计缺陷和漏洞以及计算机病毒的出现使得计算机系统的安全性受到了严重的威胁。随着计算机的普及,特别是网络的普及,计算机病毒和黑客恶意攻击更是日益频繁。如何有效地保护好自己使用的计算机系统,使之处于良好的工作状态,应该是每位计算机使用者的重要任务。显然安装杀毒软件及防火墙是非常必要的。本任务主要就是介绍和学习操作系统杀毒软件的安装与使用。

10.2　任务分析

　　本任务主要介绍使用瑞星杀毒软件进行病毒查杀。杀毒软件很多,使用方法相近,读者自行学习、使用。

10.3　相关知识点

10.3.1　计算机病毒

　　计算机病毒(Computer Virus)在《中华人民共和国计算机信息系统安全保护条例》中被明确定义:"编制者在计算机程序中插入的破坏计算机功能或者破坏数据,影响计算机使用并且能够自我复制的一组计算机指令或者程序代码。"

　　计算机病毒不是天然存在的,是某些人利用计算机软件和硬件所固有的脆弱性编制的一组指令集或程序代码。它能通过某种途径潜伏在计算机的存储介质(或程序)里,当达到某种条件时即被激活,通过修改其他程序的方法将自己的精确复制或者可能演化的形式放入其他程序中,从而感染其他程序,对计算机资源进行破坏。计算机病毒具有繁殖性、破坏性、传染性、潜伏性、隐蔽性和可触发性。

10.3.2 杀毒软件

杀毒软件也称反病毒软件或防毒软件,是用于消除计算机病毒、特洛伊木马和恶意软件的一类软件。杀毒软件通常集成监控识别、病毒扫描和清除、自动升级等功能,有的杀毒软件还带有数据恢复等功能,是计算机防御系统(包含杀毒软件、防火墙、特洛伊木马和其他恶意软件的查杀程序、入侵预防系统等)的重要组成部分。

杀毒软件一般由两部分构成,一部分是主程序,另一部分是病毒库。病毒库中记录了所有已知病毒的特征码,当杀毒软件进行查杀毒时,主程序会把用户计算机中的任何可疑代码与病毒库中的病毒特征码做比较,如果这两种代码是一致的,就认为是病毒,随后根据用户的操作选择,进行清除病毒、直接删除感染文件和忽略等操作。

10.3.3 目前流行的杀毒软件

目前流行的杀毒软件不下数十种,每年各大IT网站都会推出自己的杀毒软件排行榜,对于各种杀毒软件各大网站褒贬不一、众说纷纭。下面介绍几款流行的杀毒软件。

(1) 360杀毒软件。360杀毒软件是360安全中心出品的一款国产免费的云安全杀毒软件。360杀毒软件无缝整合了BitDefender病毒查杀引擎、小红伞杀毒引擎、360QVM第二代人工智能引擎、360系统修复引擎以及360安全中心潜心研发的云查杀引擎。五引擎智能调度,为用户提供完善的病毒防护体系。360杀毒软件具有查杀率高、资源占用少、升级迅速等优点。同时,360杀毒软件可以与其他杀毒软件共存,是一个理想杀毒备选方案。

(2) 瑞星杀毒软件。瑞星杀毒软件是一款基于瑞星"云安全"系统设计的新一代杀毒软件。深度应用"云安全"的全新木马引擎、"木马行为分析"和"启发式扫描"等技术保证将病毒彻底拦截和查杀。再结合"云安全"系统的自动分析处理病毒流程,能第一时间极速将未知病毒的解决方案实时提供给用户。

(3) 卡巴斯基反病毒软件。这是一款来自莫斯科的国际著名安全软件,能够保护家庭用户、工作站、邮件系统和文件服务器以及网关。除此之外,还提供集中管理工具、反垃圾邮件系统、个人防火墙和移动设备的保护,包括Palm操作系统、手提电脑和智能手机。

(4) 诺顿防病毒软件。来自美国赛门铁克公司的诺顿防病毒软件,凭借其独创的基于信誉评级的诺顿全球智能云防护等创新科技,提供了业界领先的安全解决方案,其中包含计算机防护、网络防护、全球智能云防护、入侵防护4个强大的独特防护层,经证实可主动阻止在线威胁,提前防止病毒感染用户的计算机。

10.4 任务实施

使用瑞星杀毒软件

1. 安装瑞星杀毒软件

从瑞星官方网站下载瑞星杀毒软件,该版本完美支持64位操作系统,可以很好地运行在Windows Vista/7/8/10操作系统下。运行目前瑞星杀毒软件安装应用程序(RavV17std.exe)会弹出安装设置界面,如图10-1所示。单击"自定义安装"按钮并确定安装目录后单击"快速安装"按钮,则进入自动安装界面,如图10-2所示。软件界面如图10-3所示。

图 10-1　安装设置界面

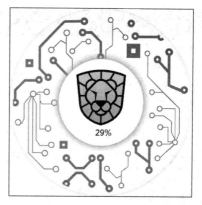

图 10-2　自动安装界面

图 10-3　瑞星杀毒软件主界面

2．升级瑞星杀毒软件

　　单击瑞星杀毒软件主界面左上方的"检测更新"按钮,则会弹出软件升级界面,如图 10-4 所示,软件会自动进行更新。若单击"升级完成"按钮,则会返回软件主界面。单击主界面右上角的菜单按钮 ▤,然后单击"系统设置"→"产品升级"按钮,则会弹出升级设置界面,如图 10-5 所示。

图 10-4　软件升级界面

图 10-5　升级设置界面

3．使用瑞星杀毒软件查杀 C 盘的病毒

（1）单击软件主界面左边的"病毒查杀"按钮，则会弹出病毒查杀界面，如图 10-6 所示。界面中有 3 个按钮：左边是"全盘查杀"按钮，用于全面查杀系统及整个硬盘，最大限度保证系统安全，但整个查杀过程会耗费较长时间；中间是"快速查杀"按钮，可以快速查杀硬盘的重要区域，高速清除活体病毒；右边是"自定义查杀"按钮，用于查杀指定目录内的文件，确保目录和文件的安全。

图 10-6　病毒查杀界面

（2）单击"自定义查杀"按钮，弹出"选择查杀目录"对话框，如图 10-7 所示，选择"本地磁盘(C:)"复选框以查杀 C 盘的病毒，同时为了安全可以选择"桌面""系统引导区""系统内存""系统目录""自启动程序""IE 插件"复选框。

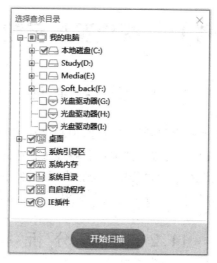

图 10-7　选择查杀目录

（3）单击"开始扫描"按钮，则开始查杀病毒，界面如图 10-8 所示。

图 10-8　开始查杀界面

10.5　总结提高

通过本任务的学习，读者了解了计算机病毒、杀毒软件以及如何使用目前流行的杀毒软件。

杀毒软件的使用步骤基本上是安装→激活→查杀病毒→病毒库升级。使用杀毒软件进行查杀病毒的步骤：①选择查杀病毒的对象(一个文件、文件夹或者盘符)；②单击"杀毒"按钮进行杀毒。

任务 11　系统备份与恢复

11.1　任 务 描 述

虽然操作系统具有一定的非常健壮和稳定性,但是设计漏洞与代码漏洞却几乎是不可避免的,加之应用软件或多或少也会有一些漏洞和硬件兼容性的问题,以及用户的使用水平也是参差不齐,因此,操作系统在使用过程中难免会出现死机、蓝屏等较为严重的故障,这会严重威胁操作系统的安全与稳定。本任务主要介绍和学习操作系统备份与恢复。

11.2　任 务 分 析

本任务介绍使用 Windows 7 自带的工具和 Ghost 软件对操作系统进行备份与恢复。

11.3　相 关 知 识 点

Ghost

Ghost 软件是美国赛门铁克公司推出的一款出色的硬盘备份还原工具,可以实现 FAT32、NTFS、OS/2 等多种硬盘分区格式的分区及硬盘的备份还原。Ghost 是一款克隆软件,其备份还原是以硬盘的扇区为单位进行的,也就是说将一个硬盘上的物理信息完整复制到另一个硬盘上。Ghost 支持将分区或硬盘直接备份到一个扩展名为.gho 的文件中,也支持直接备份到另一个分区或硬盘上。

11.4　任 务 实 施

在备份系统前,最好用 360 安全卫士、Windows 优化大师把系统垃圾清理一下,并把需要的系统补丁都打上,确保备份的是一个最佳状态的系统,更要保证系统是无毒无木马的。

11.4.1　使用 Windows 7 自带的工具备份与恢复系统

1. 使用 Windows 7 自带的工具备份系统

(1) 进入 Windows 7 计算机桌面,单击 按钮,在弹出的"开始"菜单中选择"控制面板"命令,如图 11-1 所示。在弹出的"控制面板"窗口中找到"备份和还原",如图 11-2 所示。如果觉得默认图标太小不好查找,可单击"控制面板"右侧的"大图标"按钮。

(2) 单击"备份和还原"按钮进入备份还原设置界面,如图 11-3 所示。单击"设置备份"

图 11-1 "开始"菜单

图 11-2 控制面板

按钮,弹出"设置备份"对话框。主要是设置将备份文件存放在哪里,如图 11-4 所示,这里将备份文件存放在 D 盘中。

(3)单击"下一步"按钮,弹出如图 11-5 所示的对话框,选择备份内容。这里选中"让我选择"单选按钮,弹出一个新对话框,自己确定将备份哪些文件,通常可以选择备份 C 盘,如图 11-6 所示。

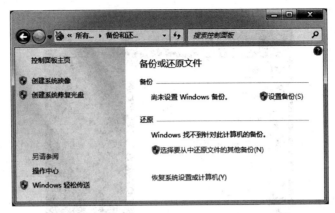

图 11-3　备份还原设置界面

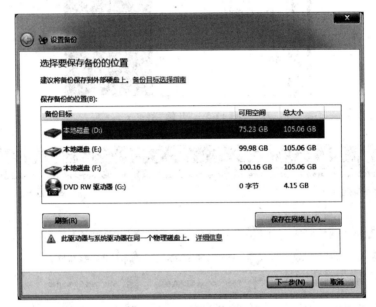

图 11-4　选择要保存备份的位置

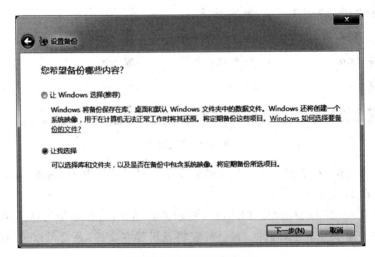

图 11-5　选择备份内容(1)

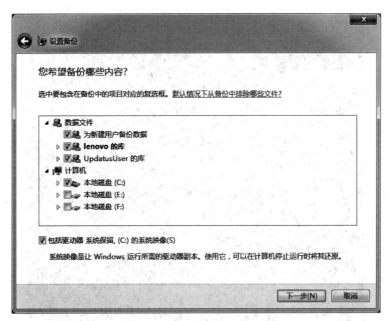

图 11-6　选择备份内容(2)

（4）单击"下一步"按钮，弹出如图 11-7 所示的对话框，单击"保存设置并运行备份"按钮，开始进行系统备份。

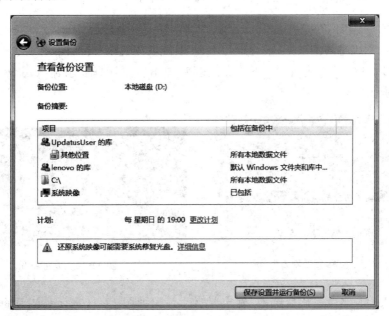

图 11-7　保存设置并运行备份

2．使用 Windows 7 自带的工具恢复系统

（1）当系统出现故障时，系统还原就有用了。重启计算机，按住 F8 键不放，直到出现高级启动菜单，如图 11-8 所示。

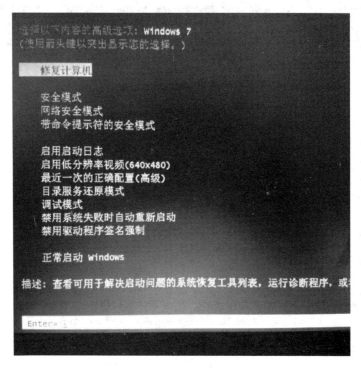

图 11-8　高级启动菜单

（2）选择"修复计算机"并按 Enter 键。此时，屏幕上会显示"Windows 正在加载文件"，稍后出现系统开机时的滚动条，最终打开一个"系统恢复选项"对话框，并要求选择键盘输入方式，如图 11-9 所示。直接单击"下一步"按钮，弹出新对话框要求输入用户名及密码，如图 11-10 所示。

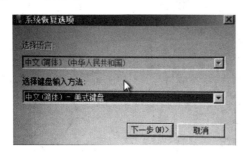

图 11-9　选择键盘输入方式

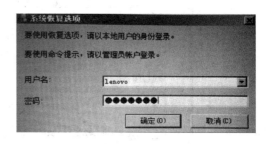

图 11-10　验证身份

（3）输入用户名及密码后单击"确定"按钮，弹出如图 11-11 所示的对话框。单击其中的"系统还原"链接，弹出"系统还原"对话框，如图 11-12 所示。

（4）单击"下一步"按钮，弹出如图 11-13 所示的对话框，选择将系统恢复到哪个还原点。其中列出了用户备份系统后创建的所有还原点。选中"显示更多还原点"复选框，则会显示出系统在安装重要软件或系统升级时自动创建的还原点，如图 11-14 所示。

（5）单击"下一步"按钮，弹出如图 11-15 所示的对话框。单击"完成"按钮，即可开始还原。

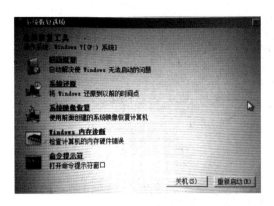

图 11-11　选择恢复工具

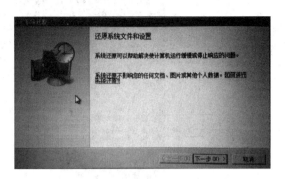

图 11-12　开始设置系统还原选项

图 11-13　选择还原点

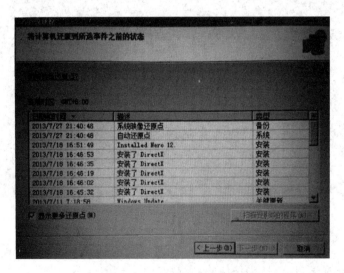

图 11-14　显示更多还原点

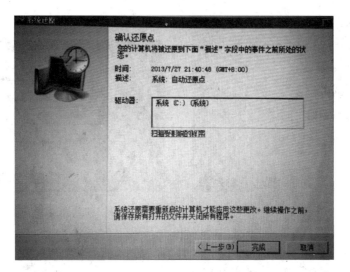

图 11-15 确认还原点

11.4.2 使用 Ghost 软件备份与恢复系统

1. 使用 Ghost 软件备份系统

使用 Ghost 软件备份与恢复系统时最好使用 DOS 版的 Ghost,这样比较安全与可靠。通常把 Ghost 软件复制到启动软盘(U 盘)里,也可将其刻录进启动光盘,具体操作步骤如下。

(1)用启动盘(软盘或 U 盘或光盘)启动后进入 DOS 环境,在命令提示符下输入 ghost,按 Enter 键即可运行 Ghost。首先出现的是关于界面,如图 11-16 所示。

(2)单击 OK 按钮进入 Ghost 主界面(见图 11-17),在主界面中选择 Local→Partition→To Image 命令,弹出硬盘选择窗口(见图 11-18)。

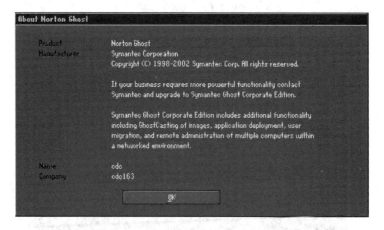

图 11-16 关于界面

(3)在图 11-18 所示的硬盘选择窗口中,选择要进行备份的系统所在的硬盘。单击 OK 按钮,弹出分区选择窗口,选择要备份的系统所在的分区,通常选择第一个分区(即 C 盘),如图 11-19 所示。

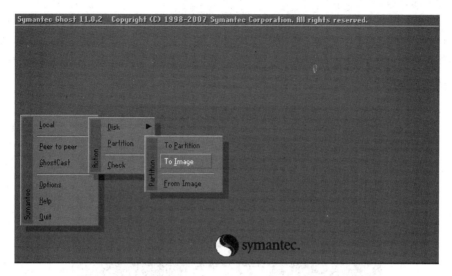

图 11-17 Ghost 主界面

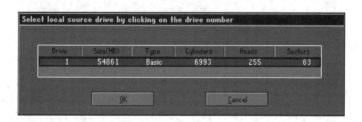

图 11-18 硬盘选择窗口

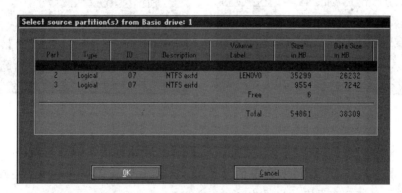

图 11-19 分区选择窗口

（4）单击 OK 按钮，弹出硬盘选择窗口，选择要将系统备份到哪个硬盘，如图 11-20 所示。

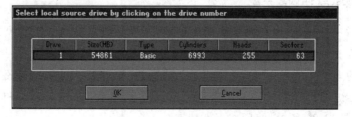

图 11-20 选择要备份到的硬盘

（5）单击 OK 按钮,则会让你确定系统备份的文件名称和目录(若没有鼠标,可用键盘进行操作:按 Tab 键进行切换;按 Enter 键进行确认;按方向键进行选择),如图 11-21 所示。在弹出的窗口中选择备份储存的目录路径并输入备份文件名称,注意备份文件名称带有.gho 的扩展名。

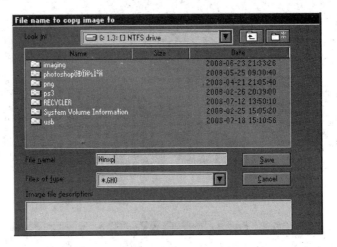

图 11-21　确定系统备份的文件名称和目录

（6）接下来确定系统备份时的数据压缩选项,如图 11-22 所示,给出了 3 个选择:No 表示不压缩;Fast 表示压缩比例小而执行备份速度较快;High 表示压缩比例大但执行备份速度相当慢。通常单击 Fast 按钮,接着出现一个提示窗口,如图 11-23 所示。

图 11-22　压缩选项

图 11-23　提示窗口

（7）将焦点移动到 Yes 按钮上,按 Enter 键确定,开始进行系统分区盘的备份,备份进度界面如图 11-24 所示。Ghost 备份的速度相当快,不用久等就可以完成,备份的文件以.gho 为扩展名储存在设定的目录中。

（8）创建映像文件成功后,会出现提示创建成功窗口,如图 11-25 所示。

2．使用 Ghost 软件恢复系统

制作好映像文件,就可以在系统崩溃后还原,这样又能恢复到制作映像文件时的系统状态。系统从映像文件恢复的具体操作步骤如下。

（1）用启动盘(软盘或 U 盘或光盘)启动后进入 DOS 环境,在命令提示符下输入 ghost,按 Enter 键即可运行 Ghost。出现 Ghost 主菜单后,选择 Local→Partition→From Image 命令,如图 11-26 所示,然后按 Enter 键。

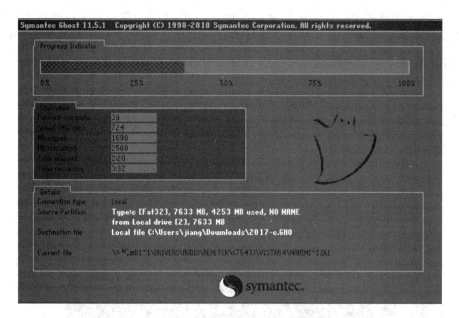

图 11-24 备份进度界面

图 11-25 提示创建成功

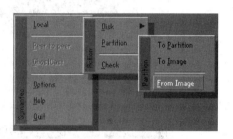

图 11-26 从映像文件恢复系统

（2）弹出选择映像文件窗口，如图 11-27 所示。在 File name 文本框中输入映像文件的完整路径及文件名（也可以用光标方向键配合 Tab 键分别选择映像文件所在路径、输入文件名，但比较麻烦），如 d:\sysback\win7.gho，再按 Enter 键。

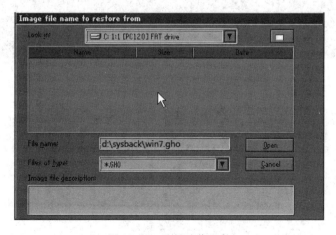

图 11-27 选择映像文件

（3）系统弹出在映像文件中选择源分区窗口，如图 11-28 所示。选择要将映像文件中哪个分区数据恢复，通常只有一个分区数据，直接按 Enter 键，即会弹出窗口选择要进行系统恢复的硬盘，如图 11-29 所示。

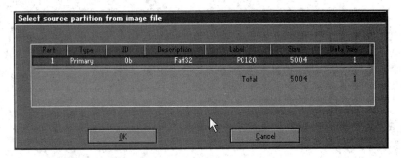

图 11-28　选择源分区

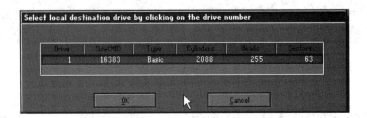

图 11-29　选择要进行系统恢复的硬盘

（4）单击 OK 按钮，弹出目的分区选择窗口，如图 11-30 所示，选择要系统恢复的硬盘所在的分区，单击 OK 按钮后弹出一个确认窗口，如图 11-31 所示。

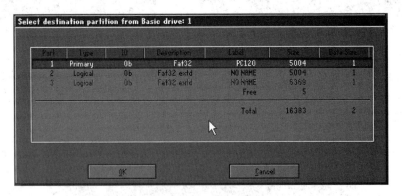

图 11-30　选择要系统恢复的分区

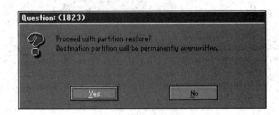

图 11-31　确认窗口

（5）单击 Yes 按钮，即开始进行系统恢复，恢复时间通常会持续 10～20 分钟，具体时间长短跟待恢复的系统分区容量的大小有关。恢复界面如图 11-32 所示，恢复完成后会弹出一个系统恢复成功提示窗口，如图 11-33 所示。

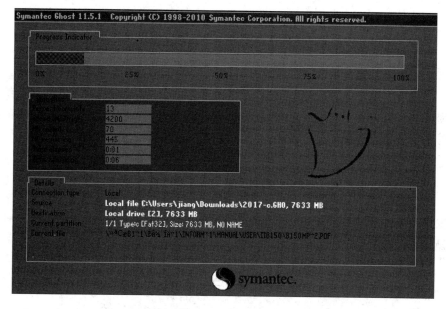

图 11-32　恢复界面

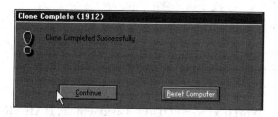

图 11-33　恢复成功提示窗口

> 📑提示：使用 Ghost 软件进行系统备份，有整个硬盘（Disk）和硬盘分区（Partition）两种方式。在菜单中选择 Local（本地）选项，在右面弹出的菜单中有 3 个子项。其中，Disk 表示备份整个硬盘；Partition 表示备份硬盘的单个分区；Check 表示检查硬盘或备份的文件。

11.5　总结提高

通过本任务的学习，读者学习了操作系统的备份与恢复的方法。

对操作系统进行备份与恢复的流程：先进行操作系统的备份，备份后会生成一个备份文件，该文件可能是可见的也可能是隐藏而不可见的。恢复操作系统则是使用先前备份时使用的备份工具读取备份文件来恢复操作系统。使用 Windows 7 自带的工具进行备份与恢复操作系统的方法只适合对 Windows 7 操作系统进行备份与恢复，而使用 Ghost 软件则可以备份和恢复多种操作系统。

任务 12　数据恢复

12.1　任务描述

计算机用户通常将大量的数据存储在计算机的硬盘中,便于日后查询与管理。但是病毒感染、误格式化、误分区、误还原、误删除、断电等原因很可能导致数据丢失,从而给用户带来巨大损失。当数据丢失灾难发生时,数据恢复是最后一种补救措施,如何在短时间内恢复数据显得十分重要。本任务就是使用 FinalData 软件来恢复丢失的数据。

12.2　任务分析

数据恢复软件有多种,FinalData 是其中之一。学会了 FinalData 使用方法,其他数据恢复软件操作也大致相同。

12.3　相关知识点

12.3.1　数据恢复

现实中很多人不知道删除、格式化等硬盘操作丢失的数据是可以恢复的,以为删除、格式化以后数据就不存在了。事实上,上述误操作后数据仍然存在于硬盘中,懂得数据恢复原理知识的人只需几个操作便可将消失的数据找回来。

数据恢复使用的软件很多,有效率源 DATACOMPASS、PC-3000、FinalData、EasyRecovery、Easy Undelete、PTDD、WinHex、R-STUDIO、DiskGenius、RAID Reconstructor、AneData 安易硬盘数据恢复软件、D-Recovery 达思数据恢复软件、易我数据恢复等。

12.3.2　FinalData

FinalData 具有强大的数据恢复功能,无论是文件被误删除(并从回收站中清除)、FAT 表或者磁盘根扇区被病毒侵蚀造成文件信息全部丢失、物理故障造成 FAT 表或者磁盘根扇区不可读,还是磁盘格式化造成的全部文件信息丢失,FinalData 都能够通过直接扫描目标磁盘抽取并恢复出文件信息(包括文件名、文件类型、原始位置、创建日期、删除日期、文件长度等),用户可以根据这些信息方便地查找和恢复自己需要的文件,甚至在数据文件已经被部分覆盖以后,专业版 FinalData 也可以将剩余部分文件恢复出来。

12.3.3　EasyRecovery

EasyRecovery 是一个非常著名的老牌数据恢复软件。该软件功能可以说是非常强大。无论是误删除/格式化还是重新分区后的数据丢失,其都可以轻松解决,甚至可以不依靠分区表按照簇来进行硬盘扫描。在文件修复中,该软件除提供了对 Word 文档、Excel 电子表格、PowerPoint 演示文稿、Access 数据库及 Zip 压缩文件的修复功能外,还提供了对 Outlook 电子邮件的修复功能。

12.4　任 务 实 施

使用 FinalData 进行数据恢复

　　FinalData 支持安装版和绿色版两种方式。当插入安装版 FinalData 的 CD-ROM 时,安装程序将会自动启动。FinalData 的安装步骤极为简单,只须一直单击"下一步"按钮就可以完成。但需要特别注意的是,如果安装软件时已有需要恢复的数据,那么绝对不要将软件安装在等待恢复数据的硬盘分区上,最理想的方法是将软件安装在另外一块硬盘上。FinalData 企业版 v3.0 的主界面如图 12-1 所示。

图 12-1　FinalData 企业版 v3.0 的主界面

1. 使用向导恢复已删除的文件

　　(1) 在 FinalData 向导窗口(见图 12-2)中单击"恢复删除/丢失文件"按钮,弹出如图 12-3 所示的窗口。

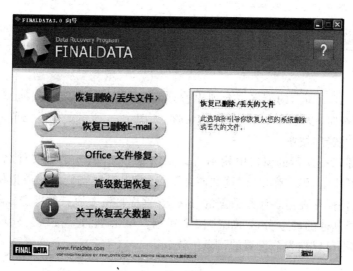

图 12-2　数据恢复向导

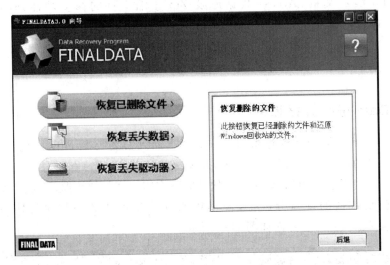

图 12-3 选择恢复删除或丢失的文件

（2）单击"恢复已删除文件"按钮，在弹出的驱动器选择窗口中选择需要恢复文件的硬盘分区，如图 12-4 所示，然后单击"扫描"按钮，软件开始搜索该分区的文件。

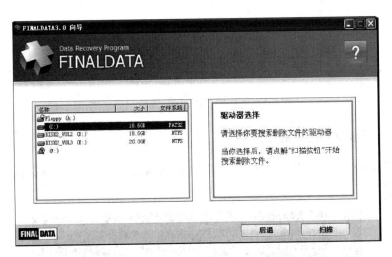

图 12-4 选择要搜索删除文件的驱动器

（3）在如图 12-5 所示的窗口中会列出搜索到的文件，如果搜索到的文件太多，可以单击"搜索/筛选"按钮，以过滤出需要恢复的文件，如图 12-6 所示。搜索完成后请选择需要恢复的文件，单击"恢复"按钮。

（4）在如图 12-5 所示的窗口中找到所有要恢复的文件，并选中文件名前面的复选框，然后单击"恢复"按钮，则会弹出"浏览文件夹"对话框来设置恢复好的数据保存在什么地方（不要把恢复文件保存在需要修复数据的分区上，这样将覆盖原有数据造成数据无法恢复），在恢复时应选择其他的硬盘分区，如图 12-7 所示。单击"确定"按钮后软件即开始数据恢复，恢复后的数据可以在先前设置的目录中找到。

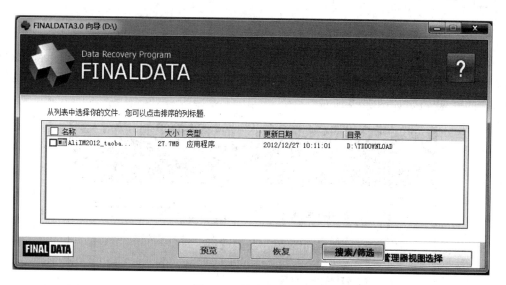

图 12-5　搜索到的文件

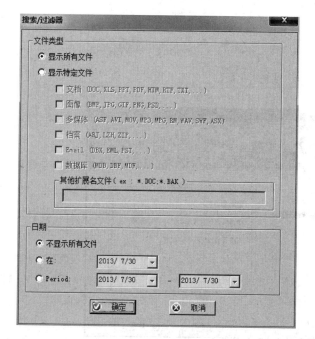

图 12-6　设置过滤条件

图 12-7　浏览文件夹

提示：

（1）有时系统提示磁盘无法读取，需要格式化才能打开。如果数据重要，千万不要尝试格式化后再恢复，因为格式化本身就是对磁盘写入的过程，只会破坏残留的信息。

（2）数据恢复工程师常说："只要数据没有被覆盖，就有可能恢复回来。"所以在数据丢失后千万不要再往存储介质中存储数据，以免数据被覆盖造成永久的丢失。

2．使用向导恢复格式化文件

（1）在 FinalData 企业版向导窗口中单击"恢复删除/丢失文件"按钮，在弹出的窗口中单击"恢复丢失数据"按钮，如图 12-8 所示。在弹出的驱动器选择窗口中选择需要恢复的文件所在的硬盘分区，如图 12-9 所示。

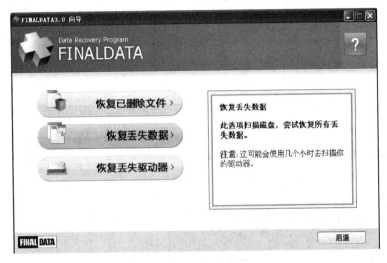

图 12-8　恢复丢失数据

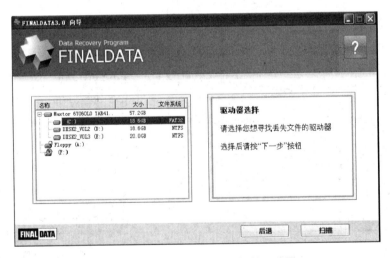

图 12-9　选择要从中恢复数据的驱动器

（2）单击"扫描"按钮开始搜索该分区的文件，如图 12-10 所示。在如图 12-11 所示窗口中会列出搜索到的文件。

（3）找到所有要恢复的文件，并选择文件名前面的复选框，然后单击"恢复"按钮，会弹出"浏览文件夹"对话框来设置恢复好的数据保存在什么地方。设置完成后单击"确定"按钮，软件即开始数据恢复，恢复后的数据可以在先前设置的目录中找到，如图 12-12 所示。

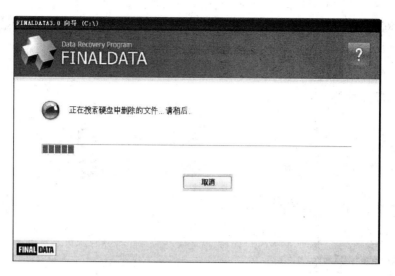

图 12-10　正在搜索分区中删除的文件

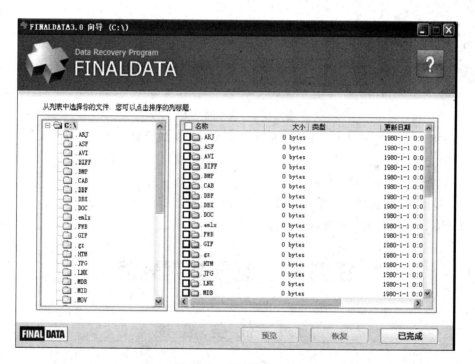

图 12-11　搜索到的文件

12.5　总结提高

通过本任务的学习,读者学会了数据恢复的方法。

灾难数据恢复工具是 IT 人员的必备工具之一,FinalData、EasyRecovery 以其强大、快速的恢复功能和简便易用的操作界面成为 IT 专业人士的首选工具。数据恢复工具对误删除、误格式化等的数据恢复步骤有所不同,但总地来说,数据恢复的大致步骤如下。

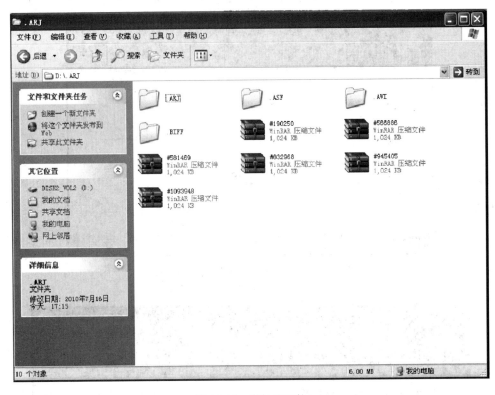

图 12-12　恢复的文件

（1）选择数据恢复的方式（恢复误删除还是误格式化的数据等）。

（2）选择要数据恢复的分区。

（3）选择要恢复的数据文件。

（4）单击"恢复"按钮进行数据恢复，并选择恢复的数据的保存路径。

EasyRecovery 使用也不难，读者可自行安装和使用。

任务 13　刻录数据光盘

13.1　任务描述

光盘的数据存储主要靠光盘刻录机完成，刻录机是利用大功率激光将数据以"平地"或"坑洼"的形式刻录在光盘上的，而光盘刻录机同时要由光盘刻录软件驱动来实现数据刻录。本任务主要介绍光盘及光盘刻录的一些知识。

13.2　任务分析

可以在 Windows 资源管理器中刻录 CD 或 DVD，也可以使用 Nero 软件来刻录数据光盘。

13.3　相关知识点

13.3.1　光盘类型

光盘分为不可擦写光盘(如 CD-ROM、DVD-ROM 等)和可擦写光盘(如 CD-RW、DVD-RAM 等)。

光盘主要有 CD 光盘、DVD 光盘、蓝光光盘(BD)三大类,此外光盘又有只读、可读可写及可读可写一次 3 种形式。CD 光盘的最大容量大约是 700MB;DVD 光盘单面容量约为 4.7GB,最多能刻录约 4.59GB 的数据(因为 DVD 的容量计量方式为 1GB=1000MB,而操作系统的容量计量方式为 1GB=1024MB);蓝光光盘(BD)的则比较大,BD 单面单层容量约为 25GB、双面容量约为 50GB、3 层容量约为 75GB、4 层容量约为 100GB。

表 13-1 描述了不同种类的 CD 和 DVD,并提供了有关其正确用途的信息。

表 13-1　CD 和 DVD

光盘	常 规 信 息	容量	兼 容 性
CD-ROM	只读光盘,通常用于存储商业程序和数据。不能在 CD-ROM 上添加或删除信息	650MB	与大多数计算机和设备高度兼容
CD-R	可以多次将文件刻录到 CD-R(每次称为一个会话),但是无法从 Mastered 光盘中删除文件。每次刻录都是永久性的	650MB 700MB	要在不同的计算机中读取该光盘,必须先关闭会话。与大多数计算机和设备高度兼容
CD-RW	可以多次将文件刻录到 CD-RW。也可以从光盘上删除不需要的文件,以便回收空间以及添加其他文件。CD-RW 可以多次刻录和擦除	650MB	与许多计算机和设备兼容
DVD-ROM	只读 DVD 光盘,通常用于存储商业程序和数据。不能在 DVD-ROM 上添加或删除信息	4.7GB	与大多数计算机和设备高度兼容
DVD-R	可以多次将文件刻录到 DVD-R(每次称为一个会话),但是不能从光盘中删除文件。每次刻录都是永久性的	4.7GB	要在不同的计算机中读取该光盘,必须先关闭会话。与大多数计算机和设备高度兼容
DVD+R	可以多次将文件刻录到 DVD+R(每次称为一个会话),但是不能从光盘中删除文件。每次刻录都是永久性的	4.7GB	要在不同的计算机中读取该光盘,必须先关闭会话。与许多计算机和设备兼容
DVD-RW	可以多次将文件刻录到 DVD-RW(每次称为一个会话)。也可以从光盘上删除不需要的文件,以便回收空间以及添加其他文件。DVD-RW 可以多次刻录和擦除	4.7GB	无须关闭会话便可以在另一台计算机上读取该光盘。与许多计算机和设备兼容
DVD+RW	可以多次将文件刻录到 DVD+RW(每次称为一个会话)。也可以从光盘上删除不需要的文件,以便回收空间以及添加其他文件。DVD+RW 可以多次刻录和擦除	4.7GB	无须关闭会话便可以在另一台计算机上读取该光盘。与许多计算机和设备兼容
DVD-RAM	可以多次将文件刻录到 DVD-RAM(每次称为一个会话)。也可以从光盘上删除不需要的文件,以便回收空间以及添加其他文件。DVD-RAM 可以多次刻录和擦除	2.6GB 4.7GB 5.2GB 9.4GB	DVD-RAM 光盘通常只能用于 DVD-RAM 驱动器,且不能被 DVD 播放机和其他设备读取

续表

光盘	常 规 信 息	容量	兼 容 性
DVD-R DL	可以多次将文件刻录到DVD-R DL(每次称为一个会话),但是无法从Mastered光盘中删除文件。每次刻录都是永久性的	8.5GB	要在不同的计算机中读取该光盘,必须先关闭会话。与一些计算机和许多新DVD播放机相兼容
DVD+R DL	可以多次将文件刻录到DVD+R DL(每次称为一个会话),但是无法从Mastered光盘中删除文件。每次刻录都是永久性的	8.5GB	要在不同的计算机中读取该光盘,必须先关闭会话。与一些计算机和许多新DVD播放机相兼容
BD-R	只能将文件刻录到BD-R一次(称为一个会话),但是无法从光盘中删除文件。每次刻录都是永久性的	25GB	要在不同的计算机中读取该光盘,必须先关闭会话。与运行Windows 7的计算机兼容
BD-R DL	只能将文件刻录到BD-R DL一次(称为一个会话),但是无法从光盘中删除文件。每次刻录都是永久性的	50GB	要在不同的计算机中读取该光盘,必须先关闭会话。与运行Windows 7的计算机兼容
BD-RE	可以多次将文件刻录到BD-RE(每次称为一个会话)。也可以从光盘上删除不需要的文件,以便回收空间以及添加其他文件。BD-RE可以多次刻录和擦除	25GB	无须关闭会话便可以在另一台计算机上读取该光盘。与运行Windows 7的计算机兼容
BD-RE DL	可以多次将文件刻录到BD-RE DL(每次称为一个会话)。也可以从光盘上删除不需要的文件,以便回收空间以及添加其他文件。BD-RE DL可以多次刻录和擦除	50GB	无须关闭会话便可以在另一台计算机上读取该光盘。与运行Windows 7的计算机兼容

各种类型的光盘在结构上有所区别,但主要结构原理是一致的。常见的CD光盘非常薄,只有1.2mm厚,但却包括了很多内容。CD光盘主要分为5层,其中包括基板、记录层、反射层、保护层和印刷层。

表13-2描述了各种不同的CD或DVD刻录方案,并提供使用相应格式的建议。

表13-2　CD或DVD刻录方案

目　　的	刻 录 方 案
刻录任何类型的文件,及在Windows XP或更高版本的计算机上使用刻录的光盘	光盘:CD-R、CD-RW、DVD-R、DVD-R DL、DVD+R、DVD+R DL、DVD-RW、DVD+RW或DVD-RAM 格式:实时文件系统
刻录任何类型的文件,及在任何计算机中使用刻录的光盘,包括安装以前的Windows版本(比Windows XP版本低)的计算机	光盘:CD-R、CD-RW、DVD-R、DVD-R DL、DVD+R、DVD+R DL、DVD-RW、DVD+RW或DVD-RAM 格式:Mastered
刻录任何类型的文件,及在Windows Vista或更高版本的计算机上使用刻录的光盘	光盘:CD-R、CD-RW、DVD-R、DVD-R DL、DVD+R、DVD+R DL、DVD-RW、DVD+RW、DVD-RAM、BD-R或BD-RE 格式:实时文件系统或Mastered

续表

目　的	使 用 方 案
刻录音乐或图片,并在普通的 CD、DVD 或可播放 MP3 文件和数字图片的蓝光光盘播放机中使用光盘	光盘:CD-R、CD-RW、DVD-R、DVD+R、DVD-RW 或 DVD+RW 格式:Mastered
刻录音乐或图片,并在任何计算机中使用光盘,包括安装以前的 Windows 版本(比 Windows XP 版本低)的计算机	光盘:CD-R、CD-RW、DVD-R、DVD+R、DVD-RW 或 DVD+RW 格式:Mastered
可以反复添加和擦除一个或多个文件(类似于使用 USB 闪存驱动器),并可以在安装 Windows XP 或更高版本的计算机上使用光盘	光盘:CD-R、CD-RW、DVD-R、DVD-R DL、DVD+R、DVD+R DL、DVD-RW、DVD+RW 或 DVD-RAM 格式:实时文件系统
可以反复添加和擦除一个或多个文件(类似于使用 USB 闪存驱动器),并可以在安装 Windows 7 的计算机上使用该光盘	光盘:CD-R、CD-RW、DVD-R、DVD-R DL、DVD+R、DVD+R DL、DVD-RW、DVD+RW、DVD-RAM、BD-R 或 BD-RE 格式:实时文件系统
将光盘保留在计算机的刻录机中,在方便时将文件复制到该光盘,如进行例行备份时	光盘:CD-R、CD-RW、DVD-R、DVD-R DL、DVD+R、DVD+R DL、DVD-RW、DVD+RW、DVD-RAM、BD-R 或 BD-RE 格式:实时文件系统

提示:

(1) 实时文件系统和 Mastered 都是数据在光盘中存放的文件系统格式。

(2) 使用实时文件系统的光盘允许随时将文件复制到光盘上面,而不是仅允许复制(刻录)文件一次,这时可以将光盘当作 U 盘一样使用,即可以添加和删除文件。

(3) 使用 Mastered 格式的光盘通常能够与较旧版本操作系统的计算机兼容,但是将文件压缩成一个整体集合然后刻录到光盘中去,光盘刻录完成后不能再往光盘里添加文件或删除文件了。

13.3.2　Nero Burning ROM

Nero Burning ROM 是一款先进且安全可靠的光盘刻录软件,它既支持中文长文件名刻录,也支持 ATAPI(IDE)的光盘刻录机,可以利用其先进的光盘刻录引擎刻录安全可靠的 CD、DVD 和蓝光光盘等多种类型的光盘,凭借更多新增功能和对 Windows 8 的支持,它成为刻录光盘的不二之选,是一个相当不错的光盘刻录程序。

使用 Nero Burning ROM 可以将音频 CD 翻录到 PC、重新合成它们,并创建便于在家中或汽车音响系统上播放的光盘。还可以将音频文件转换成各种高质量音频格式,包括 APE、FLAC、AIFF 和 OGG 等。可以为 MP3/MP3 Pro 设置可变的位速率,从而以最小的存储空间获取最高质量的输出。

光盘不可避免地会出现划痕。不过不必弃用被划伤的光盘。利用 Nero SecurDisc 技术,即使光盘出现划痕,或者因年代久远而状态不佳,刻录到光盘上的数据仍然可读。而且 SecurDisc 技术还能够创建受密码保护的数据光盘,从而最大限度地保护隐私。

利用 Image Recorder,只需拖放操作,即可轻松地创建光盘映像文件。可将 ISO、NRG、

CUE 和 IMG 光盘映像格式刻录到 CD、DVD 或 BD 中。

通过使用 Nero DiscSpan,可以分割超大文件,然后将它们刻录到多张光盘中。而且,利用全新的 Nero DiscSpan SmartFit 功能,可以跨尽可能少的光盘自动保存数据。甚至可以通过混合光盘类型来经济地使用光盘。

13.4 任 务 实 施

在 Windows 资源管理器中刻录 CD 或 DVD

1. 使用"实时文件系统"格式刻录光盘

如果要刻录一张可以在运行 Windows XP 或更高版本的计算机上播放的数据光盘,则选择实时文件系统格式。使用实时文件系统格式刻录光盘的具体操作步骤如下。

(1) 将可写入的光盘(如 CD-R、CD-RW、DVD-R、DVD-RW 或 DVD+RW 光盘)插入计算机的 CD、DVD 或蓝光光盘刻录机中。

(2) 在弹出的"自动播放"对话框(见图 13-1)中,单击"将文件刻录到光盘"按钮。如果未弹出"自动播放"对话框,可单击"开始"按钮,然后选择"计算机",最后双击光盘刻录机图标。

(3) 在弹出的"刻录光盘"对话框(见图 13-2)中,在"光盘标题"文本框中输入该光盘的名称,选择"类似于 USB 闪存驱动器"单选按钮,该选项用于刻录使用实时文件系统格式的光盘。

图 13-1 "自动播放"对话框

图 13-2 "刻录光盘"对话框

(4) 单击"下一步"按钮,则系统开始格式化光驱中的空白光盘,格式化光盘可能会花费几分钟的时间,如图 13-3 所示。当格式化完成时,会打开一个空光盘文件夹,如图 13-4 所示。

(5) 打开包含要刻录的文件的文件夹,然后将文件拖曳到空光盘文件夹中。要选择多个项目,可按住 Ctrl 键,然后单击要刻录的文件。

在将文件拖曳到光盘文件夹时,系统会自动将这些文件复制到光盘中,如图 13-5 所示。如果不按上述过程拖曳文件,还可以选择要在 Windows 资源管理器中刻录的文件,右击一个选定的文件,在弹出的快捷菜单中选择"发送到"→"光盘刻录机驱动器"命令。

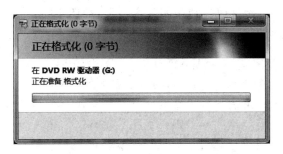

图 13-3　格式化光盘

图 13-4　打开空光盘文件夹

图 13-5　将文件复制到光盘中

（6）复制完文件和文件夹后，可能需要关闭光盘会话。关闭光盘会话可以用手动关闭和自动关闭两种方式实现。

① 手动关闭光盘会话。在 Windows 资源管理器中，选择"光盘刻录机驱动器"选项，然后单击工具栏中的"关闭会话"按钮，即可以关闭会话，这样可以在其他计算机中使用光盘，如图 13-6 所示。

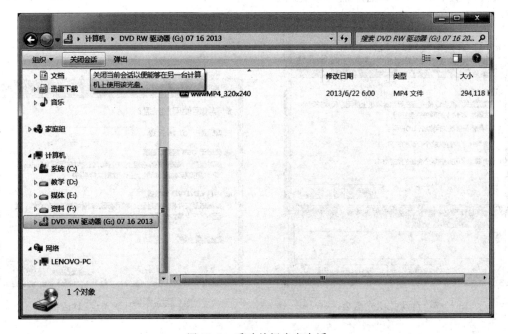

图 13-6　手动关闭光盘会话

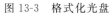

② 自动关闭光盘会话。可以在光驱弹出光盘前自动关闭光盘会话,在图 13-7 所示的光盘驱动器属性对话框中更改是否启用自动关闭光盘会话功能。

> **提示:**
>
> (1) 在为提供多个会话的光盘关闭光盘会话后,仍然可以向光盘添加更多文件,但是必须关闭每个附加会话,才能在其他计算机上使用该光盘。每个附加会话大约要占用 20MB 的光盘空间。
>
> (2) 如果从刻录机中取出光盘而没有关闭光盘会话,可以稍后再关闭。只须将光盘插回计算机的光盘刻录机中,然后执行上述步骤关闭会话。
>
> (3) 有些程序可能会直接关闭光盘,而不是关闭当前会话。不能向已关闭的光盘中添加任何其他文件。在使用 Windows 资源管理刻录 CD 或 DVD 时,不会关闭此光盘。

2. 使用 Mastered 格式刻录光盘

如果需要刻录可在任何计算机或其他一些消费电子设备(如 CD、DVD 和可以播放数字音乐文件、图片或音频文件的蓝光光盘播放机)上播放的光盘,则可以选择 Mastered 格式。使用 Mastered 格式刻录光盘的具体操作步骤如下。

(1) 将可写入的光盘(如 CD-R、CD-RW、DVD-R、DVD-RW 或 DVD+RW 光盘)插入计算机的 CD、DVD 或蓝光光盘刻录机中。

(2) 在弹出的"自动播放"对话框(见图 13-1)中,单击"将文件刻录到光盘"按钮。如果未弹出"自动播放"对话框,可单击"开始"按钮,然后选择"计算机",最后双击光盘刻录机图标。

(3) 如图 13-8 所示,在"刻录光盘"对话框中,在"光盘标题"文本框中输入该光盘的名称,选择"带有 CD/DVD 播放器"单选按钮。

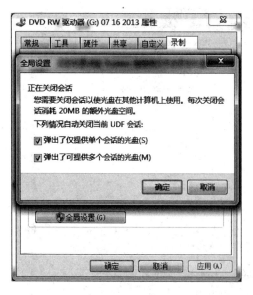

图 13-7 自动关闭光盘会话

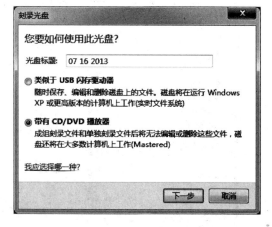

图 13-8 "刻录光盘"对话框

（4）单击"下一步"按钮即打开包含要刻录的文件的文件夹，如图 13-9 所示，然后将文件拖曳到空光盘文件夹中。要选择多个项目，按住 Ctrl 键，然后单击要刻录的文件。在工具栏上，单击"刻录到光盘"按钮，然后按照向导中的步骤进行操作，选定的文件将复制到光盘中。光盘刻录完成后，光盘刻录机托盘将打开，可以取出光盘。现在，就可以在其他计算机或一些 CD、DVD 播放机中使用该光盘，此光盘会话已关闭。

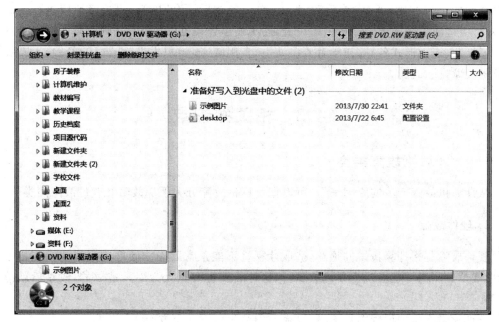

图 13-9　光盘驱动器文件夹

13.5　总　结　提　高

通过本任务的学习，读者学习了光盘的相关常识及光盘的刻录方法。

在 Windows 资源管理器中刻录光盘的流程基本上是：将光盘插入刻录机→选择光盘的刻录格式（实时文件系统或 Mastered）→将待刻录的文件拖入光盘所在的文件夹→关闭光盘会话。

如要对光盘的刻录有更高的要求则可以使用 Nero Burning ROM 软件进行刻录光盘。使用 Nero Burning ROM 刻录光盘的流程基本上是：选择光盘的类型（CD、DVD 或 BD）→选择光盘的编辑类型→设置刻录参数→将待刻录的文件拖入光盘→选择刻录机→刻录光盘。

任务 14　系统故障排除

14.1　任　务　描　述

计算机在使用中难免会发生故障，排除故障是计算机从业人员应具备的基本能力。根据计算机故障现象，进行分析诊断，排除故障，重点解决装机和系统安装过程中出现的问题、遗忘系统密码问题,以及排除开机报警故障和计算机使用中的常见故障。

14.2　任　务　分　析

　　要排除计算机故障,首先要了解计算机故障类型和排除故障的常用方法;其次要学会诊断故障的一般原则,即"先静后动、先外后内、先软后硬"的原则,对故障原因进行正确分析,对可能造成故障的原因进行一一排查,逐步缩小查找范围;最后找到故障所在点。计算机故障复杂,表现形式各异,初学者要多动手、多用脑,逐步积累排除故障的经验,不断提高计算机故障排除的能力。

14.3　相关知识点

14.3.1　计算机故障类型

　　从计算机故障产生的原因来看,可以把计算机故障分为硬件故障和软件故障两类。

1. 硬件故障

　　硬件故障是指计算机硬件损坏,造成计算机不能正常工作。硬件连接错误或连接不到位、跳线设置不当等也表现为硬件故障,但这种故障主要是人为因素造成的,改正后就能正常工作。

　　硬件故障产生的原因多种多样,可大致归纳为以下几个方面。

　　(1) 质量问题。硬件生产厂商生产工艺水平低或使用质量不高的电子元器件,其产品在使用中容易出现故障。

　　(2) 人为因素。用户如果不懂计算机硬件安装使用方法,违规操作,容易造成硬件故障,如带电插拔设备、CPU 超频过度、用手触摸金手指或芯片等。

　　(3) 环境因素。造成计算机故障的环境因素包括温度、湿度、灰尘、震动、雷电等。温度过高,影响散热,会缩短计算机使用寿命,严重时也会造成硬件故障。计算机长期在高湿度环境下使用,容易造成金属腐蚀,还会引起短路造成故障。灰尘在计算机内部堆积过多,影响散热,增大噪声,也会引起短路造成故障。剧烈震动容易造成机械硬盘损坏。雷暴天气使用计算机容易遭受雷击,损坏主板。

　　(4) 自然老化。电子设备都有使用寿命,如固态硬盘有读/写次数限制,键盘、鼠标按键有点击次数限制等。超过规定年限继续使用故障率自然上升。

2. 软件故障

　　软件故障是指计算机软件受损、软件不兼容、系统参数设置不当等引起的故障,软件故障会造成软件不能运行、系统死机、反复重启等。

　　以下是常见软件故障产生的原因。

　　(1) 误操作。误将有用的文件删除、移动、改名、更改属性等,导致文件无法正常运行。

　　(2) 软件不兼容。有些软件运行时会与操作系统或其他软件发生冲突,造成死机。如一台计算机中安装多个杀毒软件或安全工具发生冲突引起死机。

（3）病毒破坏。计算机病毒会对操作系统以及应用程序造成难以预测的破坏，有的病毒会破坏系统文件，造成系统不能启动；有的病毒会使系统不断重启；有的病毒会感染硬盘中的文件，使相关程序不能正常运行。

（4）驱动程序。硬件驱动程序未安装或驱动有误，造成硬件设备不能正常工作，如网卡驱动安装不对，无法上网；声卡驱动有误，不能发声或音质变差。

（5）资源耗尽。硬件资源耗尽会造成系统运行缓慢甚至死机，如打开的应用程序太多，造成内存紧张，影响运行速率；硬盘可用空间严重不足，造成系统运行缓慢、应用程序无法打开。

14.3.2　计算机故障排除方法

1. 硬件故障排除方法

计算机硬件故障排除方法有以下几种。

（1）清洁法。有些计算机故障，往往是由计算机内灰尘积累较多引起的，灰尘清除后故障自行消失。如果故障依旧，则按其他方法进一步排查。

（2）观察法。观察法是计算机故障排除过程中第一要法，贯穿整个维修过程中。观察不但要认真，而且要全面。要观察的内容包括周围环境、硬件环境、软件环境、接插头和插槽、用户操作习惯、操作过程。观察法要全面运用人体的感觉器官，看、听、闻、摸。

① 看。看主板上的插头、插座连接是否正常，电子元器件是否烧焦、电解电容是否鼓包或破裂。还要查看是否有异物掉进主板的元器件之间（容易造成短路）。也应查看板上是否有烧焦变色的地方，印制电路板上的走线（铜箔）是否断裂等。

② 听。听开机是否有报警声；听散热风扇、硬盘工作声音是否正常。

③ 闻。闻机箱内部是否有烧焦的气味，有烧焦味表明硬件发生严重短路。

④ 摸。用手触摸元器件或芯片，根据其温度来判断设备运行是否正常，如果发烫，可能已损坏。

（3）拔插法。计算机由多个部件组成，采用拔插法是确定故障部件的简捷方法。该方法具体操作是关机后将插卡逐块拔出，每拔出一块插卡就开机观察计算机运行情况。一旦拔出某块插卡后计算机运行正常，那么，故障就是该块插卡或相应的插槽以及负载有故障。若拔出所有插卡后，系统启动仍不正常，则故障很可能就在主板上。

拔插法的另一含义是：一些芯片、板卡与插槽接触不良，将这些芯片、板卡拔出后再重新正确插入，便可解决因安装接触不良引起的计算机部件故障。

（4）替换法。替换法是用好的部件去代替怀疑有故障的部件，看故障是否消失的一种维修方法。此法多用于易插拔的维修环境。好的部件可以是同型号的，也可以是不同型号的。例如，如果怀疑内存有故障，可用好的内存条来替换。若旧内存条不存在问题，则故障现象应该依旧；若替换后故障现象变化，则说明原内存条是坏的。

（5）比较法。比较法与替换法类似，即用好的部件与怀疑有故障的部件进行外观、配置、运行现象等方面的比较，也可在两台计算机间进行比较，以判断故障计算机在环境设置、硬件配置方面的不同，从而找出故障部位。

（6）敲打法。敲打法一般用在怀疑计算机中的某部件有接触不良的故障时，通过震动、适当扭曲，或用橡胶锤敲打部件或设备的特定部件来使故障复现，从而判断故障部件的一种维修方法。

（7）升降温法。升降温法是通过人为升高或降低计算机的工作温度从而改变计算机使用环境来判断、解决故障的方法。此法一般用于时隐时现的故障。

（8）隔离法。隔离法是将可能妨碍故障判断的硬件或软件屏蔽起来的一种判断方法。它也可用来将怀疑相互冲突的硬件、软件隔离开以判断故障是否发生变化的一种方法。对于软件来说，即停止其运行，或者是卸载；对于硬件来说，是在设备管理器中禁用、卸载其驱动，或干脆将硬件从系统中去除。

（9）诊断程序法。利用随机诊断程序、专用维修诊断卡及自编专用诊断程序来查找故障的一种方法，其原理是用软件发送数据、命令，通过读线路及芯片的状态来识别故障部位。此法应用的前提是 CPU 及总线基本运行正常，能够运行有关诊断软件，或能够运行安装于 I/O 总线插槽上的诊断卡。BIOS 中的开机自检程序 POST 每次开机都对系统进行自检，以报警声和屏幕上提示信息给出故障原因，用户根据这些信息可以快速排除故障。

2．软件故障排除方法

当计算机发生软件故障时，首先重启计算机，看看故障是否自行消失。如果故障依旧，可以从以下几个方面着手进行分析处理。

（1）了解软件故障前做了什么操作，这些操作可能是引起故障的原因，围绕这些因素进行排查处置。

（2）多次反复试验，以验证软件故障是必然发生的，还是偶然发生的，并应充分注意引发故障时的环境和条件。

（3）仔细查看 BIOS 参数的设置是否符合硬件配置要求，硬件资源是否存在冲突。

（4）充分分析所出现的故障现象是否会与病毒有关，及时查杀病毒。

（5）使用工具软件（如 360 安全卫士）对软件系统进行检查、清理和修复。

（6）对有问题的应用软件升级版本或重新安装。

（7）系统还原或重装系统。

平时注意养成良好的计算机操作习惯，做好日常维护工作，减少计算机故障的发生。

14.4　任务实施

计算机故障表现形式多种多样，简单故障一看就知道故障所在，复杂故障一时难以区分是硬件故障还是软件故障。对于这种不易确定原因的故障，要遵循"先静后动、先外后内、先软后硬"的原则进行排查。

（1）先静后动，即先分析判断，再动手排查。如果是别人的计算机，则要先向用户了解情况，故障发生前做过什么事，有什么故障现象。根据故障发生过程和现象分析故障可能在哪些方面，想好怎样做、从何处入手，然后按照相关检查方法进行故障诊断。在排查故障过程中，还要结合自身已有的知识、经验来进行判断，提高排除故障的效率。

（2）先外后内，即先检查计算机外部情况，如插头接触是否良好、电源是否打开、电压是否正常、连接了哪些设备、显示器是否有提示信息、指示灯状态等。外部没发现问题,再打开机箱检查内部。"先外后内"体现了解决问题先简单后复杂的一般原则。

(3)先软后硬,即先软件后硬件。对于复杂故障,先假设为软件故障,从软件方面着手检查。当软件方面查不出问题时,再从硬件方面着手检查。这是由于软件故障容易解决,而硬件出了故障,往往需要更换部件。

14.4.1 装机中的问题处理

初学者学习装机,往往发生部件安装不到位、电源线或数据线漏接、连接错误或连接不到位等问题,造成装机不能一次成功。要解决这些问题,只要仔细检查就能发现,重新正确安装即可解决。以下是初学者装机中的常见错误。

(1)面板线连接出错。电源指示灯、硬盘指示灯极性接反或漏接,导致指示灯不亮。电源指示灯与硬盘指示灯接反,导致开机亮红灯,硬盘读/写闪绿灯。开机线、复位线没连接,导致机箱开机按钮、复位按钮不起作用,按开机按钮不能开机。开机线与复位线接反,导致按复位按钮开机,按开机按钮重启。蜂鸣器极性接反,导致机器无声。

(2)硬盘电源线或数据线漏接,导致开机找不到硬盘。

(3)CPU供电插头漏接,导致开不了机。

(4)内存安装不到位,导致开机报警。

(5)PS/2口键盘、鼠标接反,导致键盘、鼠标都不能使用。

(6)显卡供电漏接,导致黑屏。

(7)已经安装独立显卡,显示器仍接在主板I/O显示接口上,开机时能觉察到机箱内风扇声,但屏幕无显示。这是因为安装独立显卡后,自动禁用核芯显卡。

(8)散热风扇叶片碰到导线,导致开机发出响声。必须立即关机,固定导线。

(9)螺丝钉落在机箱内或卡在主板元器件间,导致短路风险。

(10)大小螺丝钉选用不正确,一是安装不牢固;二是影响美观。

14.4.2 系统安装问题处理

以下是系统安装过程中出现的问题及解决方法。

(1)采用硬盘安装法安装64位Windows 8,双击安装程序setup.exe时,显示出错信息,如图14-1所示,如何解决?

图 14-1 32位Windows XP不能运行64位程序

原因:32位Windows XP不能运行64位程序。

解决方法:使用nt6 hdd installer工具。nt6 hdd installer主要针对没有光驱或者U盘安装系统的用户,可以支持x86和x64的系统,可以格式化C盘安装成纯净的系统,也可以安装成多系统。

（2）计算机主板是华擎 B150M-HDV32,想装个 32 位的 Windows 10,结果出错,如图 14-2 所示。

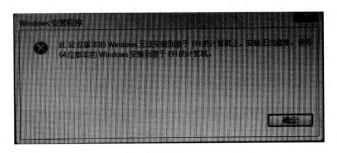

图 14-2　32 位的 Windows 不能安装到基于 EFI 的计算机上

原因：华擎 B150M-HDV32 主板是 UEFI BIOS,不支持 32 位的操作系统。

解决方法：使用 UEFI 的新计算机不能安装 32 位的 Windows 10,只能安装 64 位 Windows 10,而且硬盘要 GPT 格式。

（3）想体验一下 Windows 10,但不想把系统换成 Windows 10,也不想装双系统,有无其他办法？

解决方法：可以采用虚拟机安装 Windows 10。虚拟机就是借用计算机本身的一部分资源,分隔出一个资源空间,用来安装新系统,这个系统可以是 Windows、Linux,甚至 DOS 操作系统。现在用得较多的虚拟机是 VMware Workstation。这是一款功能强大的桌面虚拟计算机软件,提供用户可在单一的桌面上同时运行不同的操作系统和进行开发、测试、部署新的应用程序的最佳解决方案。计算机里若没有安装 VMware Workstation 10,则先安装。若 CPU 不支持硬件虚拟化,VMware Workstation 10 无法安装 64 位的 Windows 10,只能安装 32 位的 Windows 10。

（4）安装 Windows 8 时出现 something happened 错误提示并中止继续安装,该怎么办？

原因：安装 Windows 8 操作系统时出现 something happened 错误提示,多是因为在现有系统之上单击 setup.exe 进行双系统的安装,并且原有的系统上装有 360 安全卫士等安全软件,而杀毒软件等都是渗透到系统底层的,会阻止新系统的安装。

解决方法：安装 Windows 8 操作系统前,不妨主动卸载现有的杀毒软件等安全辅助软件,等到双系统安装完成后再重新安装安全软件。

（5）系统安装完成后,视频画面一跳一跳的,什么原因？

原因：视频不连贯通常是显卡驱动没有安装正确。

解决方法：选择合适版本的显卡驱动,重装一下驱动。

（6）计算机装固态硬盘和机械硬盘构成双硬盘,固态硬盘用作系统盘,机械硬盘用作储存盘。安装完 Windows 8 操作系统后,机械硬盘盘符消失,只能在磁盘管理中看到,如何解决？

解决方法：①在磁盘管理中,右击机械硬盘的分区,更改驱动器号和路径,添加一个盘符；②在磁盘管理中重新对机械硬盘进行分区、格式化；③安装 Windows 8 前,先把机械硬盘从计算机里拔出,待安装完成后,再把机械硬盘装回去。

（7）系统从 Windows 7 升级到 Windows 10,还能回退到以前的版本吗？

原因：通过升级方式安装的 Windows 10,可以直接回退到升级前的系统。这是因为新系统会保留原系统的备份文件。

解决方法：依次单击"开始"→"设置"→"恢复"按钮，再单击"回退到 Windows 10 的上一版本"下的"开始"按钮，进行恢复操作。

（8）在线升级 Windows 10 后 C 盘容量告急，只剩余 2GB 空间，怎么办？

原因：通过在线方式升级 Windows 10 后，会在 C 盘留下旧版本的备份文件，占用大量 C 盘空间。

解决方法：对 C 盘进行磁盘清理。在资源管理器中右击 C 盘，依次选择"属性"→"常规"→"磁盘清理"→"清理系统文件"，打开要删除的文件中列表。这里包括"以前的 Windows 安装"、旧的日志文件、IE 临时文件等，勾选清理即可，一般可以清理 6 个 GB 以上的空间。但需要注意的是，删除升级文件和旧版本文件后就没有办法回退到以前的操作系统了。

（9）升级到 Windows 10 成功后，第一次正常运行，但是重启后出现一系列问题，分辨率异常，经常蓝屏。

原因：这是升级到 Windows 10 后较普遍遇到的问题。因为在第一次重启的时候系统悄悄地把显卡驱动程序进行了升级，但版本并不适合，需要回退到显卡驱动版本。

解决方法：如果系统不能正常启动，可尝试进入 Windows 10 安全模式。开机后，看到 Windows 10 Logo 和下方有个圆圈在转的时候，数 5 秒，然后直接按下电源键关机，对于台式机，也可以直接按重启键。这样强制重启 3 次，让系统弹出"自动修复"界面，如图 14-3 所示。接下来在一连串窗口中依次选择"高级选项"→"疑难解答"→"高级选项"→"启动设置"→"重启"命令。计算机重启后显示"启动设置"菜单，如图 14-4 所示，按 F5 键启用带网络连接的安全模式。

图 14-3　"自动修复"界面

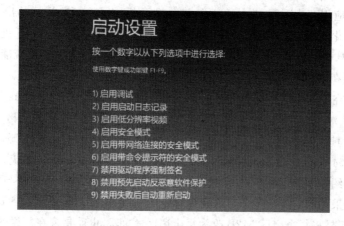

图 14-4　"启动设置"菜单

进入 Windows 10 安全模式后,右击桌面上的"此电脑"图标,选择"管理"命令,打开"计算机管理"窗口。单击左边窗格中的"设备管理器"→"显示适配器"节点,右击显卡名称,选择"属性"命令,打开显卡属性对话框,选择"驱动程序"选项卡,如图 14-5 所示,单击"回退驱动程序"按钮。

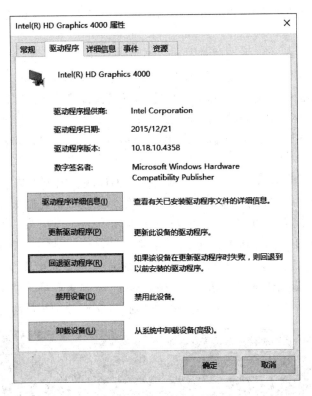

图 14-5　显卡属性对话框

如果回退显卡驱动不能修复,也可以采用第三方工具软件,如驱动精灵、驱动人生、鲁大师、360 安全卫士等来安装驱动。

(10) 计算机配置如下:主板是华硕 P8Z68-V PRO GEN3,显卡是技嘉 GTX560Ti,内存条是两条海盗船 4GB/DDR3/1600MHz,CPU 是 i5-2500K,固态硬盘是镁光 M4 256GB。安装的软件都在应用商店下载,为什么 Windows 8 开机用了 25 秒,远远超出正常值 4～9 秒?用 Windows 8 优化大师、魔方优化大师对系统进行了优化,还是解决不了开机速度慢的问题。

原因:从计算机配置看,是近几年购买的,档次还行,Windows 8 开机应能达到 4～5 秒,开机慢的根本原因在固态硬盘上。

解决方法:在 BIOS 中开启固态硬盘的 AHCI 模式,再用 DiskGenius 对固态硬盘重新分区,并设置 4K 对齐(参见任务 6 图 6-14)。分区类型设置为"主磁盘分区",文件系统类型设置为 NTFS,勾选"对齐到下列扇区数的整数倍"复选框。在"扇区数"选项组中,32 位操作系统选 2048,64 位操作系统选 4096,实现 4K 对齐。然后重新安装系统。

下面简要介绍一下 4K 对齐。4K 对齐(高级格式化)是国际硬盘设备与材料协会为新型数据结构格式所采用的名称。鉴于目前硬盘容量不断提升,使得早前定义的每个扇区 512B 不再是那么合理,于是将每个扇区 512B 改为每个扇区 4096B,也就是现在常说的"4K 扇区"。

所谓 4K 对齐硬盘就是以符合 4K 扇区定义的方式格式化过的硬盘,并且按照 4K 扇区的规则写入数据。在 Windows 7、Windows 8、Windows 10 下,使用系统自带工具进行分区格式化,其格式化后的分区默认是 4K 对齐的,用户无须再做任何设置,但是使用 Windows XP 操作系统的话,就会 4K 对不齐。这是因为之前的系统或者分区软件并没有考虑这种情况,都是以 512B 扇区磁盘的第 64 个扇区为第一个分区的起始位置,而这个位置在 4K 扇区的磁盘上表现的正好是第 8 个扇区的最后位置,造成 4K 对不齐。当 4K 对不齐时,在 NTFS 6.x 以前的规范中,数据的写入点正好会介于在两个 4K 扇区之间,也就是说即使是写入最小量的数据,也会使用到两个 4K 扇区,显然这样对写入速率和读取速率都会造成很大的影响。因此,对于 4K 对不齐的情况来说,一定要修改成 4K 对齐才行;否则对于固态硬盘来说,不仅会极大地降低数据写入速率和读取速率,还会增加固态硬盘不必要的写入次数。

14.4.3 密码问题解决方法

遗忘密码,进不了系统,虽然算不上故障,但同样不能使用计算机。如果遗忘的是开机密码,可以采用 CMOS 放电的方法清除密码。那么,遗忘的是 Windows 操作系统登录密码呢?

目前,Windows 操作系统账户有两种,本地账户和 Microsoft 账户(在线账户)。通常我们都是使用本地账户,这是因为在 Windows 10 操作系统中,大部分的软件和应用都可以通过本地账户操作。不过,要是需要将数据、设置等同步到云端,然后再同步到手机、平板电脑、笔记本电脑等其他安装了 Windows 10 的设备上时,就需要使用微软在线账户了。本地账户密码存放在系统文件夹内的 SAM 数据文件中,有多种技术手段可以解决。Microsoft 账户密码存放在微软的专用服务器上,安全性高,难以用技术手段解决,但微软提供了一种重置密码的方法,帮助用户在遗忘登录密码时也能登录系统。

微软在 Windows 8/8.1、Windows 10 中均提供了 Microsoft 账户,用户一般使用电子邮箱地址创建账户,当遗忘密码时,利用这个邮箱可以重置密码。下面以 Windows 10 操作系统为例,介绍重置密码的操作步骤。

(1) 找台计算机,打开浏览器,输入微软重置密码的专用网址: https://account.microsoft.com,或 account.live.com,如图 14-6 所示。

图 14-6　Microsoft 账户管理网站

（2）单击页面上的"使用 Microsoft 账户登录"链接。打开"登录"对话框，如图 14-7 所示，输入电子邮箱地址。

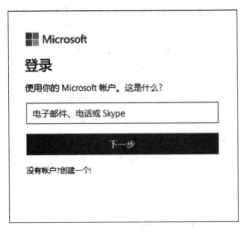

图 14-7　登录

图 14-8　输入密码

（3）单击"下一步"按钮，打开输入密码对话框。因为已经遗忘密码，所以只能单击"忘记密码了"链接。打开"为何无法登录？"对话框，在此选择无法登录的原因，如图 14-9 所示。

（4）选中"我忘记了密码"单选按钮，单击"下一步"按钮，打开"恢复你的账户"对话框，如图 14-10 所示。

图 14-9　选择无法登录的原因

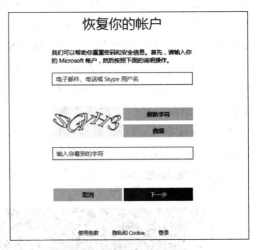

图 14-10　恢复你的账户

（5）输入在设置 Microsoft 账户时所使用的电子邮箱地址，再输入在屏幕上看到的字符，然后单击"下一步"按钮。

（6）打开电子邮箱，将微软刚刚发来的代码输入图 14-11 的文本框中，单击"下一步"按钮。

（7）身份验证通过的话，在"重新设置密码"对话框中输入新密码，如图 14-12 所示，单击"下一步"按钮。

（8）密码修改成功，如图 14-13 所示，然后用这个新密码就可以登录系统了。

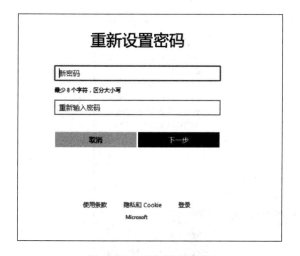

图 14-11　验证你的身份

图 14-12　重新设置密码

图 14-13　已恢复你的账户

Windows 操作系统本地账户密码遗忘,可以用 U 盘启动盘来解决。U 盘启动盘大多集成登录密码清除工具,且方便易用。以下介绍使用大白菜超级 U 盘启动盘,启动计算机进入 Windows PE,使用 NTPWEdit 0.5 工具,解决密码问题的方法。具体操作步骤如下。

(1) 用 U 盘启动盘启动计算机,进入 Windows PE,如图 14-14 所示。Windows PE,也就是 Windows 预安装环境,是作为独立的预安装环境和其他安装程序与恢复技术的完整组件使用的。

(2) 运行登录密码清除程序,如图 14-15 所示。

(3) 单击"SAM 文件路径"文本框右边的按钮,打开查找 SAM 文件窗口,如图 14-16 所示,选择盘符。

注意:由于是 U 盘启动,盘符会发生变化,系统盘不一定是 C 盘。找到 C:\WINDOWS\SYSTEM32\CONFIG\ SAM 文件,单击"打开"按钮。

图 14-14　大白菜 Windows PE

图 14-15　登录密码清除程序窗口

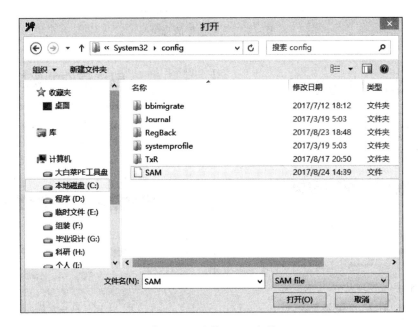

图 14-16　查找 SAM 文件

（4）打开如图 14-17 所示的窗口，在用户列表中选择自己的账户，单击"更改密码"按钮。在弹出的对话框中输入新密码，如图 14-18 所示。单击"确定"按钮。

（5）最后在图 14-17 中单击"保存更改"按钮，退出。

（6）重启计算机，输入新密码，就能进入系统了。

14.4.4　开机报警故障处理

计算机每次启动时，都会对硬件系统进行自检。这项工作是由主板上 BIOS 芯片中的自检程序来完成的。自检中若发现错误，严重故障（致命性故障）则停机，此时由于各种初始化操作还未完成，不能给出任何提示或信号；非严重故障则给出提示或声音报警信号，等待用户处理。

图 14-17　用户列表

图 14-18　重置密码

　　硬件自检完成后,BIOS 按照外部储存设备(硬盘、光盘、U 盘或网络服务器)的顺序寻找操作系统,找到的话,便从此设备启动,最后将计算机的控制权移交给操作系统。

　　计算机中用得最多的 BIOS 是 AMI BIOS 和 AWARD BIOS,两者的报警声不尽相同,具体含义和处理方法见表 14-1 和表 14-2。

表 14-1　AMI BIOS 的蜂鸣声含义及处理

蜂　鸣　声	含 义 及 处 理
1 短	内存刷新失败。更换内存条
2 短	内存 ECC 校验错误。在 BIOS Setup 中将内存关于 ECC 校验的选项设为 Disabled 就可以解决,不过最根本的解决办法还是更换一条内存
3 短	系统基本内存(第 1 个 64KB)自检失败。更换内存
4 短	系统时钟出错。检查主板
5 短	中央处理器(CPU)出错。重新安装 CPU 或换 CPU 试试
6 短	键盘控制器出错。更换主板
7 短	系统实模式错误,不能进入保护模式
8 短	显存错误。更换显卡
9 短	BIOS 检验错误。换 BIOS 芯片换刷新
1 长 3 短	内存错误。更换内存条
1 长 8 短	显卡测试出错,显示器数据线没插好或显卡没插好。检查显卡和显示器

表 14-2　AWARD BIOS 的蜂鸣声含义及处理

蜂　鸣　声	含 义 及 处 理
1 短	系统正常启动
2 短	常规错误。进入 BIOS Setup,重新设置不正确的选项
1 长 1 短	内存或主板出错。换一条内存试试,若还是不行,再换主板试试
1 长 2 短	显示器或显卡错误。检查显卡和显示器
1 长 3 短	键盘控制器错误。检查主板
1 长 9 短	BIOS 出错。换 BIOS 芯片
重复长声	内存未插紧或损坏。重插内存条,若还是不行,换一条内存
不停地响	电源、显示器未和显卡连接好。检查所有插头
重复短响	电源有问题。检查电源

根据报警声,可以快速找到故障部件。但要注意,报警声不一定准,不要被报警声束缚,另外,一定要区分BIOS类型,以免误判。

计算机自检时显示的出错信息同样可以作为判断故障的依据,据此可以快速排除故障。常见的出错信息和解决方法如下。

(1) CPU Fan Error(CPU风扇错误)。

解决方法:按F1键会忽略错误继续启动,按Delete键则进入BIOS设置,可对有问题的项进行更改。关机后检查一下CPU风扇安装情况。

(2) CMOS battery failed(CMOS电池失效)。

解决方法:CMOS电池电压过低,更换电池。

(3) CMOS check sum error-Defaults loaded(CMOS执行全部检查时发现错误,因此载入预设的系统设定值)。

解决方法:通常发生这种状况都是因为电池电力不足所造成的,所以不妨先换个电池试试看,其次检查电池座的接触弹片是否存在接触不良。如果问题依然存在,那就说明主板有问题,检修或更换主板。

(4) Resuming from disk,Press Tab to show POST screen(从硬盘恢复开机,按Tab键显示开机自检画面)。

解决方法:某些主板的BIOS提供了Suspend to disk(挂起到硬盘)的功能,当使用者以Suspend to disk的方式来关机时,那么在下次开机时就会显示此提示消息。

(5) Override enable-Defaults loaded(当前CMOS设定无法启动系统,载入BIOS预设值以启动系统)。

解决方法:可能是在BIOS里的设定并不适合该计算机(如内存只能运行在1600MHz但设置为2000MHz),这时进入BIOS设定重新调整即可。

(6) Keyboard error or no keyboard present(键盘错误或没连接键盘)。

解决方法:一般是键盘没插好或键盘线内部断裂,重新连接或更换键盘。

14.4.5　计算机常见故障处理

排斥故障首先从故障现象着手,分析故障可能引发的原因,运用合适的排除故障方法,再结合已有的经验,实现快速排除故障。以下列出的是计算机故障排除实例,供初学者学习借鉴。

(1) 故障现象:某笔记本电脑喇叭无声、耳机有声。

分析处理:耳机有声说明声卡及驱动正常,故障应该在话筒插孔和喇叭之间。这款笔记本喇叭在显示屏两侧,拆开盖板发现喇叭连线在焊接点处断裂,重新焊上故障排除。这个故障是由于笔记本经常开合,造成断线所致。

(2) 故障现象:某品牌L430笔记本电脑突然发现喇叭无声。

分析处理:用耳机测试也无声,重点检查声卡及驱动。打开资源管理器,查看设备及驱动情况,声卡及驱动正常,其他设备也没有发现异常。考虑到喇叭前几天都是好好的,近来也没安装过什么软件,也没动过硬件,似乎不应出现故障。按照"先易后难"原则,重装声卡驱动试试,结果故障排除,说明故障原来是声卡驱动被破坏。这个案例说明,计算机提供的信息,也不一定准确。

（3）故障现象：某品牌笔记本电脑，用搜狗输入法越来越卡。

分析处理：首先想到的是中文输入法问题；其次是病毒。用360安全卫士全盘查毒，未发现木马病毒。进入任务管理器查看进程，未发现内存使用率太高的进程。于是卸载搜狗输入法，重新安装，结果故障依旧。换一个中文输入法试试，也卡。至此，疑点均被排除。问题要么出在操作系统上，要么硬盘有问题。根据"先软后硬"原则，重装操作系统，重装前备份所有资料。用U盘启动盘全新安装系统，结果故障依旧。最后更换硬盘后故障消失。

（4）故障现象：关闭Windows 10后，系统又自动重启。

分析处理：这个现象与设置有关。当用户计算机关机出现错误时，系统可以重启也可以不重启，更改设置即可解决。操作：打开"系统属性"对话框，如图14-19所示，在"启动和故障恢复"栏中单击"设置"按钮，打开"启动和故障恢复"对话框，如图14-20所示。在"系统失败"栏中，取消"自动重新启动"复选框即可。

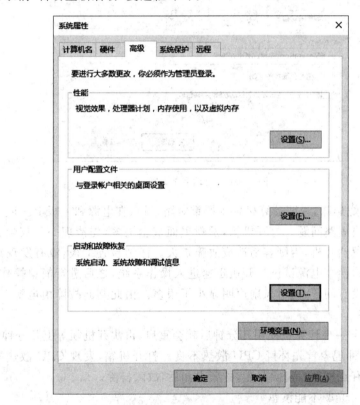

图14-19　"系统属性"对话框

（5）故障现象：一台装有Windows 7操作系统的计算机，每次安装软件时都会提示出错。

分析处理：不能安装软件大多是硬盘剩余空间不足造成的。对硬盘进行磁盘清理，删除临时文件，清空回收站等，删除不用的软件。腾出空间后，故障消失。此例说明平时做好系统维护的重要性。

（6）故障现象：朋友送来一台故障计算机，说是该计算机风扇响声很响，今天使用时发现机箱冒出烧焦味，之后突然黑屏。

图 14-20　启动和故障恢复

分析处理：有烧焦味,说明计算机发生严重短路,重点在电源和主板上。风扇响声很响是次要问题,先解决短路问题。打开机箱,发现里面灰尘很多,先清理一下灰尘。对于有短路的计算机,不能贸然开机,否则容易造成故障扩大。仔细检查主板,没有发现短路烧焦的痕迹。手边有电源,换个电源试试。开机迅速进入操作系统,之后进行简单操作后,发现一切正常,判断主板没有问题,同时风扇声明显小了很多。由此判断故障由电源引起,风扇声响主要是灰尘太多。

(7) 故障现象：一台计算机使用几分钟后就会重启,再次开机须等上几分钟。

分析处理：这种现象首先怀疑 CPU 散热不良。打开机箱,发现 CPU 散热器风扇上灰尘多,而且散热器有点松动。清除灰尘、拧紧卡扣后,故障排除。

(8) 故障现象：光驱不能读盘。

分析处理：光驱不能读盘,排除光盘质量外,最常见原因是读/写激光头有灰尘。使用清洁工具对激光头清洗后,故障排除。如果激光头清洗后故障依旧,那就检查数据线是否连接好,可以重新插拔一下;也可以换根数据线试试。再有问题,就得更换光驱。

(9) 故障现象：每次开机,计算机系统时间跳回主板的初始时间。

分析处理：计算机关机后,时钟由 CMOS 电池供电,如果供电出现问题,时间就不准。首先测量一下电池电压,发现其电压不足 3V,换一块新电池试试,结果故障依旧。那就怀疑主板相关电路有故障,要么修主板,要么换主板。然而仔细观察电池座的接触弹片,触点有氧化迹象,同时感觉触弹片弹力不足。清理一下触点,拧一下弹簧片,装上电池,故障消失。

　　(10) 故障现象:计算机经常死机。

　　分析处理:计算机死机原因很多,有软件方面的原因,也有硬件方面的原因。解决方法是从软件到硬件,从简单到复杂进行地毯式排查。如果是某一特定事件(如更换硬件、新装软件、清理机箱等)后经常死机,则可采用针对性排除方法。

　　① 软件方面:

- 使用清理磁盘工具清理磁盘,删除不必要的文件;
- 清理桌面,把桌面上文件分门别类放到相应的分区或文件夹里;
- 清理系统盘,将视频、图片、下载文件夹里的大文件移到其他盘,为系统盘留出足够的空间;
- 对磁盘进行碎片整理;
- 使用杀毒软件全盘杀毒;
- 打开资源管理器,关闭不必要的启动项和服务;
- 如果内存容量偏小,增大虚拟内存;
- 使用计算机时间不宜过长,不要打开太多程序,不用的程序及时关闭;
- 如果新安装软件后造成死机,可重新安装试试,也可以换个版本试试;
- 如果是调整 BIOS 设置后造成死机,就得把设置参数改回来或采用默认设置;
- 更换系统,特别是采用 GHOST 版安装的系统和测试版系统。

　　② 硬件方面:

- 清理灰尘;
- 检查数据线、电源线接头,并重新连接;
- 内存条、显卡、CPU 重新插拔安装;
- 重新安装 CPU 散热器,观察散热器风扇转速是否正常;
- 测量电源输出的+12V、+5V、+3.3V 是否正常;
- 如果更换部件后造成死机,检查兼容性或重装驱动;
- 由于超频造成死机,降低频率;
- 如果计算机使用年限已高,建议换新;
- 若环境温度过高、交流供电波动大,降低用户操作速度。

14.5　总 结 提 高

　　本任务介绍了计算机故障的产出原因和排除方法,以及在排除故障时应遵循的原则。并着重分析了初学者在装机过程中容易犯的错误,介绍了遗忘系统密码后的处理方法,列举了系统安装故障、开机报警故障和计算机使用中的常见故障的处理方法。由于计算机故障复杂,在此难以一一罗列,初学者要从这些案例中学会计算机故障的分析方法,掌握要领,举一反三,并将所学知识运用于实际工作中,勤动手、多用脑、虚心学习,不断积累经验,努力提高排除计算机故障的能力。

练 习 题

练习题一

一、选择题

1. _____决定了主板可以支持的内存容量和类型。

    A. CPU   B. 芯片组   C. 主板结构   D. 内存

2. 评价一款主板,首先要看_____。

    A. CPU 插座   B. 扩展槽和各种接口

    C. 主板芯片组   D. BIOS 和 CMOS 芯片

3. 主板的核心和灵魂是_____。

    A. CPU 插座   B. 扩展槽

    C. 芯片组   D. BIOS 和 CMOS 芯片

4. 在南北桥结构的主板中,_____不属于北桥芯片管理的范围。

    A. CPU   B. 内存   C. AGP   D. SATA

5. 计算机发生的所有动作都是受_____控制的。

    A. CPU   B. 主板   C. 内存   D. 鼠标

6. CPU 的接口种类很多,目前 Intel CPU 的接口为_____接口。

    A. 针脚式   B. 引脚式   C. 卡式   D. 触点式

7. 当前消费市场上,CPU 知名生产厂家是_____和_____。

    A. Intel 公司   B. IBM 公司   C. AMD 公司   D. Apple 公司

8. CPU 的主频由外频与倍频决定,在外频一定的情况下,通过_____提高 CPU 的运行速度,称为超频。

    A. 外频   B. 倍频   C. 主频   D. 缓存

9. 在计算机的核心部件中,人们通常以_____来判断计算机的档次。

    A. CPU   B. 内存   C. 显示器   D. 主板

10. 在以下存储设备中,_____存取速度最快。

    A. 硬盘   B. SSD   C. 内存   D. CPU 缓存

11. DDR3 1600 内存,其双通道数据传输带宽为_____ MB/s。

    A. 12800   B. 17000   C. 21200   D. 25600

12. 硬盘的接口类型有_____。

    A. IDE   B. SCSI   C. USB   D. SATA

13. DDR4 内存金手指数触片有_____个。

    A. 184   B. 220   C. 240   D. 288

14. 台式计算机中经常使用的硬盘尺寸是_____in。

    A. 5.25   B. 3.5   C. 2.5   D. 1.8

15. 生产机械硬盘的著名厂商有_____。

    A. 希捷   B. 日立   C. 三星   D. 西部数据

16. 硬盘工作时应特别注意避免_____。

    A. 噪声   B. 光照   C. 震动   D. 环境污染

17. 机械硬盘内部传输速率是指_____的传输速率。

    A. 硬盘的缓存到内存   B. CPU 到 Cache

    C. 内存到 CPU   D. 硬盘的磁头到硬盘的缓存

18. 计算机显示系统包括_____。

    A. 显示内存   B. 图形处理芯片   C. 显卡   D. 显示器

19. 显卡用来处理绘图指令的部分是_____。

    A. 显卡 BIOS   B. 显卡芯片   C. RAMDAC   D. 显示内存

20. 目前流行的显卡接口类型是_____。

    A. AGP 8X   B. PCI-E X16   C. PCI   D. VESA

21. 生产显卡芯片的知名厂商是_____。

    A. Intel 公司和 nVIDIA 公司   B. nVIDIA 公司和 IBM 公司

    C. Intel 公司和 AMD 公司   D. nVIDIA 公司和 AMD 公司

22. _____越低,图像闪烁和抖动得就越厉害,眼睛疲劳得就越快。

    A. 显示器的尺寸   B. 亮度   C. 对比度   D. 刷新率

23. 下列属于显卡输出接口的是_____。

    A. VGA   B. DVI   C. HDMI   D. DisplayPort

24. ATX 12V 电源与主板接口插座为双排_____PIN。

    A. 20   B. 12   C. 18   D. 24

二、判断题

1. 主板性能的好坏与级别的高低主要由 CPU 来决定。 (　　)

2. 不同的 CPU 需要不同的芯片组来支持。 (　　)

3. 在选购主板的时候,一定要注意与 CPU 匹配,否则会造成无法安装。 (　　)

4. 主频用来表示 CPU 的运算速率,主频越高,表明 CPU 的运算越快。 (　　)

5. 超线程(Hyper-Threading)技术是在一个 CPU 内同时执行多个程序而共同分享一个 CPU 的资源,像一个 CPU 在同一时间执行两个线程。 (　　)

6. 字长是衡量 CPU 档次高低的主要依据,字长越大,CPU 档次就越高。 (　　)

7. 三级缓存大小是 CPU 的重要技术指标。 (　　)

8. 内存的读/写周期是由内存本身来决定的。 (　　)

9. 工作电压是指内存正常工作所需要的电压值,不同类型的内存电压相同。 (　　)

10. 目前在笔记本电脑中使用的硬盘为 2.5in 或 1.8in。 （　）

11. 平均寻道时间是指硬盘磁头移动到数据所在磁道时所用的时间。 （　）

12. 在计算机中显示出来的硬盘容量要比硬盘标称容量小，这是由于单位转换不一致造成的。 （　）

13. 只要硬盘空间允许，虚拟内存设置得越大越好。 （　）

14. 希捷是美国硬盘生产公司，也是世界上第一个硬盘制造商。 （　）

15. 光盘存储数据是以圆心点向外渐开的螺线方式存储。 （　）

16. LCD 显示器对人体没有辐射，并且轻便，更适合于便携式计算机。 （　）

17. 当添加了一些新设备时，显示器便出现黑屏故障，排除了配件质量及兼容性问题后，则电源的质量不好、动力不足是故障出现的主要原因。 （　）

18. 判断机箱品质优劣最简单的方法可以掂量一下机箱的重量，同体积的机箱越重越好。 （　）

19. 主板上两个不同颜色的 PS/2 接口，键盘和鼠标可以混用。 （　）

20. 每台计算机内部都有一块独立显卡。 （　）

三、填空题

1. 一个完整的计算机系统由＿＿＿＿和＿＿＿＿两部分组成。

2. ＿＿＿＿是构成计算机系统的物质基础，而＿＿＿＿是计算机系统的灵魂，二者相辅相成，缺一不可。

3. 在计算机系统中，CPU 起着主要作用，而在主板系统中，起重要作用的则是主板上的＿＿＿＿。

4. 目前，主板芯片组生产厂商有＿＿＿＿和＿＿＿＿。

5. 主板上跳线种类有＿＿＿＿、＿＿＿＿、＿＿＿＿。

6. USB 3.0 的最大数据传输速率是＿＿＿＿，USB 3.1 的最大数据传输速率是＿＿＿＿。

7. 目前市场上的 BIOS 芯片主要有＿＿＿＿和＿＿＿＿两种。

8. 公认度较高的主板一线品牌有＿＿＿＿、＿＿＿＿、＿＿＿＿。

9. 当前 CPU 的接口形式有两类：＿＿＿＿和＿＿＿＿。

10. 目前 Intel CPU 接口全部采用＿＿＿＿，AMD CPU 接口全部采用＿＿＿＿。

11. CPU 制造工艺，Intel 达到＿＿＿＿nm，AMD 达到＿＿＿＿nm。

12. LGA 的全称是＿＿＿＿，中文意思是＿＿＿＿。

13. Intel 酷睿 i 系列第 7 代 CPU 采用＿＿＿＿封装。

14. 当前市场上销售的 Intel CPU，接口类型有＿＿＿＿、＿＿＿＿、＿＿＿＿、＿＿＿＿；AMD CPU 接口类型有＿＿＿＿、＿＿＿＿、＿＿＿＿等。

15. AMD FX 系列 CPU 采用＿＿＿＿接口，搭配插座类型为＿＿＿＿的主板。

16. AMD Ryzen 系列 CPU 采用＿＿＿＿接口，搭配＿＿＿＿系列主板。

17. CPU 在发展过程中，接口方式经历了＿＿＿＿、＿＿＿＿、＿＿＿＿和＿＿＿＿4 类。

18. CPU 的核心工作电压越低，说明 CPU 的制造工艺越＿＿＿＿，CPU 功耗越＿＿＿＿。

19. 目前 Intel Pentium、Celeron 系列 CPU 属于＿＿＿＿级别产品。

20. 主板上的 CPU 供电，都采用＿＿＿＿。

21. 按工作原理分，内存可分为＿＿＿＿和＿＿＿＿两种。

22. 台式机用内存条金手指触片数,SDRAM 为 _____ PIN,DDR 为 _____ PIN,DDR2、DDR3 为 _____ PIN,DDR4 为 _____ PIN。

23. DDR4 内存标准工作电压为 _____,金手指特征是 _____。

24. DDR 内存在一个时钟脉冲周期内,传输 _____ 次数据。

25. 世界上第一块硬盘由 _____ 公司生产,容量为 _____。

26. 机械硬盘接口主要有 _____、_____ 和 SCSI。

27. IDE 接口硬盘标准 ATA 100、ATA 133,数据传输速率分别是 _____ 和 _____。

28. SATA 硬盘接口速率:SATA 1.0 _____,SATA 2.0 _____,SATA 3.0 _____。目前台式机主流硬盘接口类型是 _____。

29. 一个硬盘的容量是 3TB,而单碟容量是 1TB,这个硬盘有 _____ 张盘片,_____ 个磁头。

30. 目前市场上硬盘单碟容量达到 _____,主要应用了 _____ 技术大幅提高了单碟容量。

31. 固态硬盘闪存芯片架构分为 _____、_____ 和 _____。

32. 固态硬盘接口主要有 _____、_____、_____、_____。

33. 显卡主要由 _____、_____、_____ 等部分组成。

34. 显示内存用来存储 _____ 所要处理的数据。

35. 显存容量大小直接影响到显示卡可以显示的颜色数量和可以支持的最高分辨率,目前显卡市场上显卡的显存大小有 _____、_____、_____、_____、_____ 等几种。

36. 目前显卡与主板的接口类型是 _____,老式显卡接口是 _____。

37. 显卡的输出接口有 _____、_____、_____、_____ 和 _____ 5 种。

38. 显卡行话,A 卡指 _____;N 卡指 _____。

39. 显卡俗称,独显指 _____;集显指 _____;核显指 _____。

40. 目前市场上显卡的显存类型主要是 _____。

41. AGP 8X 带宽为 _____,PCI-E 3.0 X16 带宽为 _____。

42. 常见显示器可分为 _____ 和 _____ 两大类。

43. 彩色显示器的三原色为 _____、_____ 和 _____ 3 种颜色。

44. 液晶显示器根据背光源不同,分为 _____ 和 _____ 两种。

45. 显示器的点距越小,显示图像越 _____。

46. 液晶具有 _____ 特性,在液晶显示器中,液晶的作用是 _____。

47. 液晶显示器屏幕比例,普屏为 _____;宽屏为 _____;超宽屏为 _____。

48. 刷新频率是指屏幕上的图像每秒钟出现的次数。对于液晶显示器来说,常常设为 _____ Hz,CRT 显示器一般在 _____ Hz 或以上。

49. 按机箱外形样式分类,可以把机箱分为 _____ 机箱和 _____ 机箱两种。

50. 机箱正面常见按钮有 _____,常见接口有 _____。

51. 目前 ATX 12V 电源的主板电源插头 _____ PIN,具有防反插功能。电源输出不同直流电压用颜色区分,黄色为 _____ V;红色为 _____ V;橙色为 _____ V。

52. 电源输出线中,绿色线作用是 _____;灰色线作用是 _____;黑线作用是_____。

53. 我国电源强制安全认证是_____；欧盟是_____。

54. 电源转化效率 80Plus 认证有：_____、_____、_____、
和_____。

55. 按电源输出方式分类，可分为_____、_____、_____。

56. 电源选购应考虑：_____等要素。

57. 按键盘的工作原理和按键方式可以把键盘分为 4 类：_____、_____、
和_____。

58. 按接口类型分类，可以把鼠标分为串行口（已淘汰）、_____、_____和
几种类型。

59. 主板上 PS/2 接口，紫色接_____，绿色接_____。

60. 目前消费市场上，占有率最高的鼠标品牌是_____。

四、简答题

1. 简述计算机主板的基本组成部分及作用。

2. 简述北桥芯片、南桥芯片的主要功能。

3. CPU 的性能指标有哪些？简要说明各项指标的含义。

4. 内存的性能指标有哪些？简要说明各项指标的含义。

5. 机械硬盘主要由哪些部分组成？

6. 什么是硬盘的内部数据传输速率和外部数据传输速率？机械硬盘的传输瓶颈在
哪里？

7. 解释磁道、柱面、扇区。

8. 简述机械硬盘的主要技术指标。

9. 简述硬盘日常使用的注意事项。

10. 写出 4000 元学生机装机配置单。

练习题二

一、填空题

1. 动手装机操作前，应释放自身的_____。

2. 手拿部件时，不应捏在_____和_____处。

3. CPU 背面涂硅酯的目的是_____。

4. 显卡及其他板卡必须在_____安装好后才可以安装。

5. 如果 CPU 散热器体积较大，为避免返工，要先装_____。

6. 开机响 1 短声，表示_____。

7. 硬盘指示灯亮，表示_____。

8. 出错信息 CMOS battery failed 表示_____故障。

9. 面板线中，标识 PWR SW 是_____，标识 H.D.D LED 是_____。

10. 没有安装任何软件的计算机被称作_____。

二、简答题

1. CPU 拆装时要注意哪些问题？为什么？

2. 怎样安装内存条？

3. 拆下的 CPU 散热器怎样放置？

4. 怎样连接面板线？要注意哪些问题？

5. 开机时不断地响（长声）是什么故障？

三、操作题

1. 将一台台式计算机拆卸开来，所有部件排放整齐。

2. 独立组装一台台式计算机，并上电检测能否点亮。

练习题三

一、选择题

1. 进入 Phoenix BIOS 设置程序，应按_____功能键。

    A. Delete   B. F2   C. F10   D. Esc

2. 储存设定值并离开 CMOS Setup 程序可以按_____功能键。

    A. F5   B. F6   C. F10   D. F12

3. 计算机中用得最多的 BIOS 是_____。

    A. AMI   B. Intel

    C. Lenovo   D. Phoenix-Award

4. 计算机里默认值的含义是_____。

    A. 指一个属性、参数在被修改前的初始值

    B. 指一个属性、参数的值不允许被修改

    C. 指该数值已经丢失

    D. 指该数值已经失效

5. 在 BIOS 中，USB Controller 设置为 Disabled，其作用是_____。

    A. 所有 USB 接口都能用   B. USB 接口鼠标不能用

    C. 所有 USB 接口不能用   D. USB 接口键盘不能用

6. 固态硬盘做系统盘时，BIOS 中 SATA Mode 应设置为_____。

    A. IDE   B. RAID   C. SATA   D. AHCI

7. 用 U 盘启动盘制作工具将 U 盘制作成启动盘，最常用的 U 盘模式是_____。

    A. USB-ZIP   B. USB-HDD   C. USB-CDROM   D. USB-FDD

8. 硬盘主引导记录（MBR）占用硬盘存储空间大小为_____B。

    A. 512   B. 1024   C. 2028   D. 4096

9. GPT 最大管理硬盘分区大小达到_____。

    A. 2TB   B. 18EB   C. 128PB   D. 8ZB

10. 安装 Windows 10 64 位操作系统，至少需要可用硬盘空间_____GB。

    A. 20   B. 40   C. 60   D. 80

二、判断题

1. 计算机系统由硬件系统和操作系统两大部分构成。   （   ）

2. 64 位 CPU 可以安装 64 位 Windows，也可以安装 32 位 Windows。   （   ）

3. 开机密码可以在 BIOS 里面设置，也可以在 Windows 控制面板里面设置。   （   ）

4. 运行安装程序前，必须先将硬盘分区格式化，否则不能安装 Windows。 （　　）

5. 在 MBR 硬盘里，如果要使用超过 4 个盘符，必须创建扩展分区。 （　　）

6. 在 Windows 下，GPT 分区表最多支持 128 个分区。 （　　）

7. 为了保持固态硬盘性能，必须定期对其进行碎片整理。 （　　）

8. 默认情况下，NTFS 分区里每个簇大小都是 4KB。 （　　）

9. Windows 10 操作系统安装完成后，不再需要手动安装设备驱动程序。 （　　）

10. Windows 10 不激活也能使用。 （　　）

三、填空题

1. 目前使用最多的 BIOS 有_____和_____厂商的产品。

2. 根据计算机启动设备不同，可以将启动设置为_____、_____、_____以及网络启动等。

3. 清除开机密码，一种可以使用的方法是_____。

4. 制作 U 盘启动盘，U 盘容量最好大于_____。

5. Windows 安装文件扩展名是_____。

6. 目前硬盘分区表主要有两种：_____和_____。

7. MBR 分区表最大支持_____容量的硬盘，GPT 分区表最大支持_____容量的硬盘。

8. 目前 Windows 文件系统主要有两种：_____和_____。

9. Windows 下，FAT32 分区最大为_____，最大支持文件大小为_____；NTFS 分区最大为_____，最大支持文件大小为_____。

10. 常用的第三方开发的磁盘管理工具有_____、_____、_____、_____等。

四、简答题

1. 在 MBR 分区形式中，主分区与逻辑分区有区别吗？

2. 在 MBR 分区形式中，可以不创建扩展分区吗？

3. 有哪些方法可以对硬盘进行分区？

4. 在 GPT 分区形式中，有扩展分区吗？

5. 怎样查看硬盘是 MBR 分区表还是 GPT 分区表？

6. 怎样查看计算机硬盘分区格式？

7. 硬盘分区盘符为什么从 C 盘开始，为何不用 A 盘、B 盘？

8. 什么是"簇"？怎样知道一个分区簇的大小？

9. 一个 U 盘剩余空间 10GB，现将一个 6GB 的文件复制进去，结果报错，为什么？

10. 操作系统可以安装在逻辑分区吗？

11. Windows 操作系统安装有哪些方法？

12. 装系统时，BIOS 防病毒选项需要开启还是关闭？为什么？

13. 在 32 位 Windows XP 操作系统里，怎样用硬盘安装法安装 64 位 Windows 10 操作系统？

14. Windows 升级安装与全新安装有何区别？

15. 设置管理员密码有何作用？

16. 32 位 Windows 10 支持 4GB 以上内存吗？

17. 获取设备驱动程序有哪些途径？

18. 如何激活 Windows 10？

五、操作题

1. 对 BIOS 设置进行以下操作。

(1) 设置开机密码为 123456。

(2) 设置进入 BIOS 密码为 123456。

(3) 设置 BIOS 禁用 U 盘。

(4) 启动顺序设置：U 盘为第一启动项。

(5) 恢复本次操作。

2. 对硬盘分区格式化进行以下操作。

(1) C 盘主分区，容量为 30GB，分区格式为 NTFS。

(2) 硬盘剩余空间都作为扩展分区。

(3) 在扩展分区内建立两个大小相等的逻辑盘 D 和 E，D 盘分区格式为 NTFS，E 盘分区格式为 FAT32。

(4) 调整分区大小，将 E 盘 10GB 空间划给 D 盘。

3. 任选一款 U 盘启动盘制作工具，将一个 U 盘制作成启动盘。

4. 从网上下载一个 Windows 10 映像文件，并解压到 U 盘里。

5. 用 U 盘安装 Windows 10 操作系统。

6. Windows 10 安装完成后，检查设备驱动是否正常，将未识别的设备装上驱动程序。

7. 从网上下载 Office 安装软件，然后将 Office 软件安装在 D 盘里。

练习题四

一、选择题

1. 在 AIDA64 中，查看 CPU 温度应该选择计算机下的_____。

   A. 超频   B. 电源管理   C. 传感器   D. DMI

2. 在 AIDA64 中，查看网卡 MAC 地址应该选择网络设备下的_____。

   A. PCI/PnP 网络   B. Windows 网络   C. 网络资源   D. 路由

3. MAC 地址中，_____字符是固定的。

   A. 前 3 组   B. 后 3 组   C. 前 1 组   D. 后 1 组

4. 固态硬盘的读/写速率中，_____数值最大。

   A. 顺序读取   B. 顺序写入

   C. 4K 读取   D. 4K-64 线程读取

5. 国家三包规定，液晶显示器坏点不超过_____个为合格。

   A. 0   B. 1   C. 2   D. 3

二、判断题

1. CPU-Z 只能测试 CPU 参数，不能测试内存、显卡参数。   (   )

2. AS SSD Benchmark 用来测试固态硬盘性能，不支持测试机械硬盘性能。   (   )

3. 磁盘 S.M.A.R.T. 功能可以在 BIOS 设置里开启或关闭。   (   )

4. 磁盘内外圈磁道读/写速率相同。   (   )

5. "通电时间计数"大的磁盘不是全新的。 （ ）

6. HD Tune 从 S. M. A. R. T. 获取磁盘健康状态数据。 （ ）

7. HD Tune 是一款小巧易用的硬盘检测工具,同时还能修复硬盘坏簇。 （ ）

8. DisplayX 能检查出液晶显示器存在的坏点并进行修复。 （ ）

9. 3DMark 不仅是一款显卡测试软件,也是一款衡量整机性能的软件。 （ ）

10. 鲁大师软件的长处是能够精准检测硬件,辨别硬件的真伪。 （ ）

三、操作题

1. 用 AIDA64 查看计算机主板、CPU、内存、显卡、网卡各参数。

2. 用 CPU-Z 测试 CPU 参数。

3. 用 GPU-Z 测试显卡参数。

4. 用 Super π 测试 CPU 性能。

5. 用 AS SSD Benchmark 测试固态硬盘性能。

6. 用 HD Tune 测试机械硬盘参数和性能。

7. 用 DisplayX 测试液晶显示器性能。

8. 用 3DMark 测试显示系统性能。

9. 用 PCMark 测试计算机性能。

10. 用鲁大师对计算机进行硬件检测和性能测试。

练习题五

一、选择题

1. 默认情况下,Windows 7 操作系统的虚拟内存页面文件 pagefile. sys 存放在硬盘的_____中。

  A. C 盘   B. D 盘   C. E 盘   D. F 盘

2. Windows 7 操作系统的注册表备份后生成的注册表文件的扩展名为_____。

  A. . sys   B. . com   C. . reg   D. . txt

3. 下面不是计算机病毒特性的是_____。

  A. 繁殖性   B. 遗传性   C. 破坏性   D. 传染性

4. 下面软件中不是计算机杀毒软件的是_____。

  A. 瑞星杀毒软件   B. 诺顿防病毒软件

  C. 卡巴斯基反病毒软件   D. 超级兔子软件

5. 使用 Ghost 软件对计算机系统进行备份后生成的映像文件的扩展名为_____。

  A. . docx   B. . sys   C. . gho   D. . txt

6. 使用 Windows 7 自带的工具恢复系统时,通常要重启计算机。按住_____键不放,等待出现高级启动菜单来修复系统。

  A. F1   B. F2   C. F8   D. F10

7. 数据恢复软件不具备的功能是_____。

  A. 找回被误删除的数据

  B. 修复先前删除后被其他数据覆盖的文件

  C. 找回被格式化的文件

D. 找回由于操作停电而丢失的数据

8. CD 光盘的最大容量大约是_____。

 A. 500MB   B. 600MB   C. 700MB   D. 4.7GB

9. 蓝光(BD)单面单层光盘的容量约是_____GB。

 A. 25   B. 30   C. 40   D. 50

10. 下列关于 CD、DVD 的说法中,正确的是_____。

 A. CD 光盘只能保存音乐数据

 B. CD-ROM 是一种只读光盘,不能在 CD-ROM 上添加或删除信息

 C. DVD 光驱可以读取 BD 光盘的数据

 D. DVD 只能保存视频数据

二、判断题

1. 在 Windows 中,清理磁盘碎片是为了数据文件的安全。   (   )

2. 虚拟内存中的数据其实是保存在硬盘中的。   (   )

3. 计算机病毒是由于计算机的硬件设计缺陷造成的。   (   )

4. 目前的瑞星杀毒软件是可以免费下载使用的。   (   )

5. 使用 Ghost 备份和恢复系统的操作最好在 Windows 7 操作系统环境下进行。

                      (   )

6. 使用 Windows 7 自带的工具进行恢复系统前必须首先通过备份创建还原点。

                      (   )

7. 使用数据恢复软件恢复回来的数据可以保存在待恢复文件所在的分区,但是不能与待恢复文件在同一个目录下。   (   )

8. 用数据恢复软件恢复回来的文件不一定能够正常打开。   (   )

9. DVD 光驱可以读取 CD-ROM 光盘的数据。   (   )

10. 蓝光(BD)光盘是以后存储大容量数据文件的主要介质。   (   )

三、操作题

1. 备份整个注册表的数据。

2. 使用瑞星杀毒软件对计算机做全面的病毒查杀,查杀完毕自动关闭计算机。

3. 使用 Windows 7 自带的工具备份系统 C 盘,然后使用 Ghost 软件备份系统 C 盘,最后比较这两种备份方法产生的备份数据的大小。

4. 格式化 D 盘,然后分别用 EasyRecovery 和 FinalData 恢复 D 盘的数据,并比较这两个软件的数据恢复效率。

5. 使用 Nero Burning ROM 刻录一张可以自启动的 Windows 7 操作系统光盘。

6. 先设置计算机系统登录密码,再用 U 盘启动盘清除该密码。

参 考 文 献

[1] 葛勇平.计算机组装与维修项目教程[M].北京：机械工业出版社,2017.
[2] 曲广平,崔玉礼,高绘玲,等.计算机组装与维护[M].北京：人民邮电出版社,2015.
[3] 宋强,倪宝童.计算机组装与维护[M].北京：清华大学出版社,2013.
[4] 曹建国.计算机组装与维护[M].北京：清华大学出版社,2012.
[5] 杨泉波,张巍.计算机组装与维护[M].北京：高等教育出版社,2014.
[6] 胡钢,邹成俊.计算机组装与维护[M].青岛：中国海洋大学出版社,2011.
[7] 何樱,连卫民.操作系统教程[M].北京：中国水利水电出版社,2014.
[8] 张尧学,宋虹,张高.计算机操作系统教程[M].北京：清华大学出版社,2013.
[9] 王红军.电脑组装与维修从入门到精通[M].北京：机械工业出版社,2015.
[10] 刘若慧.大学计算机应用基础案例教程[M].北京：电子工业出版社,2012.